工业和信息化高职高专"十二五"规划教材立项项目

职业教育机电类"十二五"规划教材

金工实训

周兰菊 主编

王广印 杨建国 史卫华 庄德新 副主编

U0280089

人民邮电出版社

北 京

图书在版编目（CIP）数据

金工实训 / 周兰菊主编. -- 北京：人民邮电出版社，2013.5（2020.9重印）
职业教育机电类"十二五"规划教材　工业和信息化高职高专"十二五"规划教材立项项目
ISBN 978-7-115-31016-3

Ⅰ. ①金… Ⅱ. ①周… Ⅲ. ①金属加工－实习－职业教育－教材 Ⅳ. ①TG-45

中国版本图书馆CIP数据核字(2013)第056679号

内 容 提 要

本书根据高等职业教育培养目标和教学特点，以培养中级车工、钳工和铣工为主要对象，详细介绍了3个工种的实训操作及典型实例。

本书主要内容包括金属材料、常用量具、制图基础知识、公差、车床、车刀、轴类零件加工、套类零件加工、螺纹加工、钳工常用工具等，介绍了锉削、划线、錾削、锯削、钻孔、扩孔、锪孔、铰孔、攻螺纹、套螺纹、研磨、锉配、平面与连接面的铣削、轴上键槽与沟槽的铣削、特形沟槽的铣削、利用分度头铣削多边形、成形面的铣削、圆柱螺旋槽的铣削、铣床的精度检验、常规调整和保养、铣床夹具等工艺规程。

本书以工作任务引领知识；通过完成典型产品来获得综合职业能力；做学一体、突出能力，体现了职业教育课程的本质特征。

本书可作为高职高专、成人高校及本科院校二级职业技术学院的实训教材，也可作为从事机械加工的技术人员和操作人员的培训教材，还可供其他有关技术人员参考。

◆ 主　　编　周兰菊
　　副 主 编　王广印　杨建国　史卫华　庄德新
　　责任编辑　刘盛平
◆ 人民邮电出版社出版发行　　北京市丰台区成寿寺路 11 号
　　邮编　100164　电子邮件　315@ptpress.com.cn
　　网址　http://www.ptpress.com.cn
　　北京九州迅驰传媒文化有限公司印刷
◆ 开本：787×1092　1/16
　　印张：19　　　　　　　　　2013 年 5 月第 1 版
　　字数：445 千字　　　　　　2020 年 9 月北京第 4 次印刷
　　　　　　ISBN 978-7-115-31016-3
　　　　　　　　定价：42.00 元
读者服务热线：(010)81055256　印装质量热线：(010)81055316
反盗版热线：(010)81055315
广告经营许可证：京东市监广登字 20170147 号

Forward

前言

"金工实训"课程的主要目的是提高学生的独立实践操作能力，依据理论与实训相结合的原则，学习车工、钳工和铣工的实践技能，为提高学生的综合素质、增强适应职业变化的能力和继续学习打下良好的基础。

本书根据中级工的基本要求而编写，重点介绍中级工在日常工作中应该了解和掌握的基本知识与基本操作技能。本书充分体现了高职高专教育的特点，本着以就业为导向、以能力为本位、以岗位需要和职业标准为依据，以促进学生的职业生涯发展为目标，并体现现代职业教育的发展趋势。

本书以项目为基本写作单元，每个项目都包含一个相对独立的教学主题和重点，在"相关知识"模块中讲述需要重点掌握的知识，在"知识拓展"模块中主要介绍新知识、新技术。全书在内容安排上力求做到深浅适度、详略得当，并注意了广泛性、适用性，所选实例典型实用；在叙述上力求简明扼要、通俗易懂，既方便老师讲授，又方便学生理解掌握。

本书在内容与形式上有以下特色。

（1）任务引领。以工作任务引领知识、技能和态度，让学生在完成工作任务的过程中学习相关知识，发展学生的综合职业能力。

（2）结果驱动。关注的焦点放在通过完成工作任务所获得的成果，以激发学生的成就动机，通过完成典型产品来获得工作任务所需要的综合职业能力。

（3）突出能力。课程定位与目标、课程内容与要求、教学过程与评价等都要突出职业能力的培养，体现职业教育课程的本质特征。

（4）做学一体。打破长期以来理论与实践分开的局面，以工作任务为中心，实现理论与实践的一体化教学。

本书由天津电子信息职业技术学院周兰菊任主编，天津电子信息职业技术学院王广印、杨建国、史卫华、吉林科技职业技术学院庄德新任副主编。具体编写分工如下：周兰菊编写了项目一中的任务四、项目二、项目三和项目四；王广印编写了项目一中的任务三和项目五；杨建国编写了项目一中的任务一、项目六、项目七；庄德新编写了项目八和项目九；史卫华编写了项目一中的任务二、项目十和项目十一。此外，天津电子信息职业技术学院机电技术系主任陈志刚教授主审了全书，并对书稿提出了宝贵和详细的修改意见，在此表示衷心感谢。

由于编者水平有限，书中难免有错误和不当之处，恳请广大读者批评指正。

编　者

2013 年 1 月

Content

目 录

U0280129

项目一　实训基础知识 ……………… 1

　任务一　金属材料牌号及性能 ……… 1

　　知识点、能力点 ……………………… 1

　　工作情景 ……………………………… 2

　　任务分析 ……………………………… 2

　　相关知识 ……………………………… 2

　　任务实施 ……………………………… 6

　　任务完成结论 ………………………… 6

　　课堂训练与测评 ……………………… 6

　　知识拓展 ……………………………… 6

　任务二　常用量具 …………………… 7

　　知识点、能力点 ……………………… 7

　　工作情景 ……………………………… 7

　　任务分析 ……………………………… 7

　　相关知识 ……………………………… 7

　　任务实施 ……………………………… 16

　　任务完成结论 ………………………… 17

　　课堂训练与测评 ……………………… 17

　　知识拓展 ……………………………… 17

　任务三　制图的基础知识 …………… 18

　　知识点、能力点 ……………………… 18

　　相关知识 ……………………………… 18

　　任务实施 ……………………………… 24

　　任务完成结论 ………………………… 29

　　课堂训练与测评 ……………………… 29

　　知识拓展 ……………………………… 31

　任务四　公差的基础知识 …………… 33

　　知识点、能力点 ……………………… 33

　　工作情景 ……………………………… 33

　　任务分析 ……………………………… 33

　　相关知识 ……………………………… 33

　　任务实施 ……………………………… 38

　　任务完成结论 ………………………… 38

　　课堂训练与测评 ……………………… 38

　　知识拓展 ……………………………… 38

项目二　车工基础知识 ……………… 40

　任务一　认识车床、操作车床 ……… 40

　　知识点、能力点 ……………………… 40

　　工作情景 ……………………………… 41

　　任务分析 ……………………………… 41

　　相关知识 ……………………………… 41

　　任务实施 ……………………………… 43

　　任务完成结论 ………………………… 44

　　课堂训练与测评 ……………………… 44

　　知识拓展 ……………………………… 44

　任务二　车刀 ………………………… 46

　　知识点、能力点 ……………………… 46

　　工作情景 ……………………………… 46

任务分析·············46
相关知识·············46
任务实施·············50
任务完成结论···········51
课堂训练与测评·········52
知识拓展·············52

项目三　轴类零件加工·····54
任务一　工件的装夹及校正···54
知识点、能力点·········54
工作情景·············55
任务分析·············55
相关知识·············55
课堂训练与测评·········59
知识拓展·············59

任务二　车端面和打中心孔···60
知识点、能力点·········60
工作情景·············61
任务分析·············61
相关知识·············61
任务实施·············65
任务完成结论···········66
课堂训练与测评·········66
知识拓展·············66

任务三　车外圆及台阶·····67
知识点、能力点·········67
工作情景·············67
任务分析·············67
相关知识·············68
任务实施·············69
任务完成结论···········70
课堂训练与测评·········71
知识拓展·············71

任务四　切断与切槽······72
知识点、能力点·········72
工作情景·············72

任务分析·············73
相关知识·············73
任务五　简单轴类零件的车削综合训练···74
技能训练一　车削阶台轴···75
技能训练二　车削阶台轴···76

任务六　车圆锥········77
知识点、能力点·········77
工作情景·············77
任务分析·············77
相关知识·············77
任务实施·············79
任务完成结论···········80
课堂训练与测评·········80
知识拓展·············80

项目四　套类零件加工·····81
任务一　钻孔·········81
知识点、能力点·········81
工作情景·············82
任务分析·············82
相关知识·············82
任务实施·············85
任务完成结论···········85
课堂训练与测评·········85
知识拓展·············85

任务二　镗孔·········86
知识点、能力点·········86
工作情景·············87
任务分析·············87
相关知识·············87
任务实施·············87
任务完成结论···········88
课堂训练与测评·········88
知识拓展·············88

项目五　螺纹加工······90
任务一　螺纹概念及对相关知识了解···90

知识点、能力点 ………………91

工作情景 …………………………91

任务分析 …………………………91

相关知识 …………………………91

任务实施 …………………………92

任务完成结论 ……………………93

课堂训练与测评 …………………93

任务二 螺纹刀的角度及刃磨 ……95

知识点、能力点 …………………95

工作情景 …………………………95

任务分析 …………………………96

相关知识 …………………………96

任务实施 …………………………98

任务完成结论 ……………………99

课堂练习与测评 …………………99

任务三 螺纹加工 ………………100

知识点、能力点 …………………100

工作情景 ………………………100

任务分析 ………………………100

任务实施 ………………………100

任务完成结论 …………………107

课堂训练与测评 ………………108

知识拓展 ………………………119

任务四 螺纹测量 ………………120

知识点、能力点 …………………120

工作情景 ………………………120

任务分析 ………………………120

相关知识 ………………………121

任务五 双线螺纹的加工 ………124

知识点、能力点 …………………124

工作情景 ………………………124

任务分析 ………………………124

相关知识 ………………………124

任务实施 ………………………126

项目六 钳工基础知识 …………129

任务 钳工概述 …………………129

知识点、能力点 …………………129

工作情景 ………………………130

任务分析 ………………………130

相关知识 ………………………130

任务实施 ………………………137

任务完成结论 …………………137

课堂训练与测评 ………………137

知识拓展 ………………………137

项目七 钳工基本操作 …………138

任务一 锉削 ……………………138

知识点、能力点 …………………138

工作情景 ………………………139

任务分析 ………………………139

相关知识 ………………………139

任务实施 ………………………149

任务完成结论 …………………149

课堂训练与测评 ………………149

知识拓展 ………………………150

任务二 划线 ……………………152

知识点、能力点 …………………152

工作情景 ………………………152

任务分析 ………………………152

相关知识 ………………………153

任务实施 ………………………161

任务完成结论 …………………163

课堂训练与测评 ………………163

知识拓展 ………………………163

任务三 锯削 ……………………165

知识点、能力点 …………………165

工作情景 ………………………165

任务分析 ………………………165

相关知识 ………………………166

任务实施 ………………………171

　　　任务完成结论 ················ 171

　　　课堂训练与测评 ············· 171

　　　知识拓展 ···················· 171

　　任务四　钻孔 ················· 173

　　　知识点、能力点 ············· 173

　　　工作情景 ···················· 173

　　　任务分析 ···················· 174

　　　相关知识 ···················· 174

　　　任务实施 ···················· 181

　　　任务完成结论 ··············· 181

　　　课堂训练与测评 ············· 181

　　　知识拓展 ···················· 181

项目八　其他钳工操作 ··········· 188

　　任务一　扩孔　锪孔　铰孔 ··· 188

　　　知识点、能力点 ············· 188

　　　工作情景 ···················· 189

　　　任务分析 ···················· 189

　　　相关知识 ···················· 189

　　　任务实施 ···················· 196

　　　任务完成结论 ··············· 196

　　　课堂训练与测评 ············· 196

　　任务二　攻螺纹 ············· 196

　　　知识点、能力点 ············· 196

　　　工作情景 ···················· 196

　　　任务分析 ···················· 197

　　　相关知识 ···················· 197

　　　任务实施 ···················· 200

　　　任务完成结论 ··············· 201

　　　课堂训练与测评 ············· 201

　　　知识拓展 ···················· 201

　　任务三　研磨 ··············· 202

　　　知识点、能力点 ············· 203

　　　工作情景 ···················· 203

　　　任务分析 ···················· 203

　　　相关知识 ···················· 203

　　　任务实施 ···················· 206

　　　知识拓展 ···················· 206

项目九　模钳基础操作 ··········· 209

　　任务　锉配 ················· 209

　　　知识点、能力点 ············· 209

　　　工作情景 ···················· 210

　　　任务分析 ···················· 210

　　　相关知识 ···················· 210

　　　任务实施 ···················· 214

　　　任务完成结论 ··············· 219

　　　课堂训练与测评 ············· 219

　　　知识拓展 ···················· 219

项目十　铣工基础知识 ··········· 221

　　任务一　了解铣床 ··········· 221

　　　知识点、能力点 ············· 221

　　　工作情景 ···················· 222

　　　任务分析 ···················· 222

　　　相关知识 ···················· 222

　　　任务实施 ···················· 230

　　　任务完成结论 ··············· 230

　　　课堂训练与测评 ············· 231

　　　知识拓展 ···················· 231

　　任务二　认识铣刀 ··········· 232

　　　知识点、能力点 ············· 232

　　　工作情景 ···················· 232

　　　任务分析 ···················· 233

　　　相关知识 ···················· 233

　　　任务实施 ···················· 237

　　　任务完成结论 ··············· 240

　　　课堂训练与测评 ············· 240

　　　知识拓展 ···················· 240

　　任务三　铣削的基本知识 ····· 241

　　　知识点、能力点 ············· 241

　　　工作情景 ···················· 242

　　　任务分析 ···················· 242

相关知识 …………………………242

任务实施 …………………………252

任务完成结论 ……………………253

课堂训练与测评 …………………253

知识拓展 …………………………254

项目十一　铣床的加工方法 ……255

　任务一　零件的基本加工方法 …255

　　知识点、能力点 ………………255

　　工作情景 ………………………256

　　任务分析 ………………………256

　　相关知识 ………………………256

　　任务实施 ………………………256

任务完成结论 ……………………267

课堂训练与测评 …………………267

知识拓展 …………………………269

任务二　典型零件的加工方法 ……274

　　知识点、能力点 ………………274

　　工作情景 ………………………274

　　任务分析 ………………………275

　　相关知识 ………………………275

　　任务实施 ………………………275

　　任务完成结论 …………………291

　　课堂训练与测评 ………………291

　　知识拓展 ………………………293

项目一

| 实训基础知识 |

【项目描述】

实训基础知识是学生在实训车工、钳工和铣工时必须掌握的基础。学生了解、掌握了这些基础知识才能保证实训的顺利进行。

【学习目标】

通过本项目的学习，学生能熟悉常用金属材料的性能和特点；掌握常用量具的使用；能识读零件图；会进行尺寸公差的计算。

【能力目标】

掌握常用金属材料的特点；熟练使用常用量具；会看零件图；能根据图纸要求掌握尺寸精度。

 金属材料牌号及性能

任务一的具体内容是了解一般金属材料牌号和性能，掌握有关金属材料的基本理论和基本知识。通过这一具体任务的实施，初步了解金属材料的应用及零件设计时的合理选材等。

| 知识点、能力点 |

（1）金属材料的机械性能。

（2）常用金属材料。

工作情景

金属材料不仅具有优良的物理、化学和力学性能，能满足各种零件的使用要求，而且具有良好的加工工艺性能，适合制作各种产品。据统计，目前的机械工业部门所用的材料中有90%以上是金属材料。

任务分析

只有掌握不同金属材料的各种性能，才能满足工业生产不同的使用要求。因此，只有完成好本任务才能为以后的选材和制定零件的加工工艺路线打下良好的基础。

相关知识

一、金属材料的机械性能

金属材料的机械性能，是指金属材料在外力作用下反映出来的抵抗变形和破坏的性能。外力不同，产生的变形也不同，一般分为拉伸、压缩、扭转、剪切和弯曲。反映出的性能有弹性、塑性、强度、硬度和韧性。

（1）弹性。金属在受到外力作用时发生变形，外力取消后其变形逐渐消失的性质称为弹性。

（2）塑性。金属材料在受外力时产生显著的变形而不断裂的性能称为塑性。产生变形程度越大的材料，塑性越好。塑性的大小可用拉伸实验中试棒伸长率和断面收缩率表示。

① 伸长率 δ，指试样拉断后标距增大量与试样拉伸前的原始标距长度之比，用百分数表示。

② 断面收缩率 ψ，指试样断口面积的缩减量与拉伸前原始横截面的百分比。

（3）强度。金属材料在外力作用下，抵抗变形和破坏的能力叫强度。抵抗变形的能力越大，材料的强度越高。按照作用力性质的不同，可分为抗拉强度、抗压强度和抗弯强度。通常以抗拉强度为代表，用 σ_b 表示，单位为 MPa 或 N/mm。

（4）硬度。金属材料表面抵抗硬物压入的能力称为硬度。硬度值愈大，材料的硬度愈高。常用的有布氏硬度（HB）和洛氏硬度（HRC）。

（5）韧性。金属材料抵抗冲击载荷而不被破坏的能力称为冲击韧性。用 α_k 表示，单位为 J/cm^2。抵抗冲击能力愈大的材料，韧性愈好。

二、常用金属材料

生产中常用的金属材料有碳素钢、合金钢和铸铁。

1. 碳素钢

含碳量小于 2.11% 的铁碳合金称为碳素钢，简称碳钢。碳钢中除铁、碳外，还有硅、锰等有益元素和硫、磷等有害元素。

（1）碳钢的分类。

① 按含碳量分类：低碳钢（含碳量≤0.25%的钢）、中碳钢（含碳量0.25%～0.60%的钢）、高碳

钢（含碳量>0.6%的钢）。

② 按质量分类：普通碳素钢（含硫、磷较高）、优质碳素钢（含硫、磷量较低）、高级优质碳素钢（含硫、磷量很低）。

③ 按用途分类：碳素结构钢（一般属于低碳钢和中碳钢，按质量又分为普通碳素结构钢和优质碳素结构钢）、碳素工具钢（属于高碳钢）。

（2）碳素钢的表示方法。

① 碳素结构钢。按照国标（GB 700—88）规定，碳素结构钢的牌号由代表屈服点的字母、屈服点的数值、质量等级符号、退氧方法符号等四个部分按顺序组成。如 Q235-A•F 牌号中"Q"表示钢材屈服点"屈"字汉语拼音首位字母；"235"表示屈服点为235MPa；"A"表示质量等级为A；"F"表示沸腾钢。碳素结构钢的新旧牌号对照见表1-1。

表 1-1　　　　　　　　　　碳素结构钢的新旧牌号对照

GB700-79	GB700-88
A1，B1	Q195
A2，C2	Q215A，Q215B
A3，C3	Q235A，Q235B
A4，C4	Q255A，Q255B
C5	Q275
A6	—
A7	—

碳素结构钢中，Q195、Q215A、Q215B、Q235A、Q235B 常用于制造受力不大的零件，如螺钉、螺母、垫圈等以及焊接件、冲压件和桥梁建筑结构件；Q255A、Q255B、Q275 用于制造承受中等负荷的零件，如一般小轴、销子、连杆等。

② 优质碳素结构钢。优质碳素结构钢是严格按化学成分和机械性能制造的，质量比碳素结构钢高。钢号用两位数字表示，它表示钢平均含碳量的万分之几。如钢号"30"表示钢中含碳量为 0.30%。

含锰较高的优质碳素结构钢还应将锰元素在钢号后面标出，如 15Mn、30Mn 等。

优质碳素结构钢的用途见表1-2。

表 1-2　　　　　　　　　　优质碳素结构钢的用途

钢　号	应用举例
08、08F、10、10F、15、20、25	用来制造冲压件、焊接件、紧固零件及渗碳零件，如螺栓、铆钉、垫圈、自行车链片等低负荷的零件
35、40、45、50、55	用来制造负荷较大的零件，如连杆、曲轴、主轴、活销、表面淬火齿轮、凸轮等
60、65、70、75	用来制造轧辊、弹簧、钢丝绳、偏心轮等高强度、耐磨或弹性零件

③ 碳素工具钢。碳素工具钢均为优质钢，含碳量为 0.60%～1.35%。工具钢的牌号用"T"加

数字表示，其数字表示平均含碳量的千分之几。若为高级优质，则在数字后面加"A"。例如，T12钢，表示平均含碳量为 1.2%的碳素工具钢。T12A，表示平均含碳量为 1.2%的高级优质碳素工具钢。碳素工具钢的用途见表 1-3。

表 1-3　　　　　　　　　　　　　　　碳素工具钢的用途

牌　　号	用　　途
T7、T7A	制造承受振动与冲击需要在适当硬度下具有较大韧性的工具，如錾子、各种锤子、木工工具等
T8、T8A	制造承受振动及需要足够韧性而具有较高硬度的各种工具，如简单的模子、冲头、剪切金属用剪刀、木工工具等
T9、T9A	制造具有一定硬度及韧性的冲头、冲模、木工工具、凿岩石用錾子等
T10、T10A	制造不受振动及锋利刃口上有少许韧性的工具，如刨刀、拉丝模、冷冲模、手锯锯条等
Tl2、T 12A	制造不受振动及需要极高硬度和耐磨性的一种工具，如丝锥、锉刀、刮刀等

2. 合金钢

合金钢是在碳钢中加入一些合金元素的钢。钢中加入的合金元素常有 Si、Mn、Cr、Ni、W、V、Mo、Ti 等。

（1）合金钢的分类。

① 按用途分类。

合金结构钢：用于制造各种工程构件和重要机械零件，如齿轮、连杆、轴、桥梁等。

合金工具钢：用于制造各种工具，如切削刀具、模具和量具。

特种性能钢：用于制造具有某种特殊性能要求的结构零件，包括不锈钢、耐热钢、耐磨钢等。

② 按钢中合金元素总量分类。

低合金钢：合金元素总量 <5%。

中合金钢：合金元素总量 5%～10%。

高合金钢：合金元素总量 > 10%。

（2）合金钢的牌号及用途。

① 合金结构钢。合金结构钢的牌号用"两位数字 + 元素符号 + 数字"表示。前两位数字表示钢中平均含碳量的万分数；元素符号表示所含合金元素；后面数字表示合金元素平均含量的百分数，当合金元素的平均含量<1.5%时，只标明元素，不标明含量。如 $60Si_2Mn$（60 硅 2 锰）表示平均含碳量为 0.60%、硅含量 2%、锰含量<1.5%。

② 合金工具钢。合金工具钢的平均含碳量比较高（约 0.8%～1.5%）。钢中还加入 Cr、Mo、W、V 等合金元素。合金工具钢的牌号与合金结构钢大体相同。不同的是，合金工具钢的平均含碳量大于 1.0%时不标出，小于 1.0%时以千分数表示。如 9Mn2V 表示平均含碳量为 0.9%，锰含量 2%，钒含量小于 1.5%。

③ 特殊性能钢。特殊性能钢的编号方法基本与合金工具钢相同。如 $2Cr_{13}$ 表示平均含碳量 0.2%，平均含铬量 13%的不锈钢。为了表示钢的特殊用途，有的在钢号前面加特殊字母。如 GCr_{15} 中的 G 表示作滚动轴承用的钢，其平均含铬量为 1.5%左右。

合金钢的牌号与用途见表 1-4。

表 1-4   合金钢的牌号与用途

类　别	牌　号	用　途
合金结构钢	40MnB	代替 40Cr 钢作转向节、半轴、花键轴
	40MnV8	可代替 40Cr 及部分代替 40CrSi 作重要零件，也可代替 38CrSi 作重要销钉
	40Cr	重要调质件，如轴类、连杆、螺栓、进气阀和重要齿轮等
	38CrSi	载荷大的轴类件及车辆上的调质件
低合金刃具钢	9Mn2V	小冲模、冲模及剪刀、冷压模、各种变形小的量规、样板、丝锥、板牙、铰刀
	9SiCr	板牙、丝锥、钻头、铰刀、齿轮铣刀、冷冲模等
	Cr	切削工具如车刀、刮刀、铰刀等；测量工具如样板等；凸轮、偏心轮等
	CrW5	慢速度切削硬金属的刀具，如铣刀、车刀、刨刀等，高压力工件的刻刀
	CrMn	各种量规与量块等
	CrWMn	板牙、拉刀、量块、形状复杂高精度的冲模等
高速钢	W18Cr4V	制造一般高速切削用刀具如车刀、刨刀、钻头、铣刀等
	9W13Cr4V	在切削不锈钢极其它硬或韧的材料时，可显著提高刀具寿命与被加工零件的表面粗糙度
	W6Mo5Cr4V2	制造要求耐磨性和韧性很好配合的高速切削刀具，如丝锥、钻头等
	W6Mo5Cr4V3	制造要求耐磨性和热硬性较高的，形状较为复杂的刀具，如拉刀、铣刀等

3. 铸铁

含碳量大于 2.11%的铁碳合金称为铸铁。铸铁中除铁和碳以外，也含有硅、锰、磷、硫等元素。

（1）铸铁的分类。根据碳在铸铁中存在的形态不同，可将铸铁分为白口铸铁、灰铸铁、可锻铸铁及球墨铸铁。

① 白口铸铁。这类铸铁中的碳绝大多数以 Fe_3C 的形式存在，断口呈亮白色，其硬度高、脆性大，很难进行切削加工，主要用作炼钢或可锻铸铁的原料。

② 灰铸铁。铸铁中的碳大部分以片状石墨形式存在，其断口呈暗灰色，故称灰铸铁。

③ 球墨铸铁。铸铁中的碳绝大部分以球状石墨存在，故称球墨铸铁。

④ 可锻铸铁。它由白口铸铁经高温石墨化退火而制得，其组织中的碳呈团絮状。

（2）铸铁的牌号及用途。灰铸铁的牌号由"HT"及后面的一组数字组成，数字表示其最低抗拉强度；可锻铸铁由"KT"或"KTZ"及两组数字组成，"KT"是铁素体可锻铸铁的代号，"KTZ"珠光体可锻铸铁的代号，前、后两组数字分别表示最低抗拉强度和伸长率；球墨铸铁的牌号由"QT"

和两组数字组成，其含义和可锻铸铁表示方法完全一致。灰铸铁的用途见表1-5。

表 1-5 　　　　　　　　　　　　　灰铸铁的牌号及用途

牌　号	用　途
HT100	低负荷和不重要的零件，如盖、外罩、手轮、支架、重锤等
HT150	承受中等负荷的零件，如气轮机泵体、轴承座、齿轮箱、工作台、底座、刀架等
HT200、HT250	承受较大负荷的零件，如汽缸、齿轮、油缸、阀壳、床身、活塞、联轴器等
HT300、HT350	承受高负荷的零件，如齿轮、凸轮、车床卡盘、压力机的机身、床身等

任务实施

熟悉常用高速钢的牌号，按钢中的含碳量进行分类。

任务完成结论

（1）要熟悉常用金属材料的性能。

（2）掌握常用金属材料的工艺性能。

课堂训练与测评

（1）碳素钢的牌号如何表示，请举例说明。

（2）什么是金属材料的机械性能？一般会产生哪些变形？

知识拓展

金属材料的热处理

1. 退火

把钢加热到一定温度并在此温度下进行保温，然后缓慢冷却到室温，这一热处理工艺称为退火。

2. 正火

将钢加热到一定温度，保温一段时间，然后在空气中冷却的热处理方法称为正火。正火与退火的目的基本相同，但正火的冷却速度比退火快，得到的组织较细，硬度、强度较退火高。

3. 淬火

将钢加热到一定温度，经保温后快速在水（或油）中冷却的热处理方法。它是提高材料的强度、硬度、耐磨性的重要热处理方法。

4. 回火

将淬火后的钢重新加热到临界点以下的温度，并保温一定的时间，然后以一定的方式冷却至室温，这种热处理方法称回火。回火是淬火的继续，经淬火的钢件须进行回火处理。

常用量具

任务二的具体内容是，掌握常用量具的读数原理及使用方法。通过这一具体任务的实施，能够正确、熟练地使用常用量具。

知识点、能力点

（1）常用量具的结构和读数原理。

（2）常用量具的使用和保养方法。

工作情景

在机械制造过程中，为了保证工件的加工质量，制造符合要求的产品，经常需要对产品进行检验与测量，测量时所用的工具称为量具。

任务分析

为了保证零件的加工质量，加工前的毛坯要进行检查，加工过程中和加工完毕后也要进行检验，检验需用量具的种类很多，常用的量具有钢板尺、卡钳、游标卡尺、千分尺、百分表、卡规和塞规、角度尺等。根据工件不同的形状、尺寸、生产批量、和技术要求，可选用不同类型的量具。

相关知识

一、钢板尺与卡钳

1. 钢板尺

钢板尺是不可卷的钢质板状量尺，如图 1-1 所示。长度有 150mm、300mm、500mm、1000mm 等，一般尺面除有米制刻线外，有的还有英制刻线，可直接检测长度尺寸。测量准确度米制为 0.5mm，英制为 1/32″或 1/64″。钢板尺的使用和读数方法如图 1-2 和图 1-3 所示。

图1-1　钢板尺

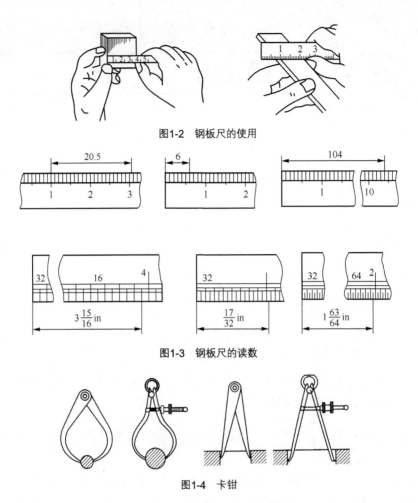

图1-2　钢板尺的使用

图1-3　钢板尺的读数

图1-4　卡钳

2. 卡钳

卡钳是一种间接量具，使用时须有钢板尺或其他刻线量具的配合。卡钳有外卡钳和内卡钳之分，如图 1-4 所示，前者测量外表面，后者测量内表面。卡钳的正确使用需要靠经验，过松、过紧或歪测，均会造成较大测量误差。卡钳的使用方法如图 1-5 所示，尺寸的确定如图 1-6 所示。可在精度要求不高的情况下使用。生产中，除较大尺寸外，一般已不使用。

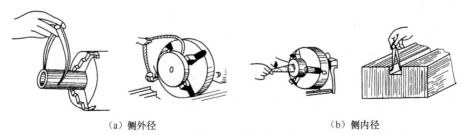

（a）侧外径　　　　　　　　　　　　　　　　　（b）侧内径

图1-5　卡钳的使用

二、游标卡尺

游标卡尺是带有测量量爪并用游标读数的量尺。测量精度较高，结构简单，使用方便，可以直接测出零件的内径、外径、宽度、长度和深度的尺寸值，是生产中应用最广的一种量具。

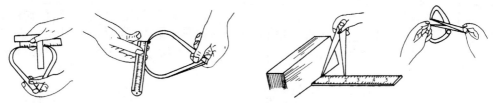

图1-6 卡钳尺寸的确定

1. 游标卡尺的刻线原理与读数方法

游标卡尺的结构如图 1-7 所示，主要由主尺（尺身）和副尺（游标）组成。游标卡尺的测量精度有 0.1mm、0.05mm、0.02mm 三种，其规格有 125mm、150mm、200mm、300mm、500mm 等几种，其刻线原理与读数方法见表1-6。

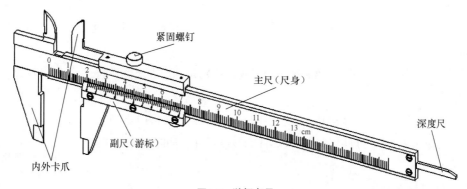

图1-7 游标卡尺

表 1-6　　　　　　　　游标卡尺的刻线原理及读数方法　　　　　　（单位：mm）

	刻 线 原 理	读数方法及示例
0.1	主尺1格1mm 副尺取主尺9格等分10份，每1格=0.9mm。尺身与副尺每格之差： 1mm−0.9mm=0.1mm	读数：游标0线前主尺整数+游标与主尺重合线数×精度值，示例： 读数= 90mm+4×0.1mm= 90.4mm
0.05	主尺1格1mm，副尺取主尺19格等分20份，每1格=0.95mm，尺身与副尺每格之差： 1mm−0.95mm=0.05mm	读数：游标0线前主尺整数+游标与主尺重合线数×精度值，示例： 读数=30mm+11×0.05mm= 30.55mm

续表

	刻 线 原 理	读数方法及示例
0.02	主尺1格 1mm 副尺取主尺49格等分50份，每1格＝0.98mm。 尺身与副尺每格之差：1mm−0.98mm=0.02mm 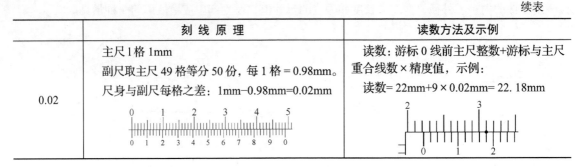	读数：游标0线前主尺整数+游标与主尺重合线数×精度值，示例： 读数＝ 22mm+9×0.02mm= 22.18mm

2. 使用游标卡尺的注意事项

（1）未经加工的毛面不要用游标卡尺测量，以免损伤量爪的测量面，降低卡尺测量精度。

（2）使用前应看主、副尺零线在量爪闭合时是否重合，如有误差，测量读数时注意修正。

（3）游标卡尺测量方位应放正，不可歪斜。如测量内、外圆直径时应垂直于轴线。

（4）测量时用力适当，不可过紧，也不可过松，特别是抽出卡尺读数时，最爪极易松动。

其他游标量具还有专门用来测量深度尺寸的高度游标尺，如图1-8所示。深度游标尺如图1-9所示，可以测量一些零件的高度尺寸，同时还可以用来进行精密划线。

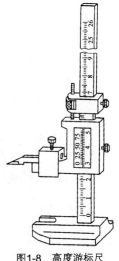

图1-8　高度游标尺

三、千分尺与百分表

1. 千分尺

千分尺是精密量具，测量精度为0.01mm，有外径千分尺、内径千分尺及深度千分尺。

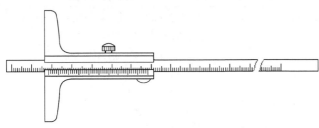

图1-9　深度游标尺

（1）外径千分尺。外径千分尺的规格有0～25mm、25～50mm、50～75mm、75～100mm 等, 图 1-10 所示为 0～25mm 的外径千分尺。尺架左端有砧座，测微螺杆与微分筒是连在一起的，转动微分筒时，测微螺杆即沿其轴向移动。测微螺杆的螺距为 0.5mm，固定套筒上轴向中线上下相错0.5mm各有一排刻线，每格为1mm。微分筒锥面边缘沿圆周有50等分的刻度线，当测微螺杆端面与砧座接触时，微分筒上零线与固定套筒中线对准，同时微分筒边缘也应与固定套筒零线重合。

测量时，先从固定套筒上读出毫米数，若0.5mm刻线也露出活动套筒边缘，加0.5mm；从微分筒上读出小于 0.5mm 的小数，二者加在一起即测量数值。如图 1-11 所示例子，读数为 8.5mm+0.01mm×27=8.77mm。

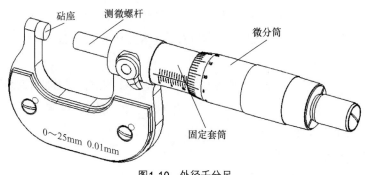

图1-10　外径千分尺

其他规格的外径千分尺，零线对准时，测微螺杆与砧座间的距离就是该测量范围的起点值，对零线时应使用相应的校准杆，如图 1-12 所示。

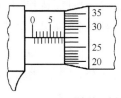

图1-11　千分尺读数示例

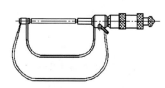

图1-12　校准杆的使用

（2）内径千分尺。内径千分尺有两种形式，图 1-13 所示为普通内径千分尺，图 1-14 所示为杆式内径千分尺。

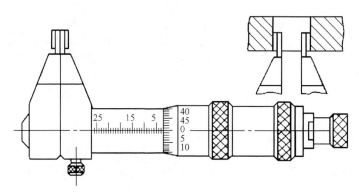

图1-13　普通内径千分尺

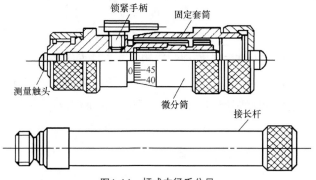

图1-14　杆式内径千分尺

（3）深度千分尺。外形类似深度游标尺，如图 1-15 所示。

内径千分尺与深度千分尺的刻线原理与读数方法和外径千分尺相同。

2. 百分表

百分表是一种测量精度为 0.01mm 的机械式量表，是只能测出相对数值不能测出绝对数值的比较量具。百分表用于检测零件的形状和表面相互位置误差（如圆度、圆柱度、同轴度、平行度、垂直度、圆跳动等），也常用于零件安装时的校正工作。

百分表有钟表式和杠杆式两种。

（1）钟表式百分表。钟表式百分表的外形如图 1-16（a）所示，图 1-16（b）所示为其传动原理。测量杆 1 上齿条齿距为 0.625mm，齿轮 2 齿数为 16，齿轮 3 和齿轮 6 齿数均为 100，齿轮 4 齿数为 10，齿数 2 与 3 连在一起，表面长针 5 装于齿轮 4 上，短针 8 装于齿轮 6 上。当测量杆移动 1mm 时，齿条则移动 1/0.625=1.6 齿，使齿轮 2 转过 1.6/16=1/10r，齿轮 3 也同时转过 1/10r，即转过 10 个齿，正好使齿轮 4 转过一转，使长针 5 转过一周。由于表盘圆周分成 100 格，故长针每转过一格时测量杆移动量为 1/100=0.01mm。长针转一周的同时，齿轮 4 传动齿轮 6 也转过 1/10r（即 10/100），一般百分表量程为 5mm，故表盘上短针转动刻有 5 个格，每转过一格，表示测量杆移动 1mm。

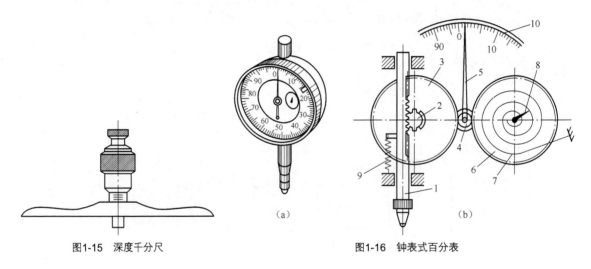

图1-15　深度千分尺　　　　　　图1-16　钟表式百分表

图 1-16（b）中，游丝 7 总使轮齿一侧啮合，消除间隙引起的测量误差。弹簧 9 总使测量杆处于起始位置。

（2）杠杆式百分表。杆式百分表外形如图 1-17（a）所示，图 1-17（b）所示为其传动原理。

杆式百分表是利用杠杆和齿轮的放大原理制造的。具有球面触头的测量杆 1 靠摩擦与扇形齿轮 2 连接，当测量杆摆动时，扇形齿轮 2 带动齿轮 3 转动，再经端齿轮 4 和齿轮 5 带动指针 6 转动。和钟表式百分表一样，表盘上也沿圆周刻 100 格，每格代表 0.01mm。改变表侧扳把位置，可变换测量杆的摆动方向。

测量内径及形状精度，常用内径百分表。内径百分表的结构如图 1-18 所示，它由百分表与测量杆系统组成，测量范围有 6～10mm、10～18mm、18～35mm、35～50mm、50～100mm、100～160mm 等。

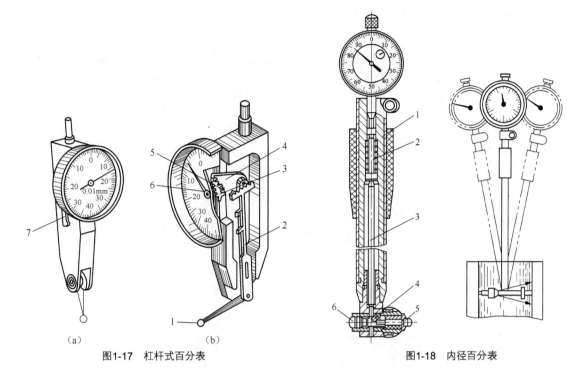

| （a） | （b） |
| 图1-17　杠杆式百分表 | 图1-18　内径百分表 |

　　从图1-19可见，内径百分表是将百分表安装于测杆1上，以适当的压力与杆2接触。测量头一端装有可换量杆6（在测量范围内长度可换），另端是活动量杆5。测量时，活动量杆5的伸缩通过杠杆4以及杆3和杆2，将测量值变化传至百分表。使用内径百分表需先根据被测尺寸选定测量范围，装上合适的可换量杆，以被测公称尺寸为准用外径百分尺校对内径百分表，即用基本尺寸将表对零。测量时，将测量杆放进内孔，适当摆动，即可测得被测尺寸与公称尺寸相比较的差值。

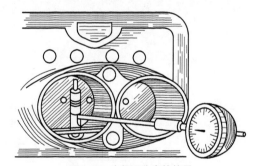

四、卡规与塞规

　　卡规与塞规是成批生产时使用的量具，卡规测量外表面尺寸，如轴径、宽度和厚度等；塞规测量内表面尺寸，如孔径、槽宽等，如图1-20所示。

图1-19　内径百分表的使用

　　检查零件时，过端通过，止端不通过为合格。卡规的过端控制的是最大极限尺寸，而止端控制的是最小极限尺寸。塞规过端控制的是最小极限尺寸，止端控制的则是最大极限尺寸。图1-21所示为卡规与塞规的过端与止端作用的示意图。

五、直角尺与万能量角器

　　测量角度的量具很多，常用的有直角尺和游标万能量角器。

1. 90° 角尺

　　90° 角尺有整体式与组合式两种。图1-22（a）所示为整体式，图1-22（b）为组合式。其两尺边内侧和外侧均为准确的 90°，测量零件时角尺宽边（尺座）与基准面贴合，以窄边（尺苗）靠向被测平面（见图 1-22（c）），以塞尺检查缝隙大小，以确定垂直度误差。

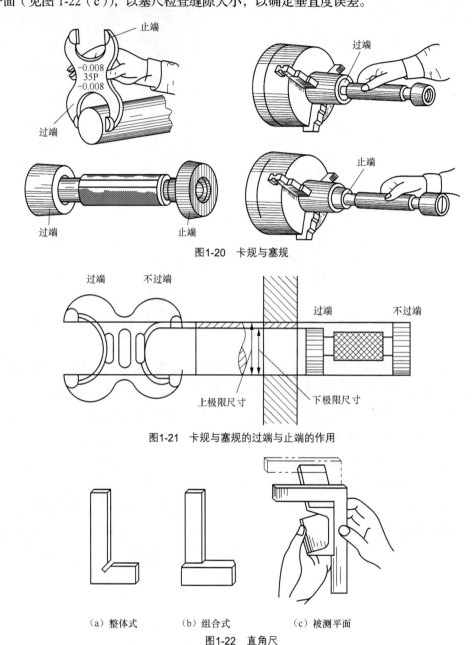

图1-20　卡规与塞规

图1-21　卡规与塞规的过端与止端的作用

（a）整体式　　　（b）组合式　　　（c）被测平面

图1-22　直角尺

2. 万能量角器

如图 1-23 所示，游标万能角度器由尺身 1、角尺 2、游标 3、制动器 4、基尺 5、直尺 6、卡块 7 组成。捏手 8 可通过小齿轮 9 转动扇形齿轮 10，使基尺 5 改变角度，带动尺身 1 沿游标 3 转动，角尺 2 和直尺 6 可以配合使用，也可以单独使用。

用万能量角器测量工件角度的方法如图 1-24 所示，它可以测量 0°～320°的内角，40°～130°的外角。尺身上每相邻两条线间夹角为 1°，游标尺上也有刻度线，是取尺身的 29°等分为 30 份，所以游标尺上每相邻两条刻线间为 $\left(\dfrac{29}{30}\right)^{\circ}$，尺身与游标尺的两刻线间夹角差为

$$1^{\circ}-\left(\dfrac{29}{30}\right)^{\circ}\times60=2'$$

就是说，万能量角器的测量精度为 2′。

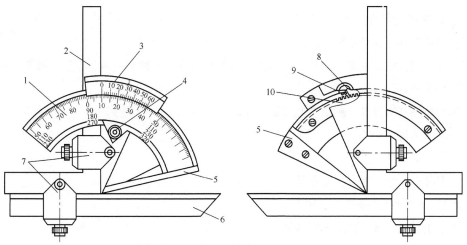

图1-23　万能量角器

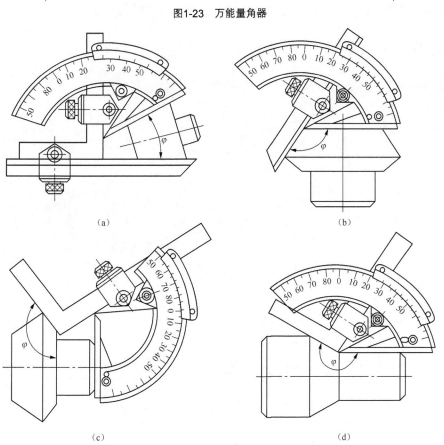

（a）　　　　　　　　　　　　　　　　（b）

（c）　　　　　　　　　　　　　　　　（d）

图1-24　万能量角器的使用

测量方法：

0º～50º外角	装全直尺、角尺（见图 1-24（a））
50º～140º外角	只装直尺（见图 1-24（b））
140º～230º外角	只装弯尺（角尺）（见图 1-24（c））
230º～320º外角	直尺弯尺全去掉（见图 1-24（d））

六、量具的选择与保养

（1）使用量具前、后必须将其擦净，并校正"0"位。

（2）量具的测量误差范围，应与工件的加工精度相适应，量程要适当，不应选择测量精度和范围过大或过小的量具。

（3）不准使用精密量具，测量毛坯和温度较高的工件。

（4）不准测量运动着的工件。

（5）不准对量具施加过大的力。

（6）不准乱扔、乱放量具，更不准当工具使用。

（7）不准长时间用手拿着精密量具。

（8）不准用脏油清洗量具或润滑量具。

（9）用完量具要擦净，涂油装进盒内，并存放在干燥 无腐蚀的地方。

任务实施

典型零件的测量，如图 1-25 所示。测量轴的方法与要领见表 1-7。

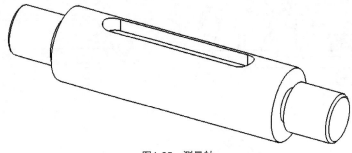

图1-25　测量轴

表 1-7　　　　　　　　　　　　　测量轴的方法与要领

序号	测量内容	简　图	量　　具	测　量　要　领
1	测长度		钢板尺 游标卡尺	1. 尺身与工件轴线平行 2. 读数时眼睛不可斜视
2	测直径		游标卡尺 千分尺	1. 尺身与工件轴线垂直 2. 两端用千分尺测量，其余用游标卡尺

续表

序号	测量内容	简　图	量　具	测量要领
3	测键槽		千分尺；游标卡尺	1. 测槽深用千分尺 2. 侧槽宽用游标卡尺
4	测同轴度		百分表	1. 轴夹在偏摆检验仪上。 2. 测量杆垂直于轴的轴线

任务完成结论

在实际生产中，产品的加工过程要建立严格的检验制度来保证产品的质量。而量具的正确使用，是保证产品质量的关键。本任务中介绍的几种量具的使用方法，应熟练掌握，特别是游标卡尺和千分尺的使用是本任务的重点。

课堂训练与测评

（1）简述游标卡尺的读数原理。

（2）简述千分尺的读数原理。

（3）怎样正确使用和保养量具？

知识拓展

检测螺纹的方法，螺纹检测主要是检测螺距、牙型角和螺纹中径。由于螺距是由车床的运动关系来保证的，所以用金属直尺测量即可。牙形角是由车刀的刀尖角以及正确安装来保证的，一般用螺纹样板同时测量螺距和牙形角，如图1-26所示。

螺纹中径常用螺纹千分尺测量，如图 1-27 所示。

图1-26　螺纹样板测量螺距和牙形角

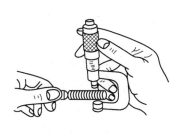

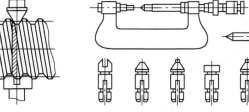

（a）螺纹千分尺测量法　　　　（b）测量原理　　　　　（c）测量头

图1-27　螺纹中径测量

在批量生产时，常用螺纹量规综合测量，螺纹量规如图 1-28 所示。

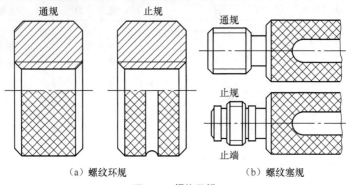

（a）螺纹环规　　　　　　　　　（b）螺纹塞规

图1-28　螺纹量规

制图的基础知识

任务三的具体内容是，掌握图样的种类，绘图时对图纸、图线、比例、字体的要求。通过这一具体任务的实施，掌握投影的基本知识，三面视图和识读三面视图的要领。

知识点、能力点

（1）理解六面基本视图的概念。

（2）常见立体形状的的三视图的识读方法。

（3）不同剖切方法的表示方法。

相关知识

我们在工作和生产中，无论是设计、加工及装配，都离不开各种机械图样能看懂机械图样是机械工人的基本技能，要能看懂机械图样我们首先要了解图样是根据什么原理画出来的，了解了这些我们再看图样就容易多了。

一、图样

机械图样是加工和制造的依据，设计人员的思想和设计意图通过图样体现出来，所以在机械制图中遵循统一的制图规则就尤为重要，因此，国标对机械加工机械制造图样有一系列的标准规定。

1. 机械图样

能够准确地表达物体的形状、尺寸及技术要求的图，称为图样。不同的生产部门对图样有不同的要求，机械制造业中使用的图样称为机械图样。

2. 机械图样的种类

根据在机械制造过程中所起作用的不同，机械图样分为两种：

（1）用于加工零件的图样称为零件图，它是制造和检验该零件的技术依据；

（2）用于装配零件的图样称为装配图。

3. 国家标准对图样的一般规定

（1）图纸幅面。绘制图样时，应优先选用国标规定的图纸基本幅面，见表1-8。

表1-8　　　　　　　　　　　　　　图幅尺寸

图　幅　代　号	A0	A1	A2	A3	A4
$B \times L$	841×1189	594×841	420×594	297×420	210×297

（2）图线。机械图样中常用的线型有粗实线、细实线、虚线、点画线、双点画线、双折线、波浪线等。

（3）比例。比例是指图样中图形与其实物相应要素的线性尺寸之比。当需要按比例绘制图样时，应从国标规定的系列中选取，见表1-9。为了方便加工，零件图常采用1:1的比例。

表1-9　　　　　　　　　　　　　　绘图比例

种　　类	比　　　例		
原值比例	1:1		
放大比例	5:1	2:1	1×10^n:1
缩小比例	1:2	1:5	$1:1 \times 10^n$

注：n 为整数。

（4）字体。图样中的汉字、数字、字母，书写时必须做到：字体工整、笔画清晰、间隔均匀、排列整齐。汉字应书写成长仿宋体。

4. 三面视图的形成

在机械制图中物体的正投影称为视图，由于物体在一个投影面上只能得到一个方向的视图，物体的一个面视图不能唯一确定物体的空间形状，所以要想确定物体空间的唯一形状就必须增加视图面来准确的表达，一般较简单的物体用三面视图来表达，复杂的物体可以用四面、五面、六面或用全剖视半剖视局部剖视等方法来表示，物体在三面投影得到视图即为主视图、俯视图、左视图。

5. 正投影和三视图

（1）投影的基本知识。投影分为两类，一类称为中心投影，另一类称为平行投影。平行投影又分为正投影和斜投影两种，其中正投影由于能够准确表达物体的真实形状和大小，且绘图方法也较简单，故在机械制图中得到广泛应用。

所谓正投影，就是当投影线互相平行，并与投影面成直角时，物体在投影面上所得的投影。

（2）三视图。对于一般的物体，人们通常用三个投影面来表达其三个方向的投影，如图1-29所示。

这三个投影面要相互垂直。所谓三视图，就是物体用正投影法在三个投影面上所得的投影。其中，由前方向后方投影所得到的图形称为主视图；由上方向下方投影所得到的图形称为俯视图；由左方向右方投影所得到的图形称为左视图。为了把空间的三个视图画在一张纸上，就必须把三个投影面按规定展开。

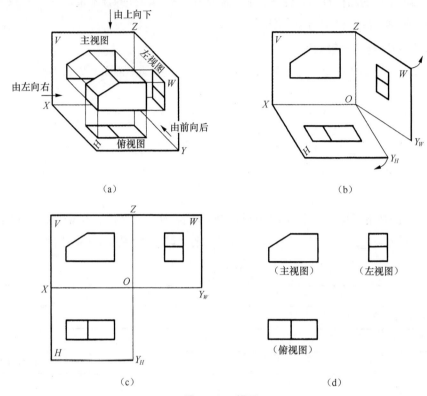

图1-29 三视图

（3）识读三视图的要领。从图中可以看出，物体的长度由主视图和俯视图同时反映出来，高度由主视图和左视图同时反映出来，宽度由俯视图和左视图同时反映出来。由此可得出三视图的投影规律为：主俯两图长对正；主左两图高平齐；俯左两图宽相等。其简称为"长对正，高平齐，宽相等"。读图时必须以这些规律为依据，找出三个视图中相对应的部分，从而得出物体的结构形状。

二、几类物体三面视图

1. 几何体的基本三视图（见表 1-10）

表 1-10　　　　　　　　　　　　常见几何体三视图

名　称	定　义	投 影 特 征
棱柱	有两个面互相平行，其余各面都是四边形，并且每相邻两个四边形的公共边都互相平行，由这些面围成的几何体叫做棱柱	

名 称	定 义	投 影 特 征
棱锥	有一个面是多边形，其余各面是有一个公共顶点的三角形，由这些面围成的几何体叫做棱锥	
圆柱	以矩形的一边为旋转轴，其余各边旋转而形成的曲面所围成的几何体叫做圆柱	
圆锥	以直角三角形的一直角边为旋转轴，其余各边旋转而形成的曲面所围成的几何体叫做圆锥	

2. 截割体的三视图

（1）棱柱的截切。以截切正六棱柱为例，具体画法如下：先画出正六棱柱的三视图，然后求出各棱线与截平面的交点投影，顺次连接各点的同面投影，即得棱柱截交线的三面投影。最后整理轮廓线，判别可见性，如图 1-30 所示。

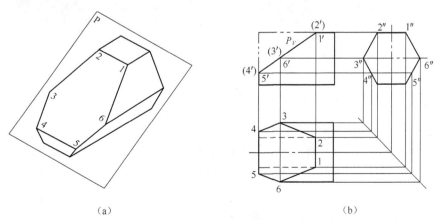

（a）　　　　　　　　　　　　（b）

图1-30　六棱柱的截交线视图

（2）圆柱的截切。由其截切的位置不同可分为三种情况：当截平而平行于轴线时，截交线为一矩形线框；当截平面垂直于轴线时，截交线是一个直径等于圆柱直径的圆；当截平面倾斜于轴线时，截交线是一椭圆，见表 1-11。

表 1-11　　　　　　　　　　　　　平面与圆柱的截交线

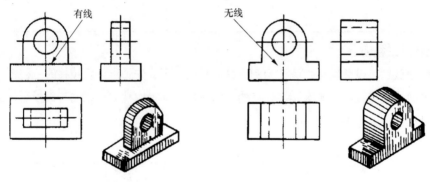

	截交面平行于轴线	截交面垂直于轴线	截交面倾斜于轴线
立体图			
投影图			
截交线形状	矩形	圆	椭圆

在实际应用中，往往比上述的单一截切要复杂，可能是两种或三种截切的综合应用，但作图的基本方法不变。

3. 组合体的三视图

（1）两个基本几何体表面连接的状态。

① 表面平齐连接和不平齐连接。当两基本形体的表面平齐时，两表面为共面，因而视图上两基本体之间无分界线，而如果两基本体的表面不平齐时，则必须画出它们的分界线，如图 1-31 所示。

有线　　　　　　　　　　　无线

（a）表面不平齐连接　　　　　　　　（b）表面平齐连接

图1-31　平齐连接和不平齐连接

② 表面相切连接和相交连接。当两基本形体的表面相交时，相交处会产生不同形式的交线，在视图中应画出这些交线的投影，如图 1-32 所示。

（2）识读组合体三视图的方法。一般采取形体分析法，所谓形体分析法，就是从反映物体形状特征的主视图着手，对照其他视图，初步分析出该物体是由哪些基本形体以及通过什么连接关系形成的。然后按投影特性逐个找出各基本体在其他视图中的投影，以确定各基本体的形状和它们之间的相对位置，最后综合想像出物体的整体形状。以识读轴承座为例，如图 1-33 所示。具体读图方法如下：

① 从视图中分离出表示各基本形体的线框。

② 分别找出各线框对应的其他投影，并结合各自的特征视图逐一构思它们的形状。

③ 根据各部分的形状和它们的相对位置综合想像出其整体形状。

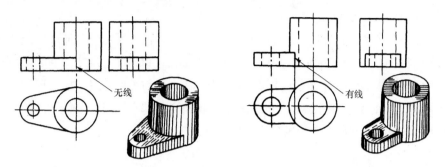

（a）表面相切连接   （b）表面相交连接

图1-32　表面相切连接和相交连接

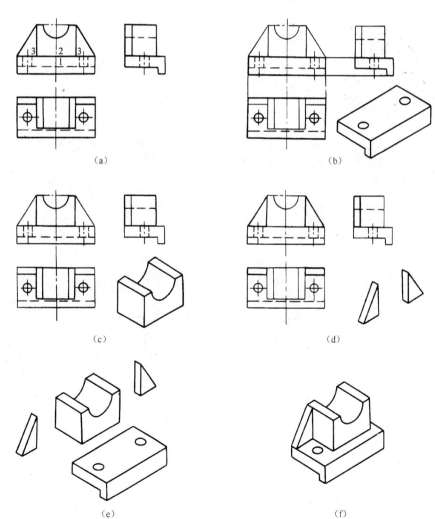

图1-33　分解和综合的识图方法

任务实施

识读机械制图中常用的视图。

1. 基本视图

当机件的外部形状比较复杂时，并且在上、下、左、右、前、后几个方向的形状都不同时，用3个视图往往不能完整清晰地把他们表达出来，因此机械制图（GB/T 7451—1998）中规定，采用正六面体的六个面为基本投影面，将机件放在正六面体中，由前、后、左、右、上、下六个方向，分别向六个基本投影面投影，再按规定的方法展开，即得六个基本视图。它们分别称为主视图、后视图、左视图、右视图、俯视图和仰视图，如图1-34所示。

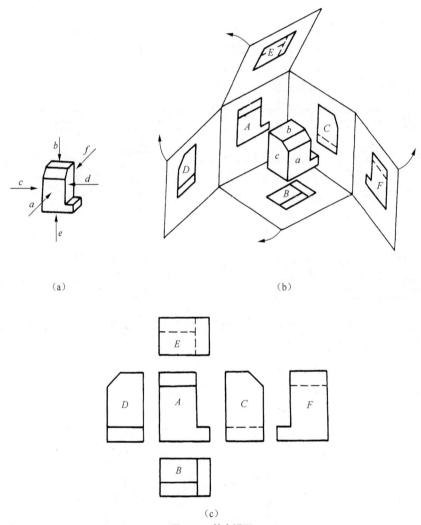

（a）　　　　　　　　　　　　（b）

（c）

图1-34　基本视图

六个基本视图应按投影面展开，展开方法保持正立面投影不动其余均按第一角度投影展开所形成的位置关系进行配置。如不能按此位置配置视图，则应在该视图上方标出视图名称"X"（这里"X"

为大写拉丁字母），并在相应视图附近用箭头表明投影方向，并注明同样的字母，如图1-35所示。

六个基本视图之间仍保持着与三视图相同的投影规律，即主、俯、仰、后长对正；主、左、右、后高平齐；俯、左、仰、右宽相等。

2. 局部视图和斜视图

（1）局部视图。机件的某一部分向基本投影面投影所得到的视图，称为局部视图。局部视图是不完整的基本视图。利用局部视图，可以减少基本视图的数量，补充基本视图尚未表达清楚的部分。它的断裂边界一般以波浪线表示，但所表示的局部结构是完整的，且外形轮廓线又成封闭时，可省略波浪线，如图1-36所示。

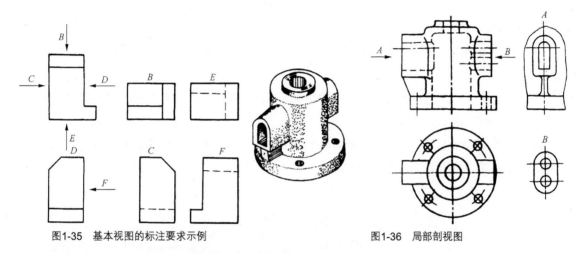

图1-35 基本视图的标注要求示例　　　　　　图1-36 局部剖视图

局部视图的位置应尽量配置在投影方向上，并与原视图保持投影关系，有时为合理布置图面，也可将它放在其他适当位置。

局部视图上方应标出视图的名称"x"，并在相应视图附近用箭头指明投影方向和注明相同的字母。当局部视图按投影关系配置，中间又无其他视图隔开时，允许省略标注。

（2）斜视图。当机件上有倾斜于基本投影面的结构时，为了表达倾斜部分的真实形状，可设置一个与倾斜部分平行的辅助投影面，再将倾斜结构向该投影面投影。这种将机件向不平行于基本投影面的平面投影所得的视图称为斜视图。

斜视图的画法与标注，基本上与局部视图相同。在不致引起误解时，可不按投影关系配置，还可将图形旋转摆正，此时，图形上方应标注旋转符号，如图1-37所示。

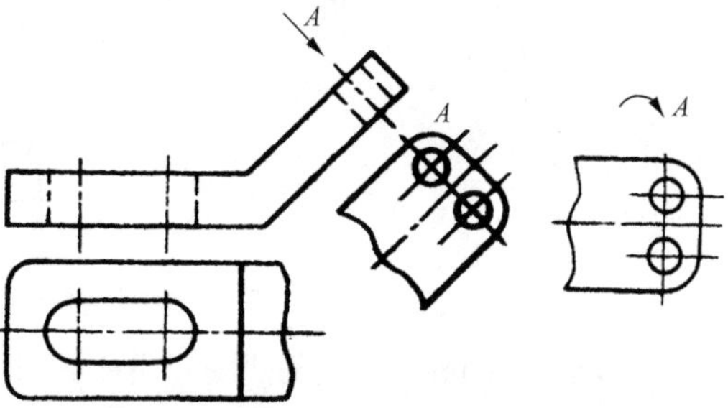

图1-37 斜视图

3. 旋转视图

假想将机件的倾斜部分旋转到与某一选定的基本投影面平行后再向该投影面投影所得到的视图，称为旋转视图，如图1-38所示。

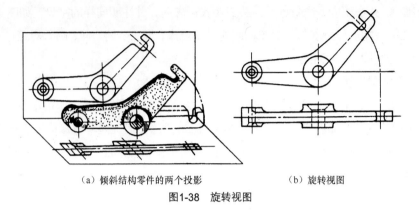

（a）倾斜结构零件的两个投影　　　　（b）旋转视图

图1-38　旋转视图

4. 剖视图

（1）剖视图的概念。对于机件的内部结构，如果采用基本视图的表达方法会出现虚线给读图、绘图带来不便，因此需采用剖视图。

① 剖视图的形成。剖视图形成的主要目的是为了解决基本视图在表达机件内部时虚线出现的问题，因此采用剖视图的表达方法。

假想用剖切面剖开机件，将处在观察者和剖切面之间的部分移去，而将其余部分向投影面投影所得到的视图，称为剖视图，如图 1-39 所示。

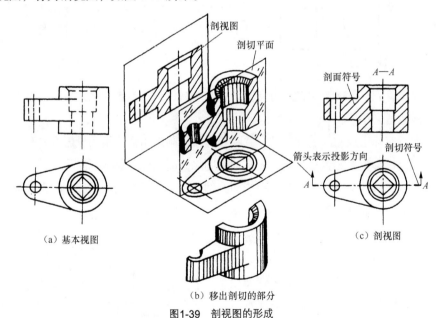

（a）基本视图　　　（b）移出剖切的部分　　　（c）剖视图

图1-39　剖视图的形成

② 剖视图的画法。画剖视图应注意下列几点。

（a）剖切位置要恰当。剖切面应尽量通过较多的内部结构的轴线或对称面，并平行于选定的投影面。

（b）内外轮廓要画齐。机件剖开后，处在剖切平面之后的所有可见的轮廓都应画齐，不得遗漏。

（c）剖面符号要画好。剖视图中，凡被剖切的部分都应画上剖面符号。国标中规定了各种材料的剖面符号。

（d）剖视图是假想剖切画出的，所以与其相关的视图仍应保持完整；由剖视图已表达清楚的结构，视图中的虚线可省略。

（e）必须对剖切后留下的部分形体进行投影，即剖切平面后面的可见轮廓线都必须用粗实线画。

③ 剖视图的标注。一般应在剖视图上方用字母标出剖视图的名称"×—×"，在相应的视图上用剖切符号表示剖切位置，用箭头表示投影方向，并注明相同的字母。

（2）剖视图的种类。

① 全剖视图。用剖切面将机件完全剖开所得到的剖视图，称为全剖视图。全剖视图一般用于表达内部结构形状复杂的不对称机件和外形简单的对称机件。当剖切平面通过机件对称平面，且剖视图按投影关系配置，中间又无其他视图隔开时，可省略标注。

② 半剖视图。半剖视图适应于机件的内部、外部形状均需表达同时机件的形状对称，或基本对称的情况。当机件具有对称平面时，在垂直于对称平面的投影面上投影所得到的图形，可以对称中心线为界，一半画成剖视，另一半画成视图，这种图形称为半剖视图。它既充分地表达了机件的内部形状，又保留了机件的外部形状，所以它是内外形状都比较复杂的对称机件常用的表达方法。半剖视图的标注与全剖视图相同，如图 1-40 所示。

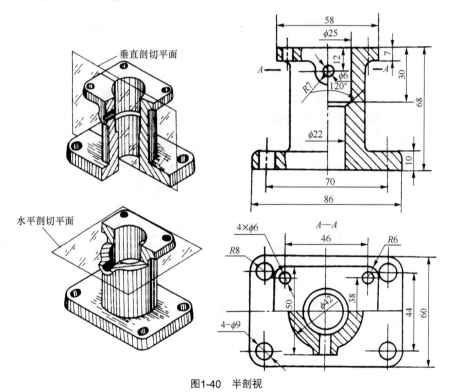

图1-40　半剖视

③ 局部剖视图。用剖切平面局部地剖开机件所得到的剖视图，称为局部剖视图，它既能把机件局部形状表达清楚，又能保留机件的某些外形，其剖切范围可根据需要而定，是一种很灵活的表达方法。

局部剖视图以波浪线为界，波浪线不应与轮廓线重合或用轮廓线代替，也不能超出轮廓线之外，如图 1-41 所示。

（3）剖视图中的各种剖切方法。

① 旋转剖切平面。当用一个剖切平面不能通过机件的各内部结构时，而机件在整体上又具有回转时可用两相交的剖切平面（交线垂直于某一基本投影面）剖开机件的方法称为旋转剖。它常用于表达盘盖类或具有公共旋转轴线的摇臂类零件的剖视图，如图 1-42 所示。

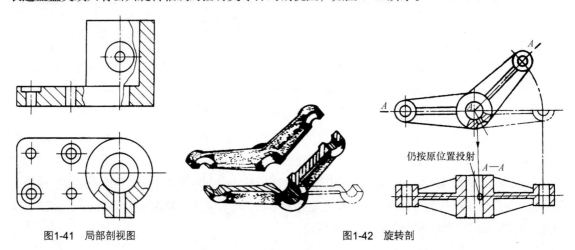

图1-41　局部剖视图　　　　　　　　　　　　　　　　图1-42　旋转剖

② 单一剖切面。单一剖切面可以是平行于基本投影面的剖切平面，如前所述的全剖视、半剖视和局部剖视都是用这种剖切面剖切机件而得到的。它也可以是不平行于基本投影面的剖切平面，用此剖切平面剖开机件的方法称为斜剖，如图 1-43 所示。

③ 几个平行的剖切平面。用几个互相平行的剖切平面剖开机件的方法称为阶梯全剖视图。当机件上具有几种不同的结构要素（如孔、槽等），而且它们的中心线排列在相互平行的平面上时，宜采取阶梯剖切方怯，绘制阶梯全剖视图时垂直于投影面的阶梯剖面的投影不应画出，图形内不应出现不完整的图形要素，但当两个要素在图上具有公共对称中心线或轴线时可以各画一半，阶梯剖视图的标记不能省略，且用直角表示出阶梯剖面的转折位置，并注出剖面名称，如图 1-44 所示。

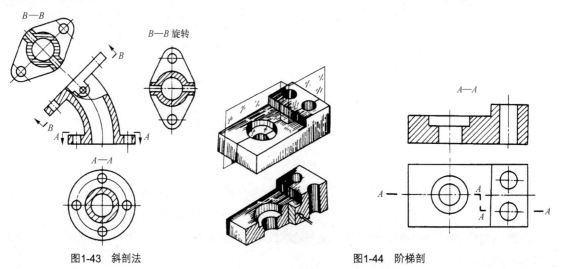

图1-43　斜剖法　　　　　　　　　　　　　　　　图1-44　阶梯剖

④ 组合的剖切平面。除阶梯剖、旋转剖以外，用组合剖切平面剖开机件的方法称为复合剖，如图 1-45 所示。

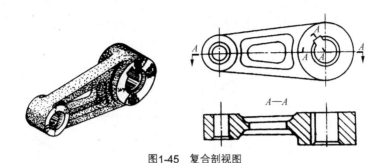

图1-45 复合剖视图

任务完成结论

通过对常用机械视图的学习和了解可以得出识读剖视图的步骤：抓主视看大致，沿符号找位置；剖面线辨虚实，对线条识形状。外形，视图定；内形，看剖视；部分，想形状；综合，识整体。

课堂训练与测评

在了解常用视图和剖视图的基础之上，我们还要进一步了解和训练对一些特殊视图的掌握和认识以增进识图能力。

一、断面剖视图

1. 断面图

假想用剖切面将机件的某处切断，仅画出断面的图形，称为断面图，简称断面。画断面图时，应特别注意断面图与剖视图的区别，断面图仅画出机件被切断处的断面形状，而剖视图除了画出断面形状外，还必须画出断面后的可见轮廓线，如图 1-46 所示。

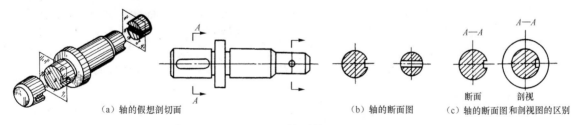

（a）轴的假想剖切面　　　　　　（b）轴的断面图　　　　（c）轴的断面图和剖视图的区别

图1-46 断面剖切图

2. 断面图的种类

根据断面图位置的不同，可分为移出断面和重合断面。

（1）移出断面。画在视图轮廓线之外的断面图称为移出断面。它的轮廓线用粗实线绘制，断面要画出断面符号。移出断面应尽量配置在剖切平面的延长线上，必要时也可画在其他位置。

（2）重合断面。画在视图轮廓之内的断面称为重合断面。它的轮廓线用细实线绘制。当视图中的轮廓线与重合断面的图形重叠时，视图中的轮廓线仍应连续画出，不可间断。重合断面一般不必标注。但若为不对称图形时，须用箭头表示投影方向，如图1-47所示。

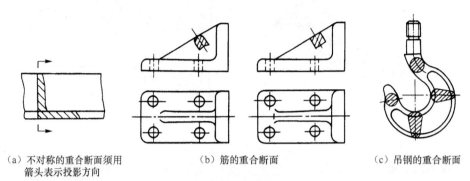

（a）不对称的重合断面须用　　　（b）筋的重合断面　　　（c）吊钢的重合断面
　　箭头表示投影方向

图1-47　重合断面

3. 识读断面图的要点

主要是移出断面的识读，应注意以下几点。

（1）找剖切位置及字母，对应字母找断面图。

（2）画在剖切位置延长线上的断面图，可不加标注。

（3）对于不对称的移出断面必须用箭头表示投影方向。

（4）当剖切平面通过回转面形成的孔或凹坑的轴线时，其结构按剖视绘制，如图1-48所示。

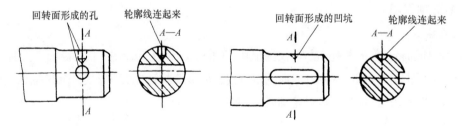

（a）通过圆孔回转面轴线时断面的画法　　　（b）通过键槽、凹坑回转面轴线时断面的画法

图1-48　通过圆孔等回转面的轴线时断面画法

（5）当剖切平面通过非圆孔，导致出现完全分离断面时，其结构应按剖视图绘制。

二、局部放大图

当机件上某些局部细小结构在视图上表达不够清楚又不便于标注尺寸时，可将该部分结构用于原图形所采用比例画出，这种图形称为局部放大图。

局部放大图可画成视图、剖视图和断面图。它与被放大部位的表达方法无关。局部放大图应尽量配置在被放大部位的附近。

当机件上有几处要被放大的部位时，必须用罗马数字依次标明，并用细实线圆圈画出，在相的应局部放大图上方标出相同的数字和放大比例。如果放大部分只有一处，则不必表明数字，但必须标明放大比例，如图1-49所示。

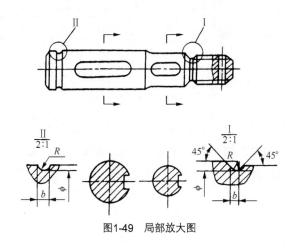

图1-49　局部放大图

知识拓展

简化画法

（1）机件上的筋、轮辐及薄壁等结构，如果纵向剖切，则不画剖面符号，而且用粗实线将它们与其相邻结构分开。当零件回转体上均匀分布的筋、轮辐、孔等结构不处于剖切平面上时，可将这些结构旋转到剖切平面上画出，如图1-50所示。

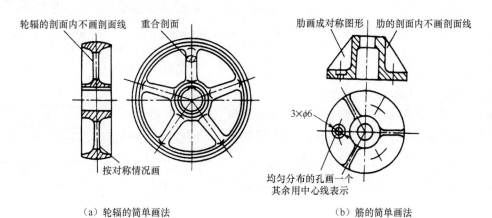

（a）轮辐的简单画法　　　　　　　　　（b）筋的简单画法

图1-50　筋和轮辐的画法

（2）当机件上具有若干相同结构的（齿、槽、孔等），并且是按一定规律变化时，此时只需画出几个完整的结构，其余用细实线相连或标明中心位置，并标明总数，如图1-51所示。

（3）较长的机件（轴、杆、型材等），如果沿长度方向的形状一致或按一定规律变化时，则可断开后缩短绘制，但必须按原来的实际长度标注尺寸，如图1-52所示。

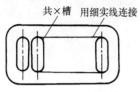

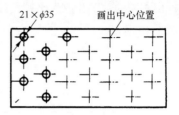

（a）多个槽的简化画法　　　　（b）多个孔的简化画法

图1-51　相同要素的简化画法

（4）机件上较小的结构如在一个图形中已表示清楚时，其他图形可简化或省略。在不致引起误解时，图形中的相贯线允许简化，例如用圆弧或直线代替非圆曲线，如图1-53所示。

（5）网状物、编织物或机件上的滚花部分，可在轮廓线附近用细实线示意画出，并标明其具体要求，如图1-54所示。

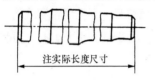

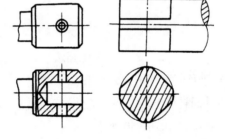

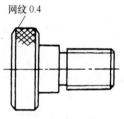

（a）沿长度方向按一定规律变化时的断开画法

（b）多处断开画法

图1-52　较长机件的折断画法

（a）相贯线的简化画法　（b）较小结构的省略

图1-53　较小机构的简化画法

图1-54　滚花的示意画法

另外，当图形不能充分表达平面时，可用平面符号（相交的两条细实线）表示，如图1-55所示。

（6）在不致引起误解时，对于对称机件的视图可以只画一半或1/4，并在对称中心线的两端画出两条与其垂直的平行细实线，如图1-56所示。

（7）在不致引起误解时，零件图中的移出断面允许省略剖面符号，但剖切位置和断面图的标注，必须按规定方法标出，如图1-57所示。

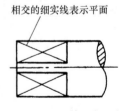

图1-55　平面符号表示法

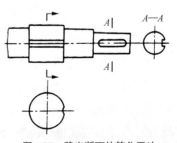

图1-56　对称机件的简化画法

图1-57　移出断面的简化画法

公差的基础知识

任务四的具体内容是，掌握尺寸公差、配合公差和表面粗糙度的相关知识。通过这一具体任务的实施，使加工的零件尺寸满足图纸的要求。

知识点、能力点

（1）尺寸、偏差与公差。

（2）配合。

（3）形状和位置公差。

（4）表面粗糙度。

工作情景

在生产加工过程中，如图 1-58 所示，机械零件不仅会有尺寸误差，而且还会产生形状和位置误差，加工完成后可能还会产生表面粗糙度的误差。加工完成后，不管出现哪一方面的误差，零件产品均视为废品。因此，为了保证加工后的零件合格，就必须掌握相关的公差基础知识。

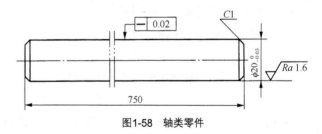

图1-58 轴类零件

任务分析

零件加工必须根据图纸的要求加工，尺寸公差、形位公差和表面粗糙度是图纸中常见的公差要求，只有完成好本任务才能保证加工后的零件为合格的产品。

相关知识

一、尺寸、偏差与公差

以图 1-58 所示为例，介绍尺寸、偏差与公差的相关知识。

1. 尺寸

（1）公称尺寸：设计给定的尺寸。如图 1-58 所示的 $\phi 20$ 便是公称尺寸。孔的公称尺寸用 D 表示，

轴的公称尺寸用 d 表示。公称尺寸是根据使用要求，通过计算、试验、类比法而定的。公称尺寸一般应选用标准尺寸。公称尺寸标准化可以减少定值刀具、量具、夹具的规格及数量。

（2）实际尺寸：通过测量所得的尺寸。

（3）极限尺寸：允许尺寸变化的两个界限值。它以公称尺寸为基数来确定。两个极限尺寸中较大的一个称为上极限尺寸（D_{max}，d_{max}），较小的一个称为下极限尺寸（D_{min}，d_{min}），如图 1-58 所示，上极限尺寸为 $\phi20$，下极限尺寸为 $\phi19.97$。设计中规定极限尺寸是为了限制加工中零件的尺寸变动，实际尺寸在两个极限尺寸之间为合格。

2. 偏差

（1）尺寸偏差（简称偏差）：某一尺寸减其公称尺寸所得的代数差。实际尺寸减其公称尺寸所得的代数差称为实际偏差；上极限尺寸减其公称尺寸所得的代数差称为上极限偏差；下极限尺寸减其公称尺寸所得的代数差称为下极限偏差；上极限偏差与下极限偏差统称为极限偏差。偏差可以为正、负或零值。

孔：上极限偏差 $ES=D_{max} - D$，下极限偏差 $EI = D_{min} - D$

轴：上极限偏差 $es=d_{max} - d$，下极限偏差 $ei = d_{min} - d$

如图 1-58 所示的上极限偏差为 0，下极限偏差为-0.03。

（2）尺寸公差（简称公差）：允许尺寸的变动量。孔和轴的公差分别用 T_D 和 T_d 表示。公差等于上极限尺寸与下极限尺寸代数差的绝对值，也等于上极限偏差与下极限偏差之代数差的绝对值。公差是个绝对值，不应带有正、负号，也不允许为零。

孔：公差 $T_D =|D_{max} - D_{min} |=|ES-EI|$

轴：公差 $T_d =|d_{max} - d_{min} |=|es-ei|$

3. 公差带

（1）零线：在公差带图中，确定偏差的基准直线，即零偏差线。通常零线表示公称尺寸，如图 1-59 所示。零线以上的偏差为正偏差，零线以下的偏差为负偏差。

（2）公差带：在公差带图中，由代表上、下极限偏差的两条直线所限定的一个区域。如图 1-59 所示。公差带在垂直零线方向的宽度代表公差值。

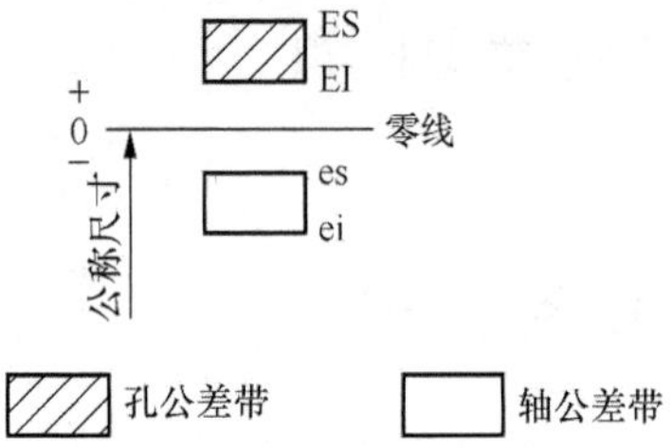

4. 标准公差和基本偏差

国家标准规定，公差带由标准公差与基本偏差确定。标准公差确定公差带的大小，基本偏差确定公差带相对于零线的位置。因此，国家标准规定了标准公差系列和基本偏差系列。

图1-59   公差带图

（1）标准公差。标准公差是国标规定的用以确定公差带大小的任一公差值。对于一定的公称尺寸，其标准公差共有 20 个公差等级，即 IT01、IT0、IT1、IT2 至 IT18。"IT"表示标准公差，后面的数字是公差等级代号。"IT01"为最高一级，"IT18"为最低一级。

对一定的公称尺寸而言，公差等级越高，公差数值越小，尺寸精度越高。同一公差等级，公称尺寸越大，对应的公差数值越大。标准公差数值由公差等级和公称尺寸决定。如表 1-12 所示。

表 1-12   标准公差数值

公称尺寸/mm		公差等级																			
		IT01	IT0	IT1	IT2	IT3	IT4	IT5	IT6	IT7	IT8	IT9	IT10	IT11	IT12	IT13	IT14	IT15	IT16	IT17	IT18
大于	至	μm													mm						
—	3	0.3	0.5	0.8	1.2	2	3	4	6	10	14	25	40	60	0.10	0.14	0.25	0.40	0.60	1.0	1.4
3	6	0.4	0.6	1	1.5	2.5	4	5	8	12	18	30	48	75	0.12	0.18	0.30	0.48	0.75	1.2	1.8
6	10	0.4	0.6	1	1.5	2.5	4	6	9	15	22	36	58	90	0.15	0.22	0.36	0.58	0.90	1.5	2.2
10	18	0.5	0.8	1.2	2	3	5	8	11	18	27	43	70	110	0.18	0.27	0.43	0.70	1.10	1.8	2.7
18	30	0.6	1	1.5	2.5	4	6	9	13	21	33	52	84	130	0.21	0.33	0.52	0.84	1.30	2.1	3.3
30	50	0.6	1	1.5	2.5	4	7	11	16	25	39	62	100	160	0.25	0.39	0.62	1.00	1.60	2.5	3.9
50	80	0.8	1.2	2	3	5	8	13	19	30	46	74	120	190	0.30	0.46	0.74	1.20	1.90	3.0	4.6
80	120	1	1.5	2.5	4	6	10	15	22	35	54	87	140	220	0.35	0.54	0.87	1.40	2.20	3.5	5.4
120	180	1.2	2	3.5	5	8	12	18	25	40	63	100	160	250	0.40	0.63	1.00	1.60	2.50	4.0	6.3
180	250	2	3	4.5	7	10	14	20	29	46	72	115	185	290	0.46	0.72	1.15	1.85	2.90	4.6	7.2
250	315	2.5	4	6	8	12	16	23	32	52	81	130	210	320	0.52	0.81	1.30	2.10	3.20	5.2	8.1
315	400	3	5	7	9	13	18	25	36	57	89	140	230	360	0.57	0.89	1.40	2.30	3.60	5.7	8.9
400	500	4	6	8	10	15	20	27	40	63	97	155	250	400	0.63	0.97	1.55	2.50	4.00	6.3	9.7

注：公称尺寸小于 1mm 时，无 IT14～IT18。

（2）基本偏差。基本偏差是国标规定的用以确定公差带相对于零线位置的上极限偏差或下极限偏差，一般为靠近零线的那个偏差，国家标准规定孔和轴的每一公称尺寸段有 28 个基本偏差，并规定分别用大、小写拉丁字母作孔和轴的基本偏差代号，如图 1-60 所示。

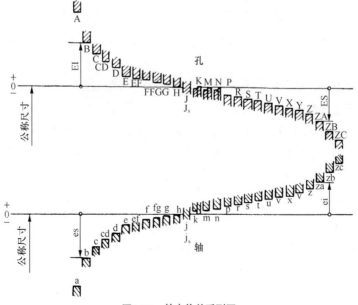

图1-60 基本偏差系列图

二、配合

（1）配合：公称尺寸相同、相互接合的孔和轴的公差之间的关系称为配合。根据使用要求不同，孔和轴装配可能出现不同的松紧程度。

（2）间隙或过盈：孔的尺寸减去相配合的轴的尺寸所得的代数差。此差值为正时是间隙，用"X"表示；为负时是过盈，用"Y"表示。

（3）配合种类：根据孔、轴公差带的关系，配合分为三种，即：间隙配合、过盈配合和过渡配合。

① 间隙配合：具有间隙（包括 $X_{min}=0$）的配合。此时，孔的公差带在轴的公差带上方。

$$X_{max} = D_{max} - d_{min} = ES-ei$$

$$X_{min} = D_{min} - d_{max} = EI-es$$

② 过盈配合：具有过盈（包括 $Y_{min}=0$）的配合。此时，孔的公差带在轴的公差带下方。

$$Y_{max} = D_{min} - d_{max} = EI-es$$

$$Y_{min} = D_{max} - d_{min} = ES-ei$$

③ 过渡配合：可能具有间隙或过盈的配合。此时，孔的公差带与轴的公差带相互交叠。

$$X_{max} = D_{max} - d_{min} = ES-ei$$

$$Y_{max} = D_{min} - d_{max} = EI-es$$

（4）基准制：为了简化和有利于标准化，以尽可能少的标准公差带形成最多种的配合，国标规定了两种基准制，即基孔制和基轴制。

① 基孔制：基本偏差为一定的孔的公差带与不同基本偏差的轴的公差带形成各种配合的一种制度，称为基孔制。

基孔制的孔为基准孔，基本偏差代号为 H，基准孔的下极限偏差 EI = 0。基孔制中，a～h 用于间隙配合，j～zc 用于过渡配合和过盈配合。

② 基轴制：基本偏差为一定的轴的公差带与不同基本偏差的孔的公差带形成各种配合的一种制度，称为基轴制。

基轴制的轴为基准轴，基本偏差代号为 h，基准轴的上极限偏差 es = 0，基轴制中 A～H 用于间隙配合，J～ZC 用于过渡配合和过盈配合。

③ 配合代号：配合代号由孔与轴的公差带代号组合而成，并写成分数形式。分子代表孔的公差带代号，分母代表轴的公差带代号，如 $\phi32J7/f9$。

三、形状和位置公差

（1）形状公差：指单一实际要素的形状相对基准所被允许的变动全量。国家标准规定有直线度、平面度、圆柱度等。

（2）位置公差：指关联实际要素的位置相对基准所被允许的变动全量。国家标准规定有平行度、垂直度、同轴度等。

形状和位公差的项目、符号见表 1-13。

表 1-13   形状和位公差的项目、符号

分　类	项　目	符　号	分　类		项　目	符　号
形状公差	直线度	—	位置公差	定向	平行度	//
	平面度	▱			垂直度	⊥
	圆度	○			倾斜度	∠
	圆柱度	⌀		定位	同轴度	◎
	线轮廓度	⌒			对称度	⹀
	面轮廓度	◠			位置度	⊕
				跳动	圆跳动	↗
					全跳动	↗↗

四、表面粗糙度

1. 表面粗糙度

表面粗糙度是一种微观的几何形状误差，它是指在零件加工过程中，由于加工方法不同，使得加工后的零件表面具有较小间距和峰谷所组成的微观几何形状特性。表面粗糙度、形状误差、表面波度都是指表面本身的几何形状误差。三者之间通常可按相邻两波峰或波谷之间的距离（即波距）加以区分：波距小于 1mm，大致呈同期性变化的属表面粗糙度范围；波距为 1~10mm，波形呈同期性变化的属表面波纹度范围；波距大于 10mm 的属形状误差的范围。

2. 评定参数

国家标准中规定常用高度方向的表面粗糙度评定参数有：轮廓算术平均偏差（Ra）、微观不平度十点高度（Rz）和轮廓最大高度（Ry）。一般情况下，优先选用 Ra 评定参数。

轮廓的算术平均偏差 Ra 是在取样长度内，轮廓线上各点至轮廓中线距离（y_1，y_2，…，y_n 取绝对值）的算术平均值，如图 1-61 所示，用公式表示为

$$Ra = \frac{1}{n}\sum_{i=1}^{n}|y_i|$$

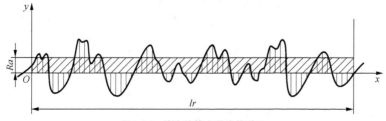

图1-61　轮廓的算术平均偏差Ra

表 1-14 所示为表面粗糙度高度参数值的标注。

表 1-14　　　　　　　　　　　表面粗糙度高度参数值的标注

代　号	意　义
$\sqrt{^{3.2}}$	用任河方法获得的表面，Ra 的最大允许值为 3.2μm
$\sqrt{^{Ry\,3.2}}$	用去除材料的方法获得的表面，Ry 的最大允许值为 3.2μm
$\sqrt{^{Rz\,200}}$	用不去除材料的方法获得的表面，Rz 的最大允许值为 200μm
$\sqrt{\genfrac{}{}{0pt}{}{3.2}{1.6}}$	用去除材料的方法获得的表面，Ra 的最大允许值为 3.2μm，最小允许值为 1.6μm
$\sqrt{\genfrac{}{}{0pt}{}{3.2}{Ry\,12.5}}$	用去除材料的方法获得的表面，Ra 的最大允许值为 3.2μm，.Ry 的最大允许值为 12.5μm

任务实施

根据图 1-58 所示的零件图，熟悉尺寸公差、形位公差和表面粗糙度的计算、标注意义。

任务完成结论

（1）要熟练掌握最大、最小极限尺寸的计算。保证实际尺寸在上极限尺寸和下极限尺寸之间。

（2）掌握形状和位置公差的含义。

课堂训练与测评

计算图 1-62 所示的上极限尺寸、下极限尺寸？并说明实际尺寸做到多大算合格？

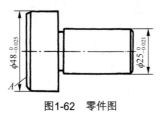

图1-62　零件图

知识拓展

一、形位公差等级

按国标规定，形位公差等级共分 12 级。1 级为最高级，12 级为最低级。其中 6、7 级为基本级，使用普遍。

形位公差等级的选用原则为：在满足零件功能要求的前提下，尽量选用较低的公差等级。

二、公差值的选用原则

要协调好形位公差、尺寸公差与表面粗糙度之间的关系。同一要素上，形状公差值小于位置公差值；同一要素上，形位公差值小于尺寸公差值；形位公差与表面粗糙度一般相符。在满足功能要求的前提下，考虑到零件结构特点和加工难易程度，形位公差等级可适当降低 1～2 级。

三、未注形位公差的规定

凡图样上的要素都有形位公差的要求，但对一般机床加工能保证的形位公差要求，或要求形位公差值在 9～12 级时，均可不在图样上注出，称未注公差，其公差要求应按《形状和位置公差未注公差的规定》（GB/T 1184—1996）执行。

Chapter 2

项目二

| 车工基础知识 |

【项目描述】

车削加工是金属切削加工中最基本的加工方法，也是外圆表面最经济有效的加工方法。车床、车刀是车削加工的主要组成要素。

【学习目标】

通过本项目的学习，学生能熟悉车床的操作、车刀的刃磨和正确安装，了解车床的润滑和保养，能根据不同的刀具材料选择正确的砂轮。

【能力目标】

掌握车床的启动、停止、换向、变速，掌握车刀的角度、刃磨和安装。

 ## 认识车床、操作车床

任务一的具体内容是，掌握卧式车床的组成部分及作用，能够正确使用车床。通过这一具体任务的实施，能熟练地操作车床。

| 知识点、能力点

（1）卧式车床的型号。

（2）卧式车床的组成部分及作用。

（3）实习操作及操作要点。

工作情景

车削是在车床上利用工件的旋转运动和刀具的移动来改变毛坯形状和尺寸，将其加工成所需零件的一种切削加工方法。凡是具有回转体表面的工件，都可以在车床上用车削的方法进行加工。车削在机械加工中应用最广，如图 2-1 所示。

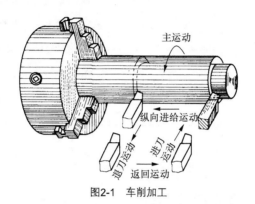

图2-1　车削加工

任务分析

车削加工离不开车床，熟练掌握车床是完成车削加工的首要任务，因此，只有完成好本任务才能进行车削加工。

相关知识

一、卧式车床的型号

为便于管理和使用，都赋予每种机床一个型号，表示机床的名称、特性、主要规格和结构特点。按照《金属切削机床型号编制方法》GB/T 15375—1994 的规定，如图 2-2 所示。机床的类代号，用大写的汉语拼音字母表示，当需要时，每类可分为若干分类，用阿拉伯数字写在类代号之前，作为型号的首位（第一分类不予表示）。机床的特性代号，用大写的汉语拼音字母表示。机床的组、系代号用两位阿拉伯数字表示。机床的主参数用折算值表示，当折算数值大于 1 时，则取整数，前面不加 "0"，当折算数值小于 1 时，则以主参数值表示，并在前面加 "0"，某些通用机床，当无法用一个主参数表示时，则在型号中用设计顺序号表示，顺序号由 1 起始，当设计顺序号少于十位数时，则在设计顺序号之前加 "0"。机床的第二主参数列入型号的后部，并用 "×"（读作 "乘"）分开。凡属长度（包括跨距、行程等）的采用 "1/100" 的折算系数，凡属直径、深度、宽度的则采用 "1/10" 的折算系数，属于厚度等，则以实际数值列入型号；当需要以轴数和最大模数作为第二主参数列入型号时，其表示方法与以长度单位表示的第二主参数相同，并以实际的数值列入型号。机床的重大改进顺序号是用汉语拼音字母大写表示的，按 A，B，C，…等汉语拼音字母的顺序选用（但"I，O"两个字母不得选用），以区别原机床型号。同一型号机床的变型代号是指某些类型机床，根据不同加工的需要，在基本型号机床的基础上，仅改变机床的部分性能给构时，加变型代号以便与原机床型号区分，这种变型代号是在原机床型号之后，加 1，2，3，…阿拉伯数字的顺序号，并用"、"（读作"之"）分开。

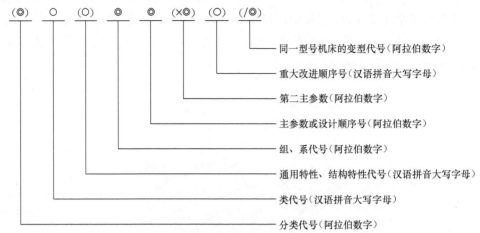

图2-2　机床型号编制方法简图

二、C616 卧式车床各部分的名称和用途

卧式车床用 C61×××来表示，其中 C 为机床分类号，表示车床类机床；61 为组系代号，表示卧式。其他表示车床的有关参数和改进号。C616 普通车床的外形如图 2-3 所示。

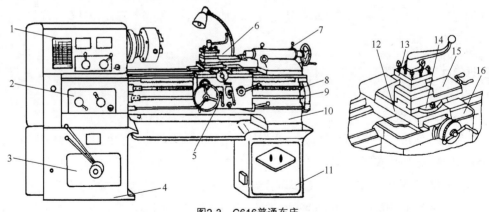

图2-3　C616普通车床

1—主轴箱；2—进给箱；3—变速箱；4—前床脚；5—溜板箱；6—刀架；7—尾座；8—丝杠；9—光杠；
10—床身；11—后床脚；12—中刀架；13—方刀架；14—转盘；15—小刀架；16—大刀架

（1）主轴箱。又称床头箱，内装主轴和变速机构。变速是通过改变设在床头箱外面的手柄位置，可使主轴获得 12 种不同的转速。主轴是空心结构，能通过长棒料。主轴的右端有外螺纹，用以连接卡盘、拨盘等附件。主轴右端的内表面是莫氏 5 号的锥孔，可插入锥套和顶尖。床头箱的另一重要作用是将运动传给进给箱，并可改变进给方向。

（2）进给箱。又称走刀箱，它是进给运动的变速机构。它固定在床头箱下部的床身前侧面。变换进给箱外面的手柄位置，可将床头箱内主轴传递下来的运动，转为进给箱输出的光杆或丝杆获得不同的转速，以改变进给量的大小或车削不同螺距的螺纹。

（3）变速箱。安装在车床前床脚的内腔中，并由电动机（4.5kw，1 440r/min）通过联轴器直接驱动变速箱中齿轮传动轴。变速箱外设有两个长的手柄，是分别移动传动轴上的双联滑移齿轮和三联滑移齿轮，可共获 6 种转速，通过皮带传动至床头箱。

（4）溜板箱。又称拖板箱，溜板箱是进给运动的操纵机构。它使光杠或丝杠的旋转运动，通过齿轮和齿条或丝杠和开合螺母，推动车刀作进给运动。溜板箱上有三层滑板，当接通光杠时，可使床鞍带动大滑板、中滑板、小滑板及刀架沿床身导轨作纵向移动；中滑板可带动小滑板及刀架沿床鞍上的导轨作横向移动。故刀架可作纵向或横向直线进给运动。当接通丝杠并闭合开合螺母时可车削螺纹。溜板箱内设有互锁机构，使光杠、丝杠两者不能同时使用。

（5）刀架。它是用来装夹车刀，并可作纵向、横向及斜向运动。刀架是多层结构，它由下列组成。

① 床鞍。它与溜板箱牢固相连，可沿床身导轨作纵向移动。

② 中滑板。它装置在床鞍顶面的横向导轨上，可作横向移动。

③ 转盘。它固定在中滑板上，松开紧固螺母后，可转动转盘，使它和床身导轨成一个所需要的角度，而后再拧紧螺母，以加工圆锥面等。

④ 小滑板。它装在转盘上面的燕尾槽内，可作短距离的进给移动。

⑤ 方刀架。它固定在小滑板上，可同时装夹四把车刀。松开锁紧手柄，即可转动方刀架，把所需要的车刀更换到工作位置上。

（6）尾座。它用于安装后顶尖，以支持较长工件进行加工，或安装钻头、铰刀等刀具进行孔加工。偏移尾架可以车出长工件的锥体。尾架的结构由下列部分组成。

① 套筒。其左端有锥孔，用以安装顶尖或锥柄刀具。套筒在尾架体内的轴向位置可用手轮调节，并可用锁紧手柄固定。将套筒退至极右位置时，即可卸出顶尖或刀具。

② 尾座体。它与底座相连，当松开固定螺钉，拧动螺杆可使尾架体在底板上作微量横向移动，以便使前后顶尖对准中心或偏移一定距离车削长锥面。

③ 底座。它直接安装于床身导轨上，用以支承尾座体。

（7）光杠与丝杠。将进给箱的运动传至溜板箱。光杠用于一般车削，丝杠用于车螺纹。

（8）床身。它是车床的基础件，用来连接各主要部件并保证各部件在运动时有正确的相对位置。在床身上有供溜板箱和尾座移动用的导轨。

（9）操纵杆。操纵杆是车床的控制机构，在操纵杆左端和拖板箱右侧各装有一个手柄，操作工人可以很方便地操纵手柄以控制车床主轴正转、反转或停车。

任务实施

一、停车练习

（1）正确变换主轴转速。变动变速箱和主轴箱外面的变速手柄，可得到各种相对应的主轴转速。

当手柄拨动不顺利时，可用手稍转动卡盘即可。

（2）正确变换进给量。按所选的进给量查看进给箱上的标牌，再按标牌上进给变换手柄位置来变换手柄的位置，即得到所选定的进给量。

（3）熟悉掌握纵向和横向手动进给手柄的转动方向。左手握纵向进给手动手轮，右手握横向进给手动手柄。分别顺时针和逆时针旋转手轮，操纵刀架和溜板箱的移动方向。

（4）熟悉掌握纵向或横向机动进给的操作。光杠或丝杠接通手柄位于光杠接通位置上，将纵向机动进给手柄提起即可纵向进给，如将横向机动进给手柄向上提起即可横向机动进给。分别向下扳动则可停止纵、横机动进给。

（5）尾座的操作。尾座靠手动移动，其固定靠紧固螺栓螺母。转动尾座移动套筒手轮，可使套筒在尾架内移动，转动尾座锁紧手柄，可将套筒固定在尾座内。

二、低速开车练习

练习前应先检查各手柄位置是否处于正确的位置，无误后再进行开车练习。

（1）主轴启动与停止。电动机启动 —— 操纵主轴转动 —— 停止主轴转动——关闭电动机。

（2）机动进给。电动机启动 —— 操纵主轴转动 —— 手动纵、横向进给 —— 机动纵、横向进给 —— 手动退回 —— 机动横向进给 —— 手动退回 —— 停止主轴转动 —— 关闭电动机。

▍任务完成结论 ▍

（1）机床未完全停止严禁变换主轴转速，否则发生严重的主轴箱内齿轮打齿现象，甚至发生机床事故。开车前要检查各手柄是否处于正确位置。

（2）纵向和横向手柄进退方向不能摇错，尤其是快速进退刀时要千万注意，否则会发生工件报废和安全事故。

（3）横向进给手动手柄每转一格时，刀具横向吃刀为0.02mm，其圆柱体直径方向切削量为0.04mm。

▍课堂训练与测评 ▍

（1）操纵车床时，为什么纵、横向手动进给手柄的进退方向不能摇错？

（2）试变换主轴转速：50r/min、200r/min、450r/min；变换进给量：纵向0.1mm/r、0.15mm/r、0.2mm/r；横向0.12mm/r、0.15mm/r、0.24mm/r。

（3）卧式车床横向进给丝杠螺距为4mm，横向进给手柄刻度有200小格，如果横向进给手柄转过10小格，刀具横向移动多少mm？车外圆时，背吃刀量a_p为1mm，对刀试切后横向手动手柄应进多少小格？

▍知识拓展 ▍

车床的精度与加工质量有密切的关系，为保证加工质量，使车床能正常运转和减少磨损，应在日常生产中对车床进行正确地润滑，很好地维护保养好机床。

一、车床的润滑

要使车床正常运转减少磨损，在车床上所有的摩擦部位都要进行润滑。

车床的各部件的润滑方式如下。

（1）车床床头箱中除了主轴后轴承以油绳润滑外，其余均用齿轮溅油法和往复式油泵进行润滑。箱内应有足够的润滑油，油面应达油面指示标牌处。换油期一般为3个月一次。换油时，应先把箱内清洗干净，然后加油。

（2）挂轮箱内的机构主要是靠齿轮溅油法进行润滑。油面高低可通过油标孔观察。换油期同样是每3个月一次。

（3）走刀箱内的轴承和齿轮，除用齿轮溅油法进行润滑外，还靠走刀箱上部的储油槽，通过油绳进行润滑。因此，除了需要注意走刀箱油标孔里油面高低外，每班还要给走刀箱上部的储油槽适量加油一次。

（4）拖板箱内有一套蜗轮蜗杆机构，可通过该机构变速，该机构是用箱内的油来润滑的，油从法兰盘上的孔注入，注到孔的下面边缘为止。拖板箱内的其他机构，用上部储油槽里的油绳进行润滑。通常每班加油一次。

（5）拖板及刀架部分靠油孔进行润滑。尾座内的心轴、丝杠和轴承也靠油孔进行润滑，丝杠、光杠及开关杆的轴承靠油孔进行润滑。每班加油一次。

（6）车床床身导轨面、拖板导轨面和丝杠在每班开始工作前和工作结束后，都应使用40号机械油全面润滑。

二、车床的维护保养

（1）装夹和校正工件时的注意事项。在装夹工件前应先把工件上的泥沙等杂质清除掉，以免杂质嵌进拖板滑动面磨损或"咬坏"导轨。在装夹或校正一些外形尺寸大、重量较重、形状复杂而装夹面又较小的工件时，应预先在工件下面的车床床面上垫放木板，同时用压板或活顶针顶住工件，以防工件掉下砸坏床面。在校正时，若发现工件位置不正确或歪斜，切忌用力敲击，以免影响车床的主轴精度。

（2）工具和车刀不得乱放在床面上，以免损坏导轨。

（3）当装夹复杂工件时，如在花盘和角铁上装夹工件结束时，必须检查装夹是否紧固、重量是否对称（必要时加配重块），并清理床面，把重物拿开。

（4）校正三爪卡盘时，不能用铁榔头直接敲击，必须垫上较软的垫块或用木榔头进行敲击。若偏差较大，宜略松法兰盘上卡盘的紧固螺钉，待校正后再紧固。

（5）在使用装有顺倒车开关的车床时，不要突然开倒、顺车，以免损坏机件。

（6）在高速切削时，卡盘一定要装好保险块，防止倒车时卡盘脱落。

（7）变换主轴转速时必须停车，以免损坏床头箱内齿轮。

（8）在砂光工件时，要在工件下面的床面上用床盖板或纸盖住，并在砂完后仔细擦净床面。

（9）每班下班时要做好车床清洁工作，防止切屑、砂粒或杂质进入导轨工作面。

（10）在使用冷却润滑液前，必须清除车床导轨及冷却润滑液里的污垢，使用后要把导轨上的冷却润滑液擦干，并加机油进行润滑保养。

（11）按规定在机床所有需要润滑的部位加油润滑。

任务二　车刀

任务二的具体内容是，了解刀具材料，掌握车刀切削部分的组成，掌握车刀角度及其作用，能够正确地刃磨车刀。通过这一具体任务的实施，能够刃磨合格的车刀。

知识点、能力点

（1）刀具材料的性能及种类。

（2）掌握车刀切削部分的组成。

（3）掌握车刀的几何角度及其作用。

（4）车刀的刃磨及安装。

工作情景

"工欲善其事，必先利其器"。车刀作为车床加工的工具，其材质、角度的大小都会影响切削性能，对加工表面质量和生产效率影响非常大。

任务分析

车刀是金属切削加工中使用最广的刀具，熟练掌握车刀角度及刃磨，可根据不同的切削要求选择合适的车刀及其几何角度，对其他刀具可以起到触类旁通的作用。

相关知识

一、刀具材料

1. 刀具材料应具备的性能

（1）高的硬度和良好的耐磨性。刀具材料的硬度必须高于被加工材料的硬度才能切下金属。一般刀具材料的硬度应在 60HRC 以上。刀具材料越硬，其耐磨性就越好。

（2）足够的强度与冲击韧度。强度是指在切削力的作用下，不致于发生刀刃崩碎与刀杆折断所具备的性能。冲击韧度是指刀具材料在有冲击或间断切削的工作条件下，保证不崩刃的能力。

（3）高的耐热性。耐热性又称红硬性，是衡量刀具材料性能的主要指标，它综合反映了刀具材料在高温下仍能保持高硬度、耐磨性、强度、抗氧化、抗黏结和抗扩散的能力。耐热性越好的材料允许的切削速度越高。

（4）良好的工艺性与经济性。为了便于制造，刀具切削部分的材料应具有良好的工艺性能，如切削加工性、磨削加工性、锻造、焊接、热处理等性能。在制造和选用的同时，还应尽可能采用资源丰富和价格低廉的刀具材料。

2. 常用刀具材料

目前，常用的车刀材料是高速钢和硬质合金。

（1）高速钢。高速钢是在合金工具钢中加入了较多的钨、钼、铬、钒等合金元素的高合金工具钢，俗称白钢、锋钢、风钢等。高速钢是综合性能较好、应用范围最广泛的一种刀具材料。其抗弯强度较高，韧性较好，热处理后硬度为 63～70HRC，易磨出较锋利的切削刃，故生产中常称为"锋钢"。其耐热性约为 500～650℃左右，切削中碳钢材料时切削速度可达 30m/min 左右。高速钢的耐热性不高，约在 640℃左右其硬度下降，不能进行高速切削。它具有较好的工艺性能，可以制造刃形复杂的刀具，如钻头、丝锥、成形刀具、拉刀和齿轮刀具等。高速钢可以加工碳钢、合金钢、有色金属和铸铁等多种材料。常见的牌号是 W18Cr4V 和 W6Mo5Cr4V2 等。

（2）硬质合金。硬质合金是用粉末冶金的方法制成的一种刀具材料。它是由硬度和熔点很高的金属碳化物（WC、TiC 等）微粉和金属粘结剂（Co、Ni、Mo 等）经高压成形，并在 1500℃左右的高温下烧结而成。硬质合金的硬度高达 89～93HRA，相当于 71～76HRC，耐磨性很好，耐热性为 800～1000℃，切削速度可达 100m/min 以上，能切削淬火钢等硬材料。但其抗弯强度低，韧性差，怕冲击和振动，制造工艺性差。硬质合金的耐磨性和硬度比高速钢高得多，但塑性和冲击韧度不及高速钢。

按 GB/T 2075—2007（参照采用 ISO 标准），可将硬质合金分为 P、M、K 三类。

① P 类硬质合金：主要成分为 Wc+Tic+Co，用蓝色作标志，相当于原钨钛钴类（YT）。主要用于加工长切屑的黑色金属，如钢类等塑性材料。此类硬质合金的耐热性为 900℃。

② M 类硬质合金：主要成分为 Wc+Tic+Tac+Co，用黄色作标志，又称通用硬质合金，相当于原钨钛钽类通用合金（YW）。主要用于加工黑色金属和有色金属。此类硬质合金的耐热性为 1000℃～1100℃。

③ K 类硬质合金：主要成分为 Wc+Co，用红色作标志，又称通用硬质合金，相当于原钨钴（YG）。主要用于加工短切屑的黑色金属（如铸铁）、有色金属和非金属材料。此类硬质合金的耐热性为 800℃。

二、车刀切削部分的组成及车刀的几何角度

车刀是形状最简单的单刃刀具，其他各种复杂刀具都可以看作是车刀的组合和演变，有关车刀角度的定义，均适用于其他刀具。

1. 车刀切削部分的组成

车刀是由刀头（切削部分）和刀杆（夹持部分）所组成。车刀的切削部分是由三面、二刃、一尖所组成，即一点二线三面，如图 2-4 所示。

（1）前刀面。刀具上切屑流过的表面。

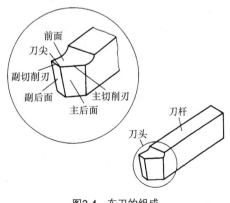

图2-4　车刀的组成

（2）主后面。刀具上同前刀面相交形成主切削刃的刀面。

（3）副后面。刀具上同前刀面相交形成副切削刃的刀面。

（4）主切削刃。前刀面与主后面的交线，承担主要的切削工作。

（5）副切削刃。前刀面与副后面的交线，承担少量的切削工作。

（6）刀尖。主、副切削刃的交点，实际上该点不可能磨得很尖，而是一段折线或微小圆弧组成。

2. 车刀的几何角度及其作用

为了确定车刀切削刃和其前后面在空间的位置，即确定车刀的几何角度，有必要建立三个互相垂直的坐标平面（辅助平面）：基面、主切削平面和正交平面，如图 2-5 所示。车刀在静止状态下，不考虑进给运动，且假定刀尖与工件中心等高，刀杆中心线垂直于工件轴线。基面是通过切削刃上某选定点垂直于该点切削速度方向的平面。车刀的基面都平行于它的底面。主切削平面是通过切削刃某选定点与主切削刃相切并垂直于基面的平面。正交平面是过切削刃某选定点并同时垂直于基面和切削平面的平面。

基面、主切削平面、正交平面三个辅助平面在空间相互垂直。组成一个正交的参考系。这是目前生产中最常用的刀具标注角度参考系。

车刀切削部分在辅助平面中的位置，形成了车刀切削部分的几何角度，如图 2-6 所示。

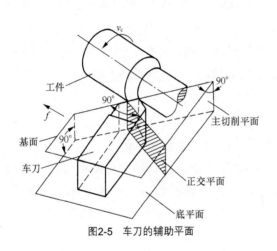

图2-5　车刀的辅助平面

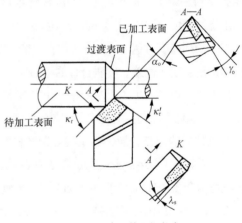

图2-6　车刀的几何角度

（1）前角 γ_o。前面与基面之间的夹角，表示前刀面的倾斜程度。前角可分为正、负、零，前刀面在基面之下则前角为正值，反之为负值，相重合为零。一般所说的前角是指正前角。

前角的作用：增大前角，可使刀刃锋利、切削力低、切削温度低、刀具磨损小、表面加工质量高。但过大的前角会使刃口强度降低，容易造成刃口损坏。

前角的常用值 $\gamma_o = 5° \sim 35°$，一般的选择原则如下。

① 车削脆性材料或硬度较高的材料，选较小的前角；否则，选较大的前角。

② 粗加工时应选较小的前角；精加工时应选较大的前角。

③ 车刀材料的强度、韧性较差，前角取小值。如高速钢，选较大前角；硬质合金，选较小前角。

④ 在重切削和有冲击的工作条件时，前角只能取较小值，有时甚至取负值。

（2）后角 α_o。主后刀面与切削平面之间的夹角，表示主后刀面的倾斜程度。

后角的作用：减少主后刀面与工件之间的磨擦，并影响刃口的强度和锋利程度。但后角过大，刀刃强度下降，刀具导热体积减小，反而会加快主后刀面的磨损。

后角 α_o 常取=6°～8°，一般的选择原则如下：

① 车削脆性材料或硬度较高的材料，选较小的后角；否则，选较大的后角。

② 粗加工时应选较小的后角；精加工时选较大的后角。

③ 车刀材料的强度、韧性较差，后角取小值。

（3）主偏角 κ_r。主切削刃与进给方向在基面上投影间的夹角。

主偏角的作用：影响切削刃的工作长度、切深抗力、刀尖强度和散热条件。主偏角越小，则切削刃工作长度越长，散热条件越好，但切深抗力越大。

车刀常用的主偏角有 45°、60°、75°、90° 几种。工件粗大、刚性好时，可取较小值。车细长轴时，为了减少径向力而引起工件弯曲变形，宜选取较大值。一般的选择原则如下：

① 工件刚性差，应选较大的主偏角。

② 加工阶台轴类的工件，取 $\kappa_r > 90°$。

③ 车削硬度较高的工件，选较小的主偏角。

（4）副偏角 κ_r'。副切削刃与背离走刀方向在基面上投影间的夹角。

副偏角的作用：减小副刀刃与工件已加工表面之间的摩擦，影响工件的表面加工质量及车刀的强度。

选择原则：一般选取 $\kappa_r' = 5°～15°$，精车时可取 5°～10°，粗车时取 10°～15°。

（5）刃倾角 λ_s。主切削刃与基面间的夹角，刀尖为切削刃最高点时为正值，反之为负值。

刃倾角的作用：主要影响主切削刃的强度和控制切屑流出的方向。如图 2-7 所示，以刀杆底面为基准，当刀尖为主切削刃最高点时，λ_s 为正值，切屑流向待加工表面；当主切削刃与刀杆底面平行时，

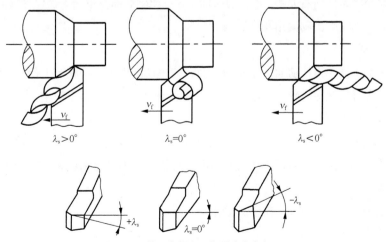

图2-7　λ_s的正负规定及切屑流出方向

$\lambda_s=0°$，切屑沿着垂直于主切削刃的方向流出；当刀尖为主切削刃最低点时，λ_s 为负值，切屑流向已加工表面。

选择原则：一般 λ_s 在 $0°\sim\pm5°$ 之间选择。粗加工时，λ_s 常取负值，虽切屑流向已加工表面也无妨，但保证了主切削刃的强度好。精加工常取正值，使切屑流向待加工表面，从而不会划伤已加工表面的质量。

任务实施

一、刃磨车刀

车刀用钝后，需重新在砂轮机上刃磨出合理的几何角度和形状。磨高速钢车刀用氧化铝砂轮（白色），磨硬质合金刀头用碳化硅砂轮（绿色）。刃磨车刀的步骤如图2-8所示。

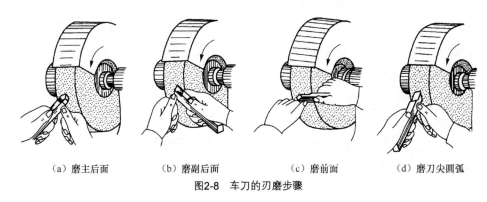

（a）磨主后面　　　　（b）磨副后面　　　　（c）磨前面　　　　（d）磨刀尖圆弧

图2-8　车刀的刃磨步骤

1. 刃磨主后面

按主偏角大小将刀杆向左偏斜，再将刀头向上翘，使主后面自下而上慢慢地接触砂轮（见图2-8（a））。磨主后面的同时磨出主偏角及主后角。

2. 刃磨副后面

按副偏角大小将刀杆向右偏斜，再将刀头向上翘，使副后面自下而上慢慢地接触砂轮（见图2-8（b））。磨副后面的同时磨出副偏角及副后角。

3. 刃磨前刀面

先将刀杆尾部下倾，再按前角大小倾斜前面，使主切削刃与刀杆底部平行或倾斜一定角度，再使前面自下而上慢慢地接触砂轮（见图2-8（c））。磨前刀面的同时磨出前角。

4. 磨刀尖圆弧过渡刃

刀尖上翘，使过渡刃有后角，为防止圆弧刃过大，需轻靠或轻摆刃磨（见图2-8（d））。经过刃磨的车刀，用油石加少量机油对切削刃进行研磨，可以提高刀具耐用度和工件表面的加工质量。

二、安装车刀

车刀必须正确牢固地安装在刀架上，如图2-9所示。

安装车刀应注意下列几点。

（1）刀头不宜伸出太长，否则切削时容易产生振动，影响工件加工精度和表面粗糙度。一般刀头伸出长度不超过刀杆厚度的两倍，能看见刀尖车削即可。

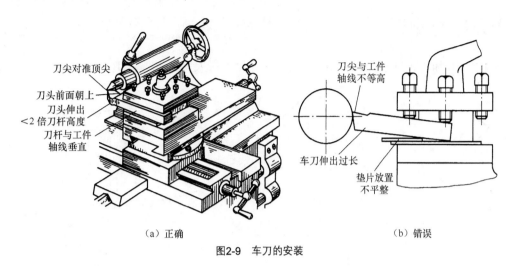

（a）正确   （b）错误

图2-9 车刀的安装

（2）刀尖应与车床主轴中心线等高。车刀装得太高，后角减小，则车刀的主后面会与工件产生强烈的磨擦；如果装得太低，前角减少，切削不顺利，会使刀尖崩碎。刀尖的高低，可根据尾架顶尖高低来调整。车刀的安装如图2-9（a）所示。

（3）车刀底面的垫片要平整，并尽可能用厚垫片，以减少垫片数量。调整好刀尖高低后，至少要用两个螺钉交替将车刀拧紧。

任务完成结论

一、刃磨车刀的姿势及方法

（1）人站立在砂轮机的侧面，以防砂轮碎裂时，碎片飞出伤人。

（2）两手握刀的距离放开，两肘夹紧腰部，以减小磨刀时的抖动。

（3）磨刀时，车刀要放在砂轮的水平中心，刀尖略向上翘约3°～8°，车刀接触砂轮后应作左右方向水平移动；当车刀离开砂轮时，车刀需向上抬起，以防磨好的刀刃被砂轮碰伤。

（4）磨后刀面时，刀杆尾部向左偏过一个主偏角的角度；磨副后刀面时，刀杆尾部向右偏过一个副偏角的角度。

（5）修磨刀尖圆弧时，通常以左手握车刀前端为支点，用右手转动车刀的尾部。

二、磨刀安全知识

（1）刃磨刀具前，应首先检查砂轮有无裂纹，砂轮轴螺母是否拧紧，并经试转后使用，以免砂轮碎裂或飞出伤人。

（2）刃磨刀具不能用力过大，否则会使手打滑而触及砂轮面，造成工伤事故。

（3）磨刀时应戴防护眼镜，以免砂砾和铁屑飞入眼中。

（4）磨刀时不要正对砂轮的旋转方向站立，以防意外。

（5）磨小刀头时，必须把小刀头装入刀杆上。

（6）砂轮支架与砂轮的间隙不得大于 3mm，如发现过大，应调整适当。

课堂训练与测评

按照图 2-10 和图 2-11 所示的车刀几何形状和角度，每人刃磨两把车刀。

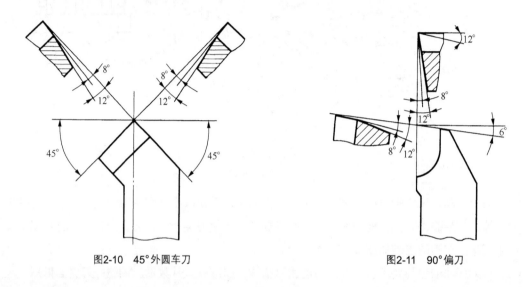

图2-10　45°外圆车刀　　　　　　　　　图2-11　90°偏刀

知识拓展

砂轮

砂轮是磨削车刀的切削工具。砂轮的特性由磨料、粒度、硬度、结合剂和组织 5 个因素决定。

1. 磨料

常用的磨料有氧化物系、碳化物系和高硬磨料系 3 种。船上和工厂常用的是氧化铝砂轮和碳化硅砂轮。氧化铝砂轮磨粒硬度低（HV2 000～HV2 400）、韧性大，适用刃磨高速钢车刀，其中白色的叫做白刚玉，灰褐色的叫做棕刚玉。碳化硅砂轮的磨粒硬度比氧化铝砂轮的磨粒高（Hv2 800 以上）。性脆而锋利，并且具有良好的导热性和导电性，适用刃磨硬质合金。其中常用的是黑色和绿色的碳化硅砂轮。而绿色的碳化硅砂轮更适合刃磨硬质合金车刀。

2. 粒度

粒度表示磨粒大小的程度。以磨粒能通过每英寸长度上多少个孔眼的数字作为表示符号。例如，60 粒度是指磨粒刚可通过每英寸长度上有 60 个孔眼的筛网。因此，数字越大则表示磨粒越细。粗磨车刀应选磨粒号数小的砂轮，精磨车刀应选号数大（即磨粒细）的砂轮。

3. 硬度

砂轮的硬度是反映磨粒在磨削力作用下，从砂轮表面上脱落的难易程度。砂轮硬，表示磨粒难以脱落；砂轮软，表示磨粒容易脱落。砂轮的软硬和磨粒的软硬是两个不同的概念，必须区分清楚。刃磨高速钢车刀和硬质合金车刀时应选软或中软的砂轮。

综上所述，我们应根据刀具材料正确选用砂轮。刃磨高速钢车刀时，应选用粒度为 46 号到 60 号的软或中软的氧化铝砂轮。刃磨硬质合金车刀时，应选用粒度为 60 号到 80 号的软或中软的碳化硅砂轮，两者不能搞错。

4. 结合剂

结合剂是把磨粒粘结在一起组成磨具的材料。砂轮的强度、抗冲击性、耐热性及耐腐蚀性，主要取决于结合剂的种类和性质。常用的结合剂有陶瓷、树脂、橡胶和金属。

5. 组织

组织是指砂轮中磨料、结合剂、空隙三者体积的比例关系。组织号是由磨料所占的百分比来确定的。反映了砂轮中磨料、结合剂和气孔三者体积的比例关系，即砂轮结构的疏密程度，组织分紧密、中等、疏松；细分成 0～14，共 15 级。组织号越小，磨粒所占比例越大，砂轮越紧密；反之，组织号越大，磨粒比例越小，砂轮越疏松。紧密组织成形性好，加工质量高，适于成形磨、精密磨和强力磨削。中等组织适于一般磨削工作，如淬火钢、刀具刃磨等。疏松组织不易堵塞砂轮，适于粗磨、磨软材、磨平面、内圆等接触面积较大时，磨热敏性强的材料或薄件。

项目三

| 轴类零件加工 |

【项目描述】

长度尺寸大于直径 3 倍以上的回转体零件称为轴类零件。轴类零件主要用于支撑齿轮、带轮等传动零件，并用于传递运动和扭矩，是各种机械中重要的受力零件，主要使用车削加工来完成。

【学习目标】

通过本项目的学习，掌握钻中心孔的技巧；掌握车端面、阶台和外圆的操作要点；掌握使用一夹一顶车削简单的轴类零件；掌握车圆锥面的加工方法。

【能力目标】

能使用一夹一顶车削简单轴类零件。

 **工件的装夹及校正**

任务一的具体内容是，能熟练使用卡盘和顶尖。通过这一具体任务的实施，使工件安装在车床上后的跳动较小。

| 知识点、能力点

（1）三爪卡盘装夹工件。

（2）四爪卡盘装夹工件。

（3）顶尖装夹。

（4）工件的装夹与校正。

工作情景

工件的装夹速度和精度直接影响生产效率和加工质量。工件的形状、尺寸大小和加工质量不同，采用的装夹方法也不同，图 3-1 所示为毛坯短轴的安装示意图。

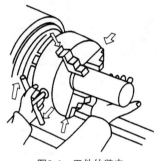

图3-1 工件的装夹

任务分析

在车床上装夹工件的基本要求是定位准确、夹紧可靠。定位准确是指工件在机床或夹具中必须有一个正确位置，即车削的回转体表面中心应与车床主轴中心重合。夹紧可靠是指工件夹紧后能承受切削力，不改变定位并保证安全，且夹紧力适度以防工件变形，保证加工工件质量。

相关知识

一、工件的装夹

1. 三爪自定心卡盘装夹

三爪自定心卡盘有三个两两成 120° 角的卡爪，三个卡爪始终同时动作，用扳手转动卡盘三个小方孔的任意一个，就能带动三个卡爪同时张开或靠拢。由于定位和夹紧同时完成，因此，三爪自定心卡盘使用方便，一般适合于装夹圆钢、六方钢和经粗加工后的外圆表面。缺点是夹紧力小，卡爪磨损后会降低定心精度。

三爪自定心卡盘的卡爪可以正、反向安装，以适应夹持不同尺寸的工件。三爪自定心卡盘的外形及装夹方式如图 3-2 所示。

2. 四爪单动卡盘装夹

四爪单动卡盘有四个对称分布的相同卡爪，每个卡爪可单独调整。用扳手转动卡盘圆周上的任一个方孔，都可以带动该孔对应的卡爪单独地作径向移动。四爪单动卡盘的夹紧力比三爪自定心卡盘的夹紧力大，除装夹圆柱体工件外，还可以装夹方形、长方形及尺寸较大或形状不规则的工件。

装夹时，必须用划线盘或百分表进行找正，以使车削的回转体表面中心对准车床主轴中心。四爪单动卡盘的外形及找正的方法如图 3-3 所示。

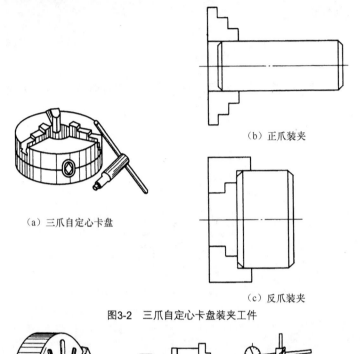

（b）正爪装夹

（c）反爪装夹

（a）三爪自定心卡盘

图3-2　三爪自定心卡盘装夹工件

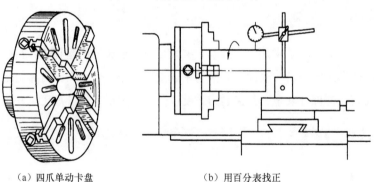

（a）四爪单动卡盘　　　　　　　（b）用百分表找正

图3-3　四爪单动卡盘装夹工件

3．用双顶尖装夹

在车床上常用双顶尖装夹轴类工件，如图 3-4 所示。前顶尖为普通顶尖（固定顶尖），装在主轴锥孔讷同主轴一起转动；后顶尖为活顶尖，装在尾座套筒内，其外壳不转动，顶尖心与工件一起转动。工件的两个中心孔被顶在前后顶尖之间，通过拨盘和卡头随主轴一起转动。顶尖的结构如图 3-5 所示，卡头的结构如图 3-6 所示。

4．一夹一顶装夹

用两顶尖装夹工件虽然定位精度较高，但是刚性较差，尤其是对于粗大笨重的零件，装夹上的稳定性不够，切削用量的选择受到限制，这时可以选择工件一端用卡盘夹持，另一端用顶尖支撑的一夹一顶的方式。这种装夹方法安全可靠，能承受较大的轴向切削力，但是对于相互位置精度要求较高的工件，调头车削时，校正较困难。

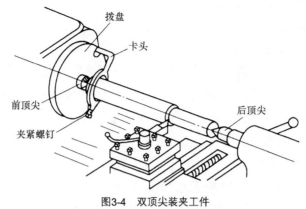

图3-4　双顶尖装夹工件

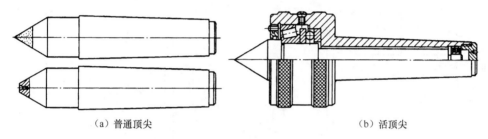

（a）普通顶尖　　　　　　　　　　（b）活顶尖

图3-5　顶尖

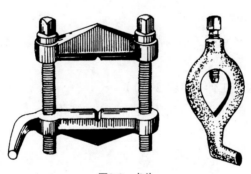

图3-6　卡头

二、工件的校正

1. 在三爪自定心卡盘上装夹并校正工件

（1）在三爪自定心卡盘上轻轻夹住工件。

（2）粗加工时，使用目测法或划针校正毛坯表面，步骤如下。

① 将划线盘放在适当位置，使用划针尖端接触工件悬伸端处的圆柱表面，如图 3-7 所示。

② 将主轴变速箱手柄置于空挡，用手轻轻拨动卡盘使之缓慢转动，观察划针与工件表面接触情况，如果发现误差，可以轻轻敲击工件悬伸端，直到全圆周上划针与工件表面的间隙均匀一致。

③ 夹紧工件。

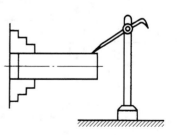

图3-7　用划针校正工件

2. 在四爪单动卡盘上装夹并校正工件

（1）按照以下步骤装夹工件。

① 将主轴箱变速手柄置于空挡位。

② 根据工件装夹部位的尺寸调整卡爪，使相对的两卡爪之间的距离稍大于工件装夹部位尺寸，可以参考卡盘平面上的多圈同心圆线来确定卡爪的位置是否与主轴回转中心等距。

③ 在工件装夹位置下方的床身导轨面上垫放防护木板。

④ 夹持工件，通常夹持部分长度在 15mm 左右。

（2）按照以下步骤校正轴类零件，通常在圆柱面上选择 A、B 两点作为参考点，如图 3-8 所示。

① 先校正 A 点，校正时，用划针尖靠近工件外圆表面 A 点，用手转动卡盘观察工件表面与划针尖间的间隙大小，然后根据间隙大小调整两卡爪的相对位置，调整量为间隙差值的一半，如图 3-9 所示。

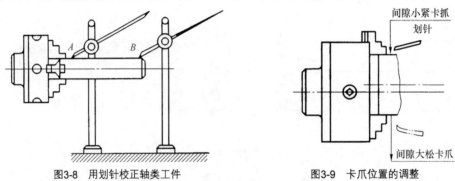

图3-8　用划针校正轴类工件　　　　　　　图3-9　卡爪位置的调整

② 接着校正 B 点，校正该点时，不调整卡爪的位置，而是轻敲工件右端，使间隙一致。

③ 均匀夹紧工件。

3. 使用两顶尖装夹并校正工件（见图 3-10）

（1）擦净主轴锥孔、前顶尖柄部，将前顶尖插入主轴锥孔内，如图 3-11 所示。

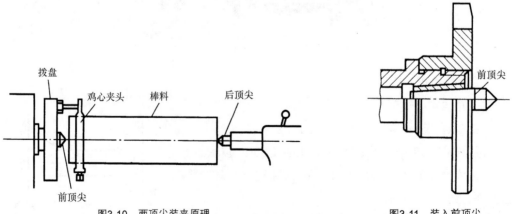

图3-10　两顶尖装夹原理　　　　　　　图3-11　装入前顶尖

（2）擦净尾座套筒锥孔和后顶尖柄部，将后顶尖插入尾座套筒锥孔内。

（3）拉动尾座慢慢靠近主轴方向，随后摇动尾座手轮，使尾座套筒带着后顶尖趋近并轻轻接触前顶尖，如图 3-12 所示。

（4）从正上方和正前方两个方向观察前、后顶尖是否对齐，若未对齐，则调整尾座的调节螺栓使之对齐。

（5）用鸡心夹头或平行对分夹头（见图3-13）夹紧工件一端的适当位置。

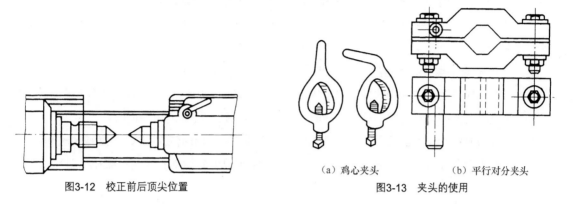

图3-12　校正前后顶尖位置

（a）鸡心夹头　　　　（b）平行对分夹头

图3-13　夹头的使用

（6）左手托起工件，将夹有夹头一端的中心孔放置在前顶尖上，并使夹头的拨杆插入到拨盘的凹槽中，通过拨盘来带动工件回转。

（7）右手摇动事先已经根据工件长度调整好位置并紧固的尾座手轮，使后顶尖顶入工件另一端的中心孔，其松紧程度以工件在两顶尖间可以灵活转动而没有轴向蹿动为宜。

（8）注意尾座套筒从尾座架伸出的长度应尽量短，如果后顶尖使用固定顶尖，应使用润滑脂。最后将尾座套筒的固定手柄压紧。

课堂训练与测评

每人在三爪卡盘上练习安装工件，并观察跳动情况，能判断是否可进行车削。

知识拓展

一、认识三爪自定心卡盘的结构、工作原理和拆卸

（1）观察三爪自定心卡盘的结构，明确如图3-14所示各个组成要素。

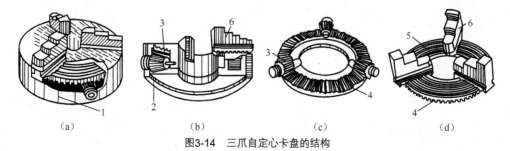

（a）　　　　　（b）　　　　　（c）　　　　　（d）

图3-14　三爪自定心卡盘的结构

1—卡盘壳体；2—防尘盖板；3—带方孔的小锥齿轮；4—大锥齿轮；5—平面螺纹；6—卡爪

（2）用卡盘扳手插入小锥齿轮端部方孔中，转动扳手，观察卡盘的夹紧过程。

（3）逆时针转动卡盘扳手，三个卡爪同步沿径向离心移动，直到退出卡盘壳体，完成卡盘的拆卸操作。

二、区分卡爪的编号

（1）三爪卡盘每副卡爪标有1、2和3的编号，安装时注意安装顺序。

（2）将3个卡爪并在一起，比较卡爪上端面螺纹牙数的多少，最多的为1号，最少的为3号，如图3-15所示。

三、三爪卡盘的装配和反装

（1）将卡盘扳手插入卡盘壳体外圆面上的方孔中，按顺时针方向旋转，驱动大锥齿轮回转，当其背面平面螺纹的螺扣转到将要接近1号槽时，将1号卡爪插入壳体的1号槽内。

（2）继续顺时针转动卡盘扳手，在卡盘壳体的2号槽、3号槽内依次装入2号和3号卡爪。

（3）随着卡盘扳手的继续转动，三个卡爪同步沿径向向中心运动，直至汇聚于卡盘中心，如图3-16所示。

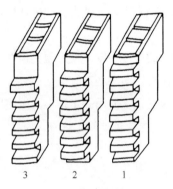

图3-15　卡爪的编号

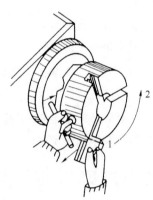

图3-16　卡爪的安装

（4）按照上述步骤反装卡爪，然后进行拆卸操作。

任务二　车端面和打中心孔

任务二的具体内容是，将工件正确安装在车床上车端面、打中心孔。通过这一具体任务的实施，做好车外圆的准备工作。

知识点、能力点

（1）车削端面。

（2）钻中心孔。

工作情景

车削长轴时，常常采用一夹一顶或两顶尖装夹，但不管采用哪种方式，均需要在工件端面打中心孔，使用顶尖支撑，如图 3-17 所示。

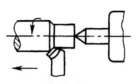

图3-17　使用顶尖支撑工件

任务分析

车端面、打中心孔是车工必须要掌握的基本功。

相关知识

一、切削用量

一般常把切削速度、进给量和背吃刀量称为切削用量三要素。

1. 切削用量三要素

（1）切削速度v_c。刀具切削刃上选定点相对工件主运动的瞬时线速度称为切削速度，用v_c表示，单位为 m/s 或 m/min。当主运动是旋转运动时，切削速度计算公式为：

$$v_c = \frac{\pi d n}{1\,000}\text{ m/s或m/ min}$$

式中，d——工件加工表面或刀具选定点的旋转直径，mm；

n——主运动的转速，r/s 或 r/min。

在当前生产中，磨削单位用米/秒（m/s），其他加工的切削单位习惯用米/分（m/min）。即使转速一定，而切削刃上各点由于工件直径不相同，切削速度也就不同。考虑到切削速度对刀具磨损和已加工质量有影响，在计算时，应取最大的切削速度。如外圆车削时计算待加工表面上的速度，内孔车削时计算已加工表面上的速度，钻削时计算钻头外径处的速度。

（2）进给量f。工件或刀具每转一周，刀具在进给方向上相对工件的位移量，称为每转进给量，简称进给量，用f表示，单位为 mm/r。单位时间内刀具在进给运动方向上相对工件的位移量，称为进给速度，用v_f表示，单位为 mm/s 或 m/min。

对于刨削、插削等主运动为往复直线运动的加工，虽然可以不规定进给速度，却需要规定间歇进给的进给量，其单位为 mm/d.st（毫米/双行程）。

对于铣刀、铰刀、拉刀、齿轮滚刀等多刃切削工具，在它们进行工作时，还应规定每一个刀齿的进给量，即后一个刀齿相对于前一个刀齿的进给量，单位是 mm/Z（毫米/齿）。

$$v_f = f \cdot n = f_Z \cdot Z \cdot n$$

（3）背吃刀量（切削深度）a_p。工件已加工表面和待加工表面之间的垂直距离，称为背吃刀量，用 a_p 表示，单位为 mm。车外圆时背吃刀量 a_p 为：

$$a_p = \frac{d_w - d_m}{2}$$

式中，d_m——已加工表面直径，mm。

　　　　d_w——待加工表面直径，mm。

2. 切削用量的选择

切削加工中，切削速度（v_c）、进给量（f）和切削深度（a_p）这三个参数是相互关联的。在粗加工中，为了提高效率，一般采用较大的切削深度（a_p），此时切削速度（v_c）和进给量（f）相对较小，选择原则是先定 a_p，次选 f，最后定 v_c；而在半精加工和精加工阶段，一般采用较大的切削速度（v_c）、较小的进给量（f）和切削深度（a_p），以获得较好的加工质量（包括表面粗糙度、尺寸精度和形状精度），选择原则与粗加工相反。

（1）切削深度的选择。粗加工时（表面粗糙度 $Ra50\sim12.5\mu m$）加工余量较多，这时对工件精度和粗糙度要求不高。在允许的条件下，尽量一次切除该工序的全部余量。背吃刀量一般为 2～6mm。但切削深度过大会引起振动，甚至损坏机床和刀具。如果余量较大，不能一次切除时，可分几刀切削。

对于铸件和锻件，因其表面很不平整，加之附有型砂或氧化皮，它们的硬度很高，容易使刀具很快磨损，所以第一次走刀，一定要选择较大的切削深度，将冷硬层一刀除去。这样，不仅能减小对刀具的冲击，同时由于刀具已深入工件里层，避免了和硬度较高的表面层接触，从而减小了刀尖的磨损。如分两次走刀，则第一次背吃刀量尽量取大，第二次背吃刀量尽量取小些。

半精加工时（表面粗糙度 $Ra6.3\sim3.2\mu m$），背吃刀量一般为 0.5～2mm。

精加工时（表面粗糙度 $Ra1.6\sim0.8\mu m$），背吃刀量为 0.1～0.4mm。

（2）进给量的选择。粗加工时，进给量主要考虑工艺系统所能承受的最大进给量。在机床、刀具、工件允许的情况下，进给量应尽可能选大些，这样可以缩短走刀时间，提高生产率。一般选 0.3～1.5mm/r。

精加工和半精加工时，最大进给量主要考虑加工精度和表面粗糙度，所以要选小一些。另外还要考虑工件材料，刀尖圆弧半径、切削速度等，一般选 0.06～0.3mm/r。

（3）切削速度的选择。切削速度的大小是根据刀具材料及其几何形状、工件材料、进给量和切削速度、冷却液使用情况、车床动力和刚性、车削过程的实际情况等诸因素来决定的。决不能错误地认为切削速度越大越好，应根据具体情况选取。一般切削速度的选取原则是：

① 粗车时，应选较低的切削速度，精加工时选择较高的切削速度。

② 加工材料强度、硬度较高时，刀具材料容易磨损，应选较低的切削速度，反之选取较高的切削速度。

③ 刀具材料的切削性能越好，切削速度越高。如硬质合金刀具选取较高的切削速度。而高速钢要选用较低的切削速度。

切削速度究竟选多大才好呢？这一点很难得出确切的数据，因为同时影响切削速度的因素是较多的。实际生产中，可根据图表法或查有关手册来确定切削速度，也可由经验确定。一般地来说，对于高速钢刀具，如果切下来的切屑是白色的或黄色的，那么所选的切削速度大体上是合适的。对于硬质合金刀具，切下来的切屑是蓝色的，表明切削速度是合适的。如果切削时出现火花，说明切削速度太高。如果切屑呈白色，说明切削速度还可以提高。

二、刻度盘的原理和使用

车削工件时，为了正确迅速地控制背吃刀量，可以利用中拖板上的刻度盘。中拖板刻度盘安装在中拖板丝杠上。当摇动中拖板手柄带动刻度盘转一周时，中拖板丝杠也转了一周。这时，固定在中拖板上与丝杠配合的螺母沿丝杠轴线方向移动了一个螺距。因此，安装在中拖板上的刀架也移动了一个螺距。如果中拖板丝杠螺距为 4mm，当手柄转一周时，刀架就横向移动 4mm。若刻度盘圆周上等分 200 格，则当刻度盘转过一格时，刀架就移动了 0.02mm。

应用中小拖板刻度盘必须注意下列两点。

（1）由于丝杠和螺母之间往往存在间隙，因此，会产生空行程（即刻度盘转动而拖板并不动）使用时必须慢慢地把刻线转到所需的格数，如图 3-18 所示。如果不小心多转了几格，不能直接退回多转的格数，如图 3-19 所示，必须向相反方向退回全部空行程，再转到所需的格数，如图 3-20 所示。

 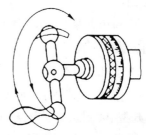

图3-18 要求转过30°，实际转过40° 图3-19 错误:直接退回至30° 图3-20 正确:反转约一周后再退回至30°

（2）由于工件是旋转体，所以车刀从工件表面向中心吃刀后切下的部分刚好是吃刀深度的两倍，因此使用中拖板刻度盘时，应注意当工件余量测得后，中拖板的切入量应为余量直径尺寸的二分之一，而小拖板的刻度值，则直接表示工件长度方向的切除量。

三、车端面

对工件的端面进行车削的方法叫车端面。

1. 端面的车削方法

端面的车削方法：车端面时，刀具的主刀刃要与端面有一定的夹角。工件伸出卡盘外部分应尽可能短些，车削时用中拖板横向走刀，走刀次数根据加工余量而定，可采用自外向中心走刀，也可以采用自圆中心向外走刀的方法。

常用端面车削时的几种情况如图 3-21 所示。

2. 车端面时应注意的问题

（1）车刀的刀尖应对准工件中心，以免车出的端面中心留有凸台。

（2）偏刀车端面，当背吃刀量较大时，容易扎刀。背吃刀量 a_p 的选择：粗车时 $a_p=0.2\sim1$mm，精车时 $a_p = 0.05\sim0.2$mm。

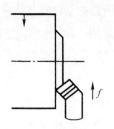

（a）使用 45°弯刀车端面

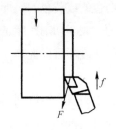

（b）由边缘向中心进刀

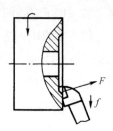

（c）由中心向外缘进刀

图3-21　车端面的常用车刀

（3）端面的直径从外到中心是变化的，切削速度也在改变，在计算切削速度时必须按端面的最大直径计算。

（4）车直径较大的端面，若出现凹心或凸肚时，应检查车刀和方刀架，以及大拖板是否锁紧。

3．车端面的质量分析

（1）端面不平，产生凸凹现象或端面中心留"小头"的原因是时车刀刃磨或安装不正确，刀尖没有对准工件中心，吃刀深度过大，车床有间隙拖板移动造成。

（2）表面粗糙度差。原因是车刀不锋利，手动走刀摇动不均匀或太快，自动走刀切削用量选择不当。

四、钻中心孔

1．中心孔的分类

中心孔是保证轴类零件加工精度的基准孔，依据国标 GB 145—1985 规定，中心孔可分 A 型中心孔、B 型中心孔、C 型中心孔以及 R 型中心孔。

（1）A 型中心孔。A 型中心孔又称不带护锥中心孔，只包含 60° 锥孔，如图 3-22 所示，采用如图 3-23 所示的 A 型中心钻加工生产。这种中心孔仅在粗加工或不要求保留中心孔的工件上采用，其直径尺寸 d 和 D 主要根据轴类工件的直径和质量来确定，大的重的工件应选取较大的中心孔。

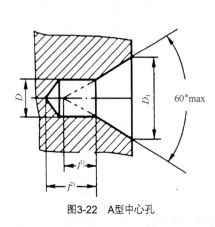

图3-22　A型中心孔

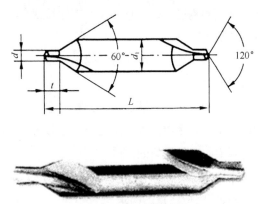

图3-23　A型中心钻

A 型中心孔的主要缺点是孔口容易碰坏，致使中心孔与顶尖锥面接触不良，从而引起工件的跳动，影响工件的精度。

（2）B 型中心孔。B 型中心孔又称带护锥中心孔。其 60° 锥孔的外端还有 120° 的保护锥面，以保护 60° 锥孔外缘不被损坏与破坏，如图 3-24 所示。B 型中心孔主要用于零件加工后，中心孔还要继续使用的情况，如铰刀等刀具上的中心孔。B 型中心孔一般采用如图 3-25 所示的 B 型中心钻加工。

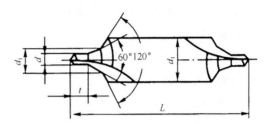

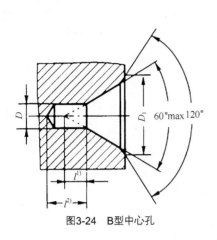

图3-24　B型中心孔　　　　　　　　　　　　图3-25　B型中心钻

（3）C 型中心孔。C 型中心孔的主要特点是在其上有一段螺纹孔，如图 3-26 所示。在要求把工件固定在轴上的情况下使用，例如铣床上用的锥柄立铣刀，锥柄键槽铣刀及其连接套等上面的中心孔等都是 C 型中心孔。

（4）R 型中心孔。R 型中心孔又称圆弧形中心孔，如图 3-27 所示。由于其与 60° 顶尖的接触，从理论上来说是线接触，故顶尖与中心孔相对旋转运动时产生的摩擦力小，旋转轻快，中心孔加工精度较高。因此，对定位精度要求较多的轴类工件以及圆拉力刀等精密刀具上，宜选用 R 型中心孔。

图3-26　C型中心孔

2. 钻中心孔的方法

将工件夹持在卡盘上，伸出的越短越好，校正好将端面车平，切勿留小头（车刀刀尖必须严格对准中心），使中心钻慢慢引向工件钻中心孔（中心钻必须严格对准工件中心），钻中心孔时主轴转速要高（因中心钻直径小），手摇则需缓慢均匀，要经常退刀，清除切削并进行充分的冷却润滑，60° 圆锥部分的光洁度要求 $Ra1.6$（因为它是工件加工时的辅助基准面）。

3. 中心钻折断的原因

（1）工件端面没车平，在中心处留有小头。

（2）中心钻没有对准工件的中心。

（3）切削用量选择的不当。

（4）没有加冷却液和及时排除切削。

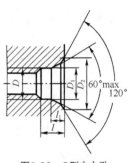

图3-27　R型中心孔

任务实施

完成如图 3-28 所示零件的加工要求。

（1）车端面。

（2）钻中心孔。

（3）以车出端平面为基准，用划针在工件上刻痕，取总长180mm。

（4）掉头夹持工件，校正并夹紧。

（5）车端面至总长180mm。

（6）钻中心孔。

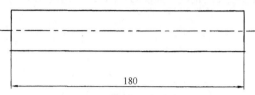

图3-28　车端面、打中心孔

任务完成结论

（1）由于中心孔直径小，应取较高的转速，进给量应小而均匀。当中心钻进入工件后应及时加切削液进行冷却和润滑。钻毕，中心钻应在孔中稍作停留后再退出。

（2）端面必须车平，不允许出现小凸头，尾座必须找正。

课堂训练与测评

每人按照图3-28完成两根课题料中心孔的加工。

知识拓展

一、装夹中心钻

（1）用钻夹头钥匙逆时针旋转钻夹头外套，打开钻夹头三爪。

（2）将中心钻插入钻夹头爪内，用钻夹头钥匙顺时针旋转钻夹头外套夹紧中心钻，如图3-29所示。

二、将钻夹头装入尾座锥孔中

擦净钻夹头柄部和尾座锥孔，用左手握住钻夹头外套位置，沿尾座套筒轴线方向将钻夹头锥柄用力插入尾座套筒锥孔中。若钻夹头柄部与车床尾座锥孔大小不吻合，可增加如图3-30所示的过渡锥套后再插入。

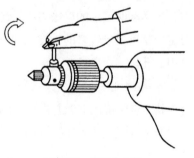

图3-29　装夹中心钻

三、装夹工件、校正尾座中心

（1）用三爪自定心卡盘夹住工件外圆，工件伸出卡爪长30mm左右，找正并夹紧。

（2）启动车床，使主轴带动工件回转，移动尾座，使中心钻接近工件端面，观察中心钻头部是否与工件回转中心一致，校正并紧固尾座。

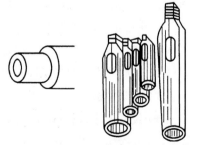

图3-30　过渡锥套

车外圆及台阶

任务三的具体内容是，将工件外圆进行粗、精车。通过这一具体任务的实施，将工件的外圆尺寸按照图纸要求加工正确。

知识点、能力点

（1）车外圆。

（2）车台阶。

工作情景

将工件车削成圆柱形外表面的方法称为车外圆，几种车外圆的情况如图 3-31 所示。

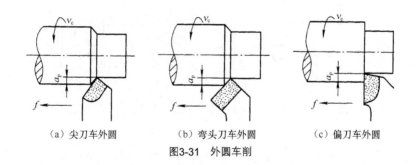

（a）尖刀车外圆　　　（b）弯头刀车外圆　　　（c）偏刀车外圆

图3-31 外圆车削

任务分析

车削外圆一般采用粗车和精车两个步骤：

1. 粗车

粗车的目的是尽快地切去多余的金属层，使工件接近于最后的形状和尺寸。粗车后应留下 0.5～1mm 的加工余量。

2. 精车

精车是切去余下少量的金属层以获得零件所求的精度和表面粗糙度，因此背吃刀量较小，为0.1～0.2mm，切削速度则可用较高或较低速，初学者可用较低速。为了提高工件表面粗糙度，用于精车的车刀的前、后刀面应采用油石加机油磨光，有时刀尖磨成一个小圆弧。

相关知识

一、试切法车外圆

由于横向刀架丝杠及螺母的螺距与刻度盘的刻线均有一定的制造误差，仅按刻度盘确定吃刀量难以保证精车的尺寸精度，因此，需要通过试切来准确控制尺寸。此外，试切也可防止进错刻度而造成废品。试切法的步骤如图 3-32 所示。

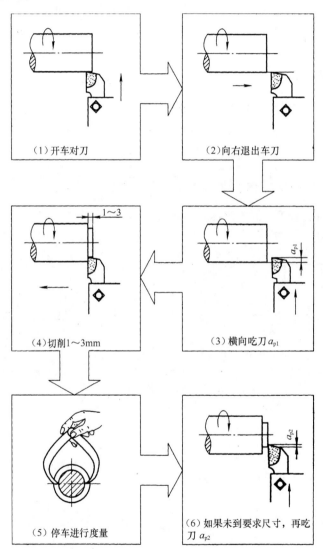

（1）开车对刀　　　　（2）向右退出车刀

（4）切削1～3mm　　　（3）横向吃刀 a_{p1}

（5）停车进行度量　　　（6）如果未到要求尺寸，再吃刀 a_{p2}

图3-32　试切方法与步骤

二、车台阶

车削台阶的方法与车削外圆基本相同，但在车削时应兼顾外圆直径和台阶长度两个方向的尺寸要求，还必须保证台阶平面与工件轴线的垂直度要求。车高度在 5mm 以下的台阶时，可用主偏角为90°的偏刀在车外圆时同时车出；车高度在 5mm 以上的台阶时，应分层进行切削，如图 3-33 所示。

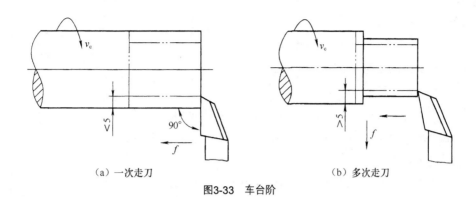

（a）一次走刀　　　　　　　　　　（b）多次走刀

图3-33　车台阶

台阶长度尺寸的控制方法有下面 3 种。

（1）台阶长度尺寸要求较低时可直接用大拖板刻度盘控制。

（2）台阶长度可用钢直尺或样板确定位置，如图 3-34（a）所示。车削时先用刀尖车出

比台阶长度略短的刻痕作为加工界限，台阶的准确长度可用游标卡尺或深度游标卡尺测量，如图 3-34（b）所示。

（3）台阶长度尺寸要求较高且长度较短时，可用小滑板刻度盘控制其长度。

（a）钢直尺测量　　　　　　（b）深度尺测量

图3-34　台阶长度的控制和测量

三、车外圆时应注意的安全

（1）零件装卸完毕，立即随手将卡盘手取下。

（2）切勿用手去摸切削。

（3）前后顶尖装夹零件时后顶尖的顶力要适当。

任务实施

加工如图 3-35 所示的轴类零件。

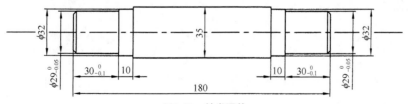

图3-35　轴类零件

加工步骤：

1. 粗车 ϕ32mm 外圆

（1）确定主轴转速取 $n=360$r/min，将主轴转速手柄扳至 360r/min。

（2）进给量取 $f=0.10\sim0.18$mm/r。

（3）粗车 ϕ32mm 外圆至 ϕ32.5mm×40mm。

2．粗车 ϕ29mm 外圆

（1）在 ϕ32mm 上刻线，长度为 30mm。

（2）粗车 ϕ29mm 外圆至 ϕ29.5mm×30mm。

3．精车 ϕ29mm 外圆

（1）取主轴转速 n=530r/min，进给量取 f=0.10～0.18mm/r。

（2）精车 ϕ29mm×30mm 外圆至尺寸，用千分尺和游标卡尺测量尺寸。

4．精车 ϕ32mm 外圆

（1）取主轴转速 n=530r/min，进给量取 f=0.10～0.18mm/r。

（2）精车 ϕ32mm×10mm 外圆至尺寸，用千分尺和游标卡尺测量尺寸。

5．端面倒角

6．调头装夹工件

7．粗车 ϕ32mm 外圆

（1）确定主轴转速取 n=360r/min。将主轴转速手柄扳至 360r/min。

（2）进给量取 f=0.10～0.18mm/r。

（3）粗车 ϕ32mm 外圆至 ϕ32.5mm×40mm。

8．粗车 ϕ29mm 外圆

（1）在 ϕ32mm 上刻线，长度为 30mm。

（2）粗车 ϕ29mm 外圆至 ϕ29.5mm×30mm。

9．精车 ϕ29mm 外圆

（1）取主轴转速 n=530r/min，进给量取 f=0.10～0.18mm/r。

（2）精车 ϕ29mm×30mm 外圆至尺寸，用千分尺和游标卡尺测量尺寸。

10．精车 ϕ32mm 外圆

（1）取主轴转速 n=530r/min，进给量取 f=0.10～0.18mm/r。

（2）精车 ϕ32mm×10mm 外圆至尺寸，用千分尺和游标卡尺测量尺寸。

11．端面倒角

任务完成结论

（1）测量毛坯尺寸，对加工余量做到心中有数，合理安装工件、车刀，调整好主轴转速手柄位置，开动车床，使主轴旋转。

（2）摇动大拖板、中拖板手柄，使刀尖与工件右端外圆表面轻轻接触。

（3）摇动大拖板手柄（中拖板手柄不动），使车刀离开工件，一般距离工件端面 3～5mm。

（4）按选定的切削速度，摇动中拖板手柄，使车刀作横向进刀。

（5）纵向车削 2mm，摇动大拖板，退出车刀，停车测量工件直径是否合乎要求，并做适当调整。

课堂训练与测评

每人按照图 3-35 完成两根课题料的加工。

知识拓展

一、车外圆时产生废品的原因及预防方法

1. 毛坯车不到尺寸的原因

（1）加工余量不够。

（2）工件弯曲，没有矫正。

（3）工件在卡盘上没有校正。

（4）中心孔位置不正。

预防方法：

（1）毛坯拿来后一定要预先量一下加工余量是否够。

（2）长轴容易弯曲，所以必须矫正，校直后再进行加工。

（3）装夹工件必须正确校正。

（4）必须事先检查中心孔是否正确。

2. 尺寸精度达不到要求的原因

（1）操纵者粗心大意，看错图纸或刻度。

（2）盲目吃刀，没有进行试切削。

（3）量具本身有误或测量不正确。

预防方法：

（1）在吃刀时，一定要仔细地先车出 2mm 的外圆，用量具测量一下是否符合要求，如已车小立即退出中拖板，重新调整吃刀深度。

（2）看图纸时，注意要反复多看几次尺寸，掌握刻度时，刻度的格数一定要看清楚。

（3）测量时要正确。

3. 车成圆锥体的原因

（1）在用两顶尖时产生锥体是因为两顶尖不在主轴中心线上。

（2）导轨与主轴中心线不平行。

预防方法：在车销一批工件的第一件时，先校正锥度，如有锥度可调床尾。

4. 车出的工件成扁圆形的原因

（1）主轴因磨损而摆动。

（2）前顶尖摆动。

预防方法：

（1）调整轴承的间隙，不使间隙太大。

（2）前顶尖安装在主轴锥孔上以前必须把锥孔擦干净，如果前顶尖在转动时摆动，则必须在加工前把它车一刀。

5. 表面粗糙度达不到要求的原因

（1）车刀角度不正确（如前角太小，后角太小，刀尖或钝刃等）。

（2）切削用量选择的不恰当（如吃刀深度太大，走刀量太大，切削速度选择的不恰当）。

（3）因机床各部分间隙太大造成的振动（如主轴太松，中小拖板塞铁太松都会引起振动）。

预防方法：

根据上述原因进行检查，并克服刀具、切削用量，机床和车刀伸出长度等的不正确现象。

二、车台阶产生的废品原因及预防

1. 台阶不垂直的原因

（1）较低的台阶是由于车刀安装的不正确。

（2）较高的台阶不垂直是由于没有车台阶小端面。

预防方法：装刀时要使主刀刃垂直工件中心，车较高的台阶要先车小端面。

2. 台阶长度不正确的原因

（1）粗心大意、没有看图纸、测量不准。

（2）自动走刀要及时停车。

切断与切槽

任务四的具体内容是，掌握切断或切槽的方法。通过这一具体任务的实施，能把工件切断或在轴类零件上切槽。

知识点、能力点

（1）切断刀。

（2）切断刀的刃磨与安装。

（3）切断刀折断的原因及预防方法。

（4）切槽的方法。

工作情景

实际生产中经常需要把坯料或工件分成两段或若干段，有时需要在已加工好的工件表面切槽，如图 3-36 所示。

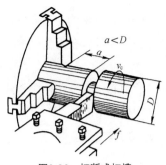

图3-36　切断或切槽

任务分析

切断刀刀头窄而且长，刀头伸进工件内部，散热条件差，排屑困难，容易引起振动，刀头容易折断，因此，必须合理地使用切断刀。

相关知识

一、切断刀的几何角度

切断刀的主要几何角度如图 3-37 所示。

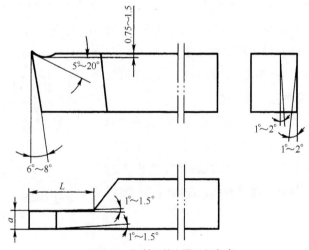

图3-37　切断刀的主要几何角度

（1）前角 $\gamma_o=5°\sim20°$。

（2）主后角 $\alpha_o=6°\sim8°$。

（3）两个副后角 $\alpha_o'=1°\sim2°$。

（4）主偏角 $\kappa_r=90°$。

（5）两个副偏角 $\kappa_r'=1°\sim1.5°$。

二、切断刀的刃磨

（1）刃磨切断刀时应先磨副后面，以获得 $1°\sim1.5°$ 的副偏角和 $1°\sim2°$ 的副后角。

（2）磨主后面，保证主刀刃平直，得到 6°～8° 的主后角。

（3）磨车刀前面的卷屑槽，为了保护刀尖可以在刀尖处磨一个小圆弧。

三、切断刀的安装

（1）切断刀不宜伸出过长，切断刀的中心线要与工件中心线垂直，保证两个副偏角对称，在切断无孔的工件时，切断刀的刀尖要对准工件的中心。

（2）切断刀的底面如果不平就会使副后角变化。

四、切断刀折断的原因

（1）切断刀各角度刃磨的不正确。

（2）切断刀装的与工件中心不垂直，并没对准工件中心。

（3）进刀量太大。

（4）机床主轴刀架间隙太大。

五、防止切断刀折断的方法

（1）适当加大前角、减少后角，前角大使切削阻力减小，后角减小让切断刀把工件托住，减小振动。

（2）直径大的工件采用反切法。

（3）选用适当刀头宽度。

六、切槽的方法

车削精度不高的和宽度较窄的矩形沟槽，可以用刀宽等于槽宽的切槽刀，采用直进法一次车出。精度要求较高的，一般分两次车成。车削较宽的沟槽，可用多次直进法切削，并在槽的两侧留一定的精车余量，然后根据槽深、槽宽精车至尺寸。

车削较小的圆弧形槽，一般用成形车刀车削。较大的圆弧槽，可用双手联动车削，用样板检查修整。

车削较小的梯形槽，一般用成形车刀完成，较大的梯形槽，通常先车直槽，然后用梯形刀直进法或左右切削法完成。

常用的切槽方法有直进法和左右借刀法两种，如图 3-38 所示。直进法常用于切断铸铁等脆性材料；左右借刀法常用于切断钢等塑性材料。

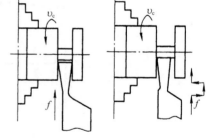

（a）直进法　　　　（b）左右借刀法

图3-38　切槽方法

任务五　简单轴类零件的车削综合训练

任务五的具体内容是，将图示轴类零件加工到图纸要求。通过这一具体任务的实施，进一步掌握简单轴类零件的车削。

技能训练一 车削阶台轴

将如图3-39所示轴类零件加工到图纸要求。

【加工步骤】

（1）用一夹一顶方式装夹工件，同时转动尾座手柄，使后顶尖顶上工件的中心孔，然后夹紧工件。

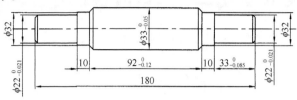

图3-39 轴类零件

（2）粗车 ϕ32mm 外圆。

① 确定主轴转速取 n=360r/min。将主轴转速手柄扳至 360r/min。

② 进给量取 f=0.10～0.18mm/r。

③ 粗车 ϕ32mm 外圆至 ϕ32.5mm×43mm。

（3）粗车 ϕ22mm 外圆。

① 在 ϕ32mm 上刻线，长度为 33mm。

② 粗车 ϕ22mm 外圆至 ϕ22.5mm×33mm。

（4）精车 ϕ22mm 外圆。

① 取主轴转速 n=530r/min，进给量取 f=0.10～0.18mm/r。

② 精车 ϕ22mm×33mm 外圆至尺寸，用千分尺和游标卡尺测量尺寸。

（5）精车 ϕ32mm 外圆。

① 取主轴转速 n=530r/min，进给量取 f=0.10～0.18mm/r。

② 精车 ϕ32mm×10mm 外圆至尺寸，用千分尺和游标卡尺测量尺寸。

（6）端面倒角。

（7）调头装夹工件。

（8）粗车 ϕ32mm 外圆。

① 确定主轴转速取 n=360r/min。将主轴转速手柄扳至 360r/min。

② 进给量取 f=0.10～0.18mm/r。

③ 粗车 ϕ32mm 外圆至 ϕ32.5mm×43mm。

（9）粗车 ϕ22mm 外圆。

① 在 ϕ32mm 上刻线，长度为 33mm；

② 粗车 ϕ22mm 外圆至 ϕ22.5mm×33mm。

（10）精车 ϕ22mm 外圆。

① 取主轴转速 n=530r/min，进给量取 f=0.10～0.18mm/r。

② 精车 ϕ22mm×33mm 外圆至尺寸，用千分尺和游标卡尺测量尺寸。

（11）精车 ϕ32mm 外圆。

① 取主轴转速 n=530r/min，进给量取 f=0.10～0.18mm/r。

② 精车 $\phi32mm\times10mm$ 外圆至尺寸，用千分尺和游标卡尺测量尺寸。

（12）端面倒角。

技能训练二　车削阶台轴

将如图 3-40 所示轴类零件加工到图纸要求。

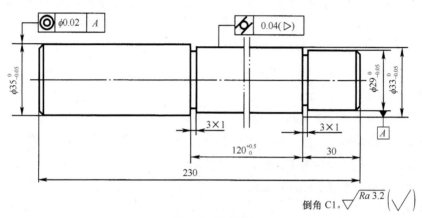

图3-40　轴类零件

【工艺分析】

该零件有同轴度和圆柱度要求，因此零件的精度要求较高。加工时，采用粗、精加工 2 个阶段进行。粗加工时采用一夹一顶的装夹方法，精加工时采用两顶尖支撑的装夹方法，退刀槽的加工安排在精车之后进行。

【加工步骤】

（1）装夹工件。

（2）车端面，钻中心孔，粗车外圆 $\phi35mm\times25mm$。

（3）调头夹持工件 $\phi35mm$ 外圆处，校正工件后夹紧。车端面保持总长 230mm，钻中心孔。

（4）用后顶尖顶住工件，粗车整段外圆（除夹紧处 $\phi35mm$ 外）至 $\phi36mm$。

（5）调头一夹一顶装夹工件，粗车右端两处外圆。

（6）工件调头，用两顶尖支撑装夹，精车左端外圆至尺寸。

（7）工件调头，用两顶尖支撑装夹，精车右端两处外圆至尺寸。

（8）车两处退刀槽至尺寸。

【训练小结】

（1）一夹一顶装夹车削工件时，后顶尖的支顶容易产生松动，应及时调整，以防发生事故。

（2）避免顶尖支顶过松或过紧。过松会使工件产生振动、外圆变形；过紧则易产生摩擦，烧坏固定顶尖和工件中心孔。

（3）粗车阶台工件时，阶台长度余量一般只需留右端第 1 个阶台。

（4）阶台处应保持垂直、清角，并防止产生凹坑、小阶台。

车圆锥

任务三的具体内容是，会进行锥度计算。通过这一具体任务的实施，能加工出所需要的圆锥零件。

知识点、能力点

（1）圆锥面的车削方法。

（2）圆锥表面的粗糙度检验。

（3）车锥体产生的废品原因及预防方法。

工作情景

将工件车削成圆锥表面的方法称为车圆锥。在机器和工具中，很多地方采用圆锥面配合，如车床主轴锥孔与顶尖的配合，尾座套筒锥孔与顶尖的配合，带锥柄的钻头、铰刀与钻套的配合等。

任务分析

圆锥表面配合紧密，拆装方便，虽经多次拆装仍能保持较精确的定心，有些还可以传递转矩，所以应用很广。

相关知识

一、圆锥各部尺寸计算及各部名称（见图3-41）

1. 锥度（C）

圆锥体大小端直径之差与长度之比叫锥度。

$$C=(D-d)/l$$

2. 斜度（S）

圆锥体大小端半径与长度之比叫斜度。

$$S=(D-d)/2l$$

3. 斜角（α）

圆锥体的曲线与轴线之间的夹角。

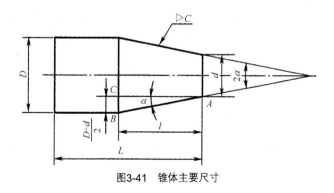

图3-41　锥体主要尺寸

4. 锥角（2α）

圆锥体的两条母线之间的夹角。

当圆柱体斜角小于 10° 时可用近似计算公式。

$$\alpha = 28.7*(D-d)/l$$

由于计算的值是十进位的而角度是 60 进位的，所以小数点后的值应乘以 60 变成度和分。

二、标准圆锥

1. 莫氏圆锥

莫氏圆锥按照尺寸由小到大分为 0～6 号共七种，最小号是 0 号，最大号是 6 号。

特点：圆锥斜角不等。

$1^{\#}$、$2^{\#}$、$3^{\#}$　　　　$\alpha \approx 1° 26'$

$0^{\#}$、$4^{\#}$ 、$5^{\#}$、$6^{\#}$　　$\alpha \approx 1° 30'$

2. 公制圆锥

公制圆锥按照大端直径由小到大共有 8 个号码：$4^{\#}$、$6^{\#}$、$80^{\#}$、$100^{\#}$、$120^{\#}$、$140^{\#}$、$160^{\#}$、$200^{\#}$。

特点：号码就是大端直径，锥度固定不变 C=1:20。

三、圆锥面的车削方法

圆锥面的车削方法主要有转动小拖板法、偏移尾座法、靠模法、宽刃刀法。下面介绍常用的车圆锥的方法。

1. 转动小拖板法车圆锥面

小拖板旋转的角度应是圆锥的母线与工件中心线所夹角度，适于车削锥度大而短的面。转动小拖板车削圆锥，是把小拖板按工件的圆锥半角转动一个相应的角度，使车刀的运动轨迹与所要加工的圆锥素线平行。转动小拖板法车削圆锥操作简单，适用范围广，可车削各种角度的内外圆锥。但一般只能用双手交替转动小滑板进给车削圆锥，零件表面粗糙度较难控制。

另外，受小拖板的行程限制，只能车削圆锥长度较短的零件，如图 3-42 所示。转动小拖板也可车削内圆锥，如图 3-43 所示。

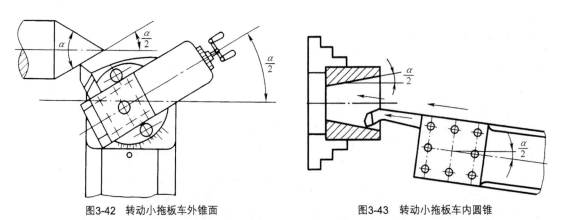

图3-42　转动小拖板车外锥面　　　　图3-43　转动小拖板车内圆锥

这种方法的优点是：能车整体圆锥和内圆锥，可加工锥角大的圆锥面，小拖板斜置角度一次调准，在正常情况下不会有变化，一批工件的锥角误差能可靠地稳定在角度公差范围内。其缺点是：由于一般中、小型车床的小拖板不能自动进给，手动进给劳动强度大，工件表面粗糙度不易控制。

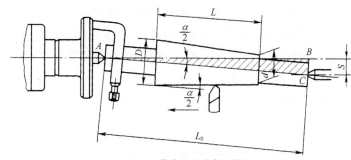

图3-44　偏移尾座法车圆锥面

2. 偏移尾座法车圆锥面

偏移尾座法车削圆锥适用于加工锥度小、锥体较长的工件，如图 3-44 所示。一般采用纵向进给车削加工，工件表面质量较好。但不能车削圆锥孔和整锥体。由于顶尖在中心孔中是歪斜顶着的，所以接触不良，车削锥体时尾座偏移量不能过大。偏移尾座法车削锥度时必须将工件安装在两顶顶尖间加工，尾座偏移量的计算公式为 $S=(D-d)/2\ L \times L_0$

偏移尾座法车圆锥面的优点：能采用自动进给进行车削，能车较长的圆锥面。其缺点是：不能车整体圆锥和圆锥孔，不能车锥度大的圆锥面，调整尾座偏距很麻烦，特别是当一批工件的总长不一致或中心孔深度不同时，车出的锥度也不一样。所以这种方法一般用于半精车，留下余量则通过磨削达到质量要求。

四、圆锥表面的粗糙度检验

（1）用标准量规检验。

锥度塞规：检验孔的锥度和尺寸。

锥度套规：检验外锥的锥度和尺寸。

检验时：用显示剂均匀的涂抹在工件上或验规上，将验规转动 1/3～1/2 转时看显示剂擦掉的情况，判断锥度是否正确。用塞规的刻线或套规上的阶台检验组合体的尺寸。

（2）用量角器和样板检验。用于角度零件或精度不高的零件表面。

（3）圆锥直径尺寸的测量与控制。用游标卡尺或千分尺测量（适合单件小批量），用锥形塞规或套规测量（适合批量较大的生产）。

任务实施

按照如图 3-45 所示完成外锥面的加工。

操作步骤：

（1）用三爪自定心卡盘夹持棒料外圆，外伸长度 50mm 左右，校正后夹紧。

（2）车端面 A。

（3）粗、精车左端外圆，长度大

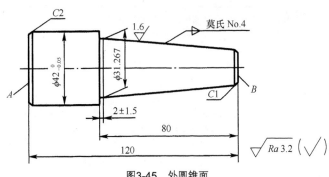

图3-45　外圆锥面

于 40mm 至要求，倒角 C2。

（4）工件调头，夹持 ϕ42 外圆，伸出长度 85mm 左右，校正后夹紧。

（5）车端面 B，保证总长 120mm，车外圆 ϕ32mm，长 80mm。

（6）将小拖板逆时针转动圆锥半角，粗车外圆锥面。

（7）用套规检查锥角并调整小拖板转角。

（8）精车外锥面至尺寸要求。

（9）倒角 C1，去毛刺。

（10）用标准莫氏套规检测零件，合格后卸下工件。

任务完成结论

车削中通过手动转动小拖板加工锥度时，严禁使用机动纵向进给。机动纵向进给时，虽然小拖板已扳转了角度，但刀具仍按外圆表面移动，故车出的是圆柱表面而不是锥面。

课堂训练与测评

每人按照图 3-45 完成一根课题料的加工。

知识拓展

车锥体产生的废品原因及预防方法见表 3-1。

表 3-1　　　　　　　　　　　　　车圆锥时产生误差的原因及预防措施

废品种类	产 生 原 因	预 防 措 施
锥度（角度）不正确	1. 用小拖板转位法车削时 （1）小拖板转动角度计算误差 （2）小拖板移动时松紧不匀	（1）仔细计算小拖板应转的角度和方向，并反复试车校正 （2）调整塞铁使小拖板移动均匀
	2. 偏移尾座法车削时 （1）尾座偏移位置不正确 （2）工件长度不一致	（1）重新计算和调整尾座偏移量 （2）如工件数量较多，各件的长度必须一致
	3. 用靠模法车削时 靠模角度调整不正确	重新调整靠模角度
	4. 用宽刃刀法车削时 （1）装刀不正确 （2）切削刃不直	（1）调整切削刃的角度和对准中心 （2）修磨切削刃的直线度
	5. 铰内圆锥法时 （1）铰刀锥度不正确 （2）铰刀的轴线与工件旋转轴线不同轴	（1）修磨铰刀 （2）用百分表和试棒调整尾座套筒轴线
双曲线误差	车刀刀尖没有对准工件轴线	车刀刀尖必须严格对准工件轴线

Chapter 4

项目四

| 套类零件加工 |

【项目描述】

套类零件在生产中应用广泛，它的主要表面有：内孔、外圆、端面以及各种内外沟槽，有的套类零件上还带有内外圆锥面。这些表面不但具有一定的尺寸精度、形状精度以及表面粗糙度要求，而且相互之间还具有一定的位置精度要求。

【学习目标】

通过本项目的学习，掌握钻孔的技巧；掌握车套类零件的一般原理与技巧。

【能力目标】

能加工套类零件。

钻孔

任务一的具体内容是，能熟练使用麻花钻。通过这一具体任务的实施，掌握麻花钻的使用特点。

知识点、能力点

（1）麻花钻的结构。

（2）钻孔时应注意的问题。

工作情景

用钻头在工件上加工孔的方法称为钻孔，钻孔通常在钻床或车床上进行，图 4-1 所示为车床上钻孔的方法。

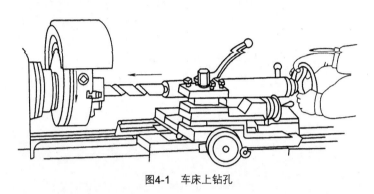

图4-1　车床上钻孔

任务分析

钻孔是使用钻头在实体材料上加工孔的方法，属于孔的粗加工，其尺寸精度为 IT12～IT10，表面粗糙度 Ra25～12.5μm。

相关知识

一、麻花钻

1. 麻花钻的结构

麻花钻是使用最广泛的一种孔加工刀具，不仅可以在一般材料上钻孔，经过修磨还可在一些难加工材料上钻孔。

麻花钻属于粗加工刀具，可达到的尺寸公差等级为 IT13～IT11，表面粗糙度 Ra 值为 25～12.5μm。麻花钻呈细长状，麻花钻的工作部分包括切削部分和导向部分。两个对称的、较深的螺旋槽用来形成切削刃和前角，并起着排屑和输送切削液的作用。沿螺旋槽边缘的两条棱边用于减小钻头与孔壁的摩擦面积。切削部分有两个主切削刃、两个副切削刃和一个横刃。横刃处有很大的负前角，主切削刃上各点前角、后角是变化的，钻心处前角接近 0°，甚至负值，对切削加工十分不利，如图 4-2 所示。

（1）工作部分。包括切削部分和导向部分。切削部分承担切削工作，导向部分的作用在于切削部分切入孔后起导向作用，也是切削部分的备磨部分。为了减小与孔壁的摩擦，一方面在导向圆柱面上只保留两个窄棱面，另一方面沿轴向做出每 100mm 长度上有 0.03～0.12mm 的倒锥度。为了提高钻头的刚度，工作部分两刃瓣间的钻心直径 d_c（$d_c \approx 0.125d_o$）沿轴向做出每 100mm 长度上有 1.4～1.8mm 的正锥度，如图 4-2（d）所示。

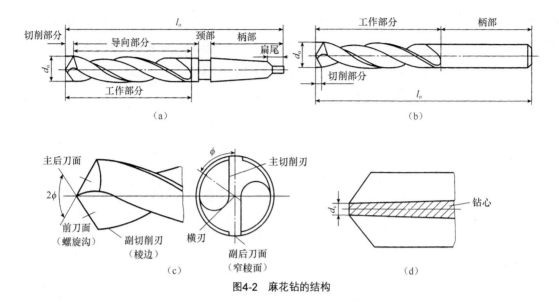

图4-2 麻花钻的结构

（2）柄部。钻头的夹持部分，用以与机床尾座孔配合并传递扭矩。柄部有直柄（小直径钻头）和锥柄之分。锥柄部末端还做有扁尾。

（3）颈部。位于工作部分与柄部之间，可供退刀时使用，也是打标记之处。为了制造上的方便，直柄钻头无颈部。

2. 麻花钻切削部分的组成

切削部分由两个前刀面、两个后刀面、两个副后刀面、两条主切削刃、两条副切削刃和一条横刃组成，如图4-2（c）所示。

（1）前刀面。即螺旋沟表面，是切屑流经表面、起容屑、排屑作用，需抛光以使排屑流畅。

（2）主后刀面。与加工表面相对，位于钻头前端，形状由刃磨方法决定，可为螺旋面、圆锥面或平面、手工刃磨的任意曲面。

（3）副后刀面。与已加工表面（孔壁）相对的钻头外圆柱面上的窄棱面。

（4）主切削刃。是前刀面（螺旋沟表面）与后刀面的交线，标准麻花钻主切削刃为直线（或近似直线）。

（5）副切削刃。是前刀面（螺旋沟表面）与副后刀面（窄棱面）的交线，即棱边。

（6）横刃。是两个（主）后刀面的交线，位于钻头的最前端，亦称钻尖。

3. 麻花钻切削部分的几何角度（见图4-3）

（1）螺旋角 β。螺旋角是钻头最外缘处螺旋线的切线与钻头轴线的夹角，如图4-3所示。

钻头不同直径处的螺旋角不同，外径处螺旋角最大，越接近中心螺旋角越小。增大螺旋角则前角增大，有利于排屑，但钻头刚度下降。标准麻花钻的螺旋角 $\beta=18°\sim38°$。黄铜、软青铜的螺旋角 $\beta=10°\sim17°$；轻合金、紫铜的螺旋角 $\beta=35°\sim40°$；高强度钢、铸铁的螺旋角 $\beta=10°\sim15°$。

（2）锋角（顶角）2ϕ。锋角是两主切削刃在与它们平行的平面上投影的夹角，如图4-3所示。

较小的锋角容易切入工件，轴向抗力较小，且使切削刃工作长度增加，有利于散热和提高刀具耐用度；若锋角过小，则钻头强度减弱，变形增加，钻头容易折断。因此，应根据工件材料的强度和硬度来刃磨合理的锋角，标准麻花钻的锋角 $2\phi=118°$，此时两条主切削刃呈直线；若磨出的锋角 $2\phi>118°$，则主切削刃呈凹形；若 $2\phi<118°$，则主切削刃呈凸形。

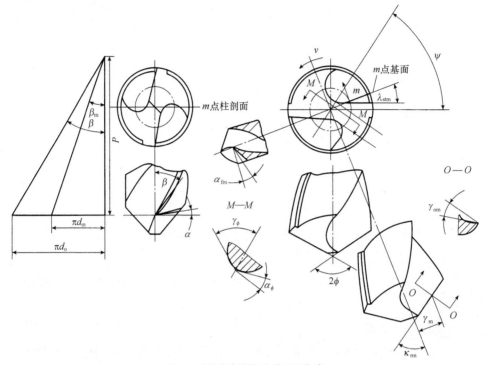

图4-3　麻花钻切削部分的几何角度

（3）前角 γ_{om}。前角是在正交平面内测量的前刀面与基面间的夹角，如图 4-3 所示。

由于钻头的前刀面是螺旋面，且各点处的基面和正交平面位置亦不相同，故主切削刃上各处的前角也是不相同的，前角的值由外缘向中心逐渐减小。在图样上，钻头的前角不予标注，而用螺旋角表示。

（4）后角 α_{fm}。后角是在假定工作平面内测量的切削平面与主后刀面之间的夹角，如图 4-3 所示。

钻头的后角是刃磨得到的，刃磨时要注意使其外缘处磨得小些（8°～10°），靠近钻心处要磨的大些（约 20°～30°）。这样刃磨的原因是可以使后角与主切削刃前角的变化相适应，使各点的楔角大致相等，从而达到其锋利程度，强度、耐用度相对平衡；其次能弥补由于钻头的轴向进给运动而使刀刃上各点实际工作后角减少一个该点的合成速度所产生的影响。

（5）主偏角 κ_{rm}。主偏角是主切削刃选定点 m 的切线在基面投影与进给方向的夹角，如图 4-3 所示。

麻花钻的基面是过切削刃选定点包含钻头轴线的平面。由于钻头主切削刃不通过轴心线，故主切削刃上各点基面不同，各点的主偏角也不同。当锋角磨出后，各点主偏角也随之确定。

（6）横刃斜角 ψ。横刃斜角是主切削刃与横刃在垂直于钻头轴线的平面上投影的夹角。当麻花钻后刀面磨出后，ψ 自然形成。横刃斜角 ψ 增大，则横刃长度和轴向抗力减小。标准麻花钻的横刃斜角约为 50°～55°。

二、钻孔注意事项

（1）起钻时进给量要小，待钻头头部全部进入工件后，才能正常钻削。

（2）钻钢件时，应加冷切液，防止因钻头发热而退火。

（3）钻小孔或钻较深孔时，由于铁屑不易排出，必须经常退出排屑，否则会因铁屑堵塞而使钻头"咬死"或折断。

（4）钻小孔时，车头转速应选择快些，钻头的直径越大，钻速应相应更慢。

（5）当钻头将要钻通工件时，由于钻头横刃首先钻出，因此轴向阻力大减，这时进给速度必须减慢，否则钻头容易被工件卡死，造成锥柄在床尾套筒内打滑而损坏锥柄和锥孔。

任务实施

按照如图 4-4 所示完成钻孔加工。

操作步骤：

（1）确定主轴转速 360r/min。

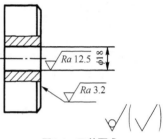

（2）开始时，使用较小的进给量，以免钻头摆动，当钻头切入工件后，使用正常进给量进给。

（3）随着钻头进给的深入，由于排屑和散热困难，要多次将钻头从孔中退出，使其充分冷却并排屑后，再继续钻孔。

图4-4　工件要求

（4）孔即将钻穿时，由于横刃先穿出，轴向阻力突然减小，这时必须降低进给速度，否则钻头容易被工件卡死。

任务完成结论

（1）钻头引向工件时动作不能过猛，以免钻头折断。

（2）钻深孔时切削不宜排出，必须经常退出钻头，以清除切削。

（3）钻钢料时必须有充分的冷却液注入孔内，不使钻头发热，但在钻铸铁和铜料时不必加冷却液。

（4）在钻头将要把孔钻穿时，因为横刃不参加工作，所以切削轴向抗力很小，这时觉得手柄很轻因而摇得很快使进刀量增大，以至损坏钻头。

课堂训练与测评

每人按照图 4-4 所示完成一根课题料的加工。

知识拓展

麻花钻的刃磨

（1）用右手握住钻头前端作为支点，左手紧握钻头柄部，将钻头主切削刃放平，并置于砂轮中心平面以上，使钻头轴线与砂轮圆周素线间夹角约为顶角的一半，即 $\kappa_r = 59°$。同时钻尾向下倾斜，如图 4-5 所示。

（2）以钻头前支点为圆心，左手握住刀柄缓慢上下摆动并略作转动，磨出主切削刃和后刀面，如图 4-6 所示。

（3）将钻头转过 180°，使用相同的方法磨出另一条主切削刃和后刀面。

（4）交替刃磨两条切削刃，一边刃磨一边检查，直到达到要求为止。

（5）按照需要修磨横刃，将横刃磨短，将钻心处的前角磨大。通常情况下，5mm 以上的钻头需要将横刃磨短至原长的 1/5～1/3。一般，工件越软，将横刃修磨得越短。

（6）当钻头直径较大时，可以根据需要在钻头上开分屑槽。分屑槽可以用砂轮周边磨出，左右两侧的分屑槽应该相互错开，如图 4-7 所示。

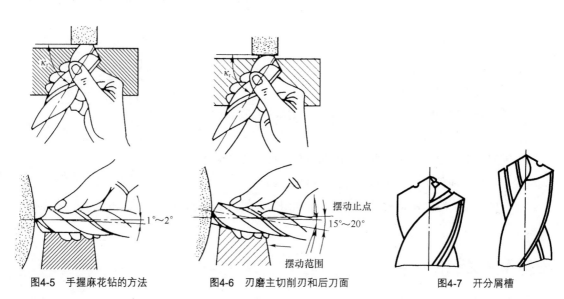

图4-5 手握麻花钻的方法　　　　图4-6 刃磨主切削刃和后刀面　　　　图4-7 开分屑槽

镗孔

任务二的具体内容是，能熟练把孔加工到合格的尺寸。通过这一具体任务的实施，能把孔加工到图纸的要求。

知识点、能力点

（1）镗孔刀。

（2）镗孔时产生的废品原因及预防方法。

工作情景

在车床上对工件的孔进行车削的方法叫镗孔（又叫车孔），零件上铸出的孔、锻出的孔或用钻头钻出的孔，为了达到要求的尺寸精度和粗糙度，常在车床上进行镗孔加工。

任务分析

在单件、小批量生产中，IT7～IT9 级精度的孔，在车床上经过粗、精镗即可达到。在成批、大量生产中，镗孔常作为车床上铰孔或滚压加工前的半精加工工序。对大孔来说，镗孔往往是唯一的加工方法。

相关知识

一、镗孔

镗孔分为镗通孔和镗不通孔，如图 4-8 所示。镗通孔基本上与车外圆相同，只是进刀和退刀方向相反。粗镗和精镗内孔时也要进行试切和试测，其方法与车外圆相同。注意通孔镗刀的主偏角为 45°～75°，不通孔车刀主偏角为大于 90°。

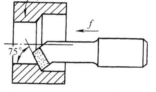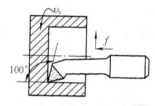

　　（a）镗通孔　　　　　　　（b）镗不通孔

图4-8 镗孔

二、镗刀的安装

镗刀的刀尖应对准工件的中心，但在精车时可略为装高一点，以防镗孔受力而扎刀。粗车时可略低些，使工作前角增大便于切削顺利，刀杆要与走刀方向平行，不能伸的太长以防振动。

三、镗孔时切削用量的选择

因镗孔刀的刀杆细长强度较低，所以镗孔时的走刀量、吃刀深度，都要小些。切削速度也要低些，尤其是不通孔更要小些。

任务实施

按照如图 4-9 所示完成钻孔加工。

操作步骤：

（1）粗镗内孔。

① 启动车床前，将镗刀深入孔内，使刀头略超出孔的另一端，然后观察刀柄或刀架是否会碰到工件。如果碰到，则需要重新安装镗刀。

② 摇回镗刀，当刀尖接触到孔表面时，将中拖板刻度对准"0"位。

③ 按照 0.5mm/r 横向进刀，试切 2mm 深度后退刀，用游标卡尺测量孔径。

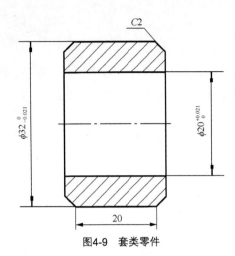

图4-9　套类零件

④ 将孔径镗至 ϕ19.5mm，留下 0.5mm 作为精镗余量。

（2）精镗内孔。

① 取主轴转速 n=530r/min。

② 进给量取 f=0.08～0.15mm/r。

③ 精镗内孔 ϕ20mm 至尺寸。

（3）孔口倒角。

（4）切断。

（5）平端面，孔口倒角。合格后将其卸下。

任务完成结论

（1）镗孔时，中拖板进刀和退刀方向与车外圆时相反。

（2）精镗内孔时，应保持切削刃锋利，否则容易导致让刀现象，镗出锥孔。

课堂训练与测评

每人按照图 4-9 完成一根课题料的加工。

知识拓展

镗孔时产生的废品原因及预防方法

（1）内孔没车圆的原因

① 加工余量不够。

② 工件没有根据内孔找正。

③ 毛坯孔偏的太大。

预防：

① 检查毛坯尺寸。

② 根据外圆找正。

③ 检查毛坯孔是否偏。

（2）孔径尺寸不对的原因

① 看错尺寸。

② 没有准确的掌握吃刀深度。

③ 因刀杆太细，强度低，刚性差产生让刀。

预防：

① 仔细看清图纸。

② 试刀车削。

③ 选择粗壮的刀杆。

（3）镗出的孔有锥度的原因

车床导轨与主轴中心线不平行。

预防：

维修机床。

（4）镗出的孔不圆的原因

工件卡的太紧（薄壁工件）。

预防：

采取合理的工艺手段。

项目五

| 螺纹加工 |

【项目描述】

螺纹的加工方法主要有车削、铣削、攻丝、套扣、磨削、研磨和旋风切削等，按照加工性质螺纹车刀属于成型刀具加工，其刀尖角应等于螺纹牙形角。在通过螺纹轴线的剖面上，牙型断面呈三角形的叫三角螺纹，牙型断面呈梯形的叫梯形螺纹。

【学习目标】

通过本目标的学习学生可以巩固过去所学过的技能知识，同时还要进一步掌握新的技能要领，提高对端面、外圆、切槽、镗孔的精度要求，学习掌握外螺纹、内螺纹以及梯形螺纹的加工方法，经过实训的练习要掌握简单的加工工艺安排提高基本的操作水平。

【能力目标】

通过螺纹车削的技能练习以巩固基本操作技能水平，提高加工相对复杂零件的技术能力，专用量具的使用及螺纹的测量要求和测量方法。

任务一 螺纹概念及对相关知识了解

任务一的具体内容是，螺纹的形成，螺纹的种类、各部名称及各部位的尺寸计算和要求。

知识点、能力点

（1）螺纹的种类。

（2）各类螺纹的形状。

（3）左右旋螺纹的区分。

（4）螺纹各部尺寸的计算。

工作情景

螺纹零件在各种机械产品中应用十分广泛。主要用作部件联接、紧固、传递动力等作用。由于用途不同，它们的加工方法也不一样，但在一般生产中，多采用机械加工中车削方法加工。

任务分析

了解和掌握螺纹的基本知识是对车加工练习的的基本要求，也是对以后在螺纹加工不可缺少的基础知识，只有掌握了这些基础知识才能在螺纹车削练习中取得更好的效果，在短时期快速掌握螺纹车削基本技能。

相关知识

一、螺纹的形成

形成螺纹的基线叫螺旋线。在一个圆柱体上饶以直三角形 ABC，底边 AB 与圆柱底部的圆周长度相等，斜边 AC 便在圆柱表面上形成一条曲线，这条曲线就叫做螺旋线。螺旋线转一周升高的距离，叫做螺旋线的导程即 BC 的长度，AC、AB 边所夹的角（φ）叫螺旋升角。

车工螺纹的形成是由等角速旋转的圆柱体工件和沿工件轴线等速直线移动的刀具的复合运动而形成的，如图 5-1 所示。

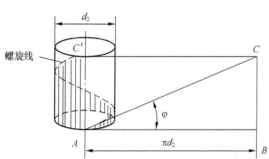
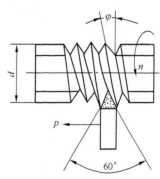

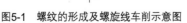
图5-1 螺纹的形成及螺旋线车削示意图

车加工的螺旋线是由直线等距运动的螺纹车刀，在同一轴心旋转的圆柱体表面切削形成的，若把形成的螺旋线切深，车成三角形状，这样的螺纹叫三角螺纹。螺纹的种类很多，用途较广泛，各类螺纹的轴向剖面形状，如图 5-2 所示。

螺纹根据螺旋方向不同，分为右螺纹和左螺纹两种，右螺纹应用最多。螺旋线向右上升的螺纹（即顺时针旋转旋入的螺纹）称为右旋螺纹，简称为正扣螺纹。螺旋线向左上升的螺纹（即逆时针旋转时旋入的螺纹）称为左旋螺纹，简称为反扣螺纹，如图 5-3 所示。

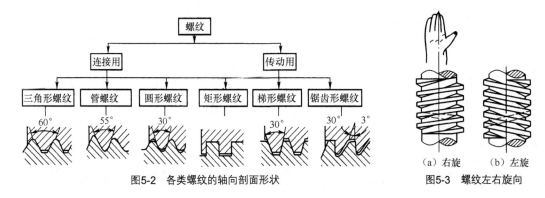

图5-2　各类螺纹的轴向剖面形状

图5-3　螺纹左右旋向

（a）右旋　（b）左旋

二、螺纹的种类

螺纹的种类很多，按照螺纹剖面形状来分，主要有四种：

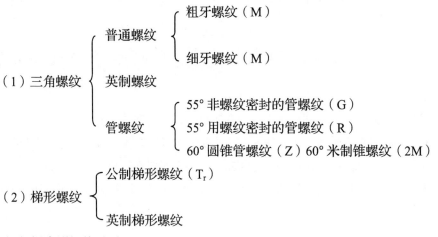

（1）三角螺纹
- 普通螺纹
  - 粗牙螺纹（M）
  - 细牙螺纹（M）
- 英制螺纹
- 管螺纹
  - 55° 非螺纹密封的管螺纹（G）
  - 55° 用螺纹密封的管螺纹（R）
  - 60° 圆锥管螺纹（Z）60° 米制锥螺纹（2M）

（2）梯形螺纹
- 公制梯形螺纹（T_r）
- 英制梯形螺纹

（3）锯齿形螺纹（S）

（4）矩形螺纹、平面螺纹等非标准螺纹。

任务实施

一、螺纹各部名称及相互关系

螺纹各部分名称，如图 5-4 所示。

（1）外径（d）螺纹最大直径，即公称直径。

（2）内径（d_1）螺纹的最小直径。

（3）中经（d_2）螺纹的平均直径，在这个直径上牙宽与牙间相等。

（4）螺纹工作高度（h）螺纹顶点到根部的垂直距离。

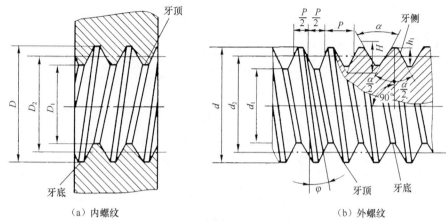

图5-4　螺纹的各部分名称

（5）螺纹的剖面角（α）在螺纹剖面上两侧面所夹的角。

（6）螺距（P）相邻两牙对应两点间的轴向距离。

二、各部位相互关系

（1）螺纹大径（d 或 D）：与外螺纹牙顶或内螺纹牙底相重合的假想圆柱的直径，称为大径。

（2）螺纹小径（d_1 或 D_1）：与外螺纹牙底或内螺纹牙顶相重合的假想圆柱的直径，称为小径。

（3）螺纹中径（d_2 或 D_2）：是一个假想圆柱的直径，该圆柱的母线通过牙型上沟槽和凸起宽度相等的地方。

（4）螺距（P）：是指相邻两牙在中径线上对应两点间的轴向距离。

（5）导程（L）：是指在同一条螺旋线上，相邻两牙在中径线上对应两点间的轴向距离。对于单头螺纹，导程等于螺距；对于多头螺纹，导程等于螺距和螺纹线数（n）的乘积，即 $L=n \cdot P$（mm）。

（6）螺纹升角（ψ）：在中径圆柱上螺旋线的切线与垂直于螺纹轴线的平面间的夹角，称为螺纹升角。

（7）牙型角（α）：是指在螺纹牙型上，相邻两牙侧间的夹角。

任务完成结论

通过相关知识的学习和基本任务的实施，对螺纹的基本轮廓和基本形状有了初步的了解，同时也对螺纹的各部名称及各部位之间的相互关系有了基本的认识，这样对于后边的技能训练和技能操作打下了基础，使得在以后的练习中能够更快更好的掌握要学习的操作要领。

课堂训练与测评

尺寸计算

1. 普通螺纹

（1）普通螺纹的基本牙形，如图 5-5 所示。

（2）尺寸计算。

（a）牙型角 $\alpha=60°$。

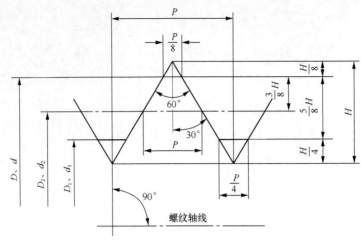

图5-5　普通螺纹的基本牙形

（b）原始三角形高度，$H=0.866P$。

（c）牙型高度 $h=0.5413P$。

（d）大径 $d=D$（公称直径）。

（e）中经 $d_2=d-0.6495P$。

（f）小径 $d_1=d-1.0825P$。

2. 梯形螺纹

（1）梯形螺纹的基本牙形，如图 5-6 所示。

（2）尺寸计算

（a）牙型角：$\alpha=30°$。

（b）螺距 P：由螺纹标准确定。

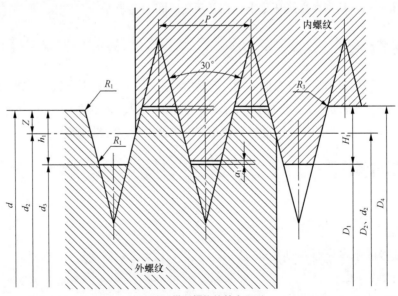

图5-6　梯形螺纹的基本牙形

（c）工作高度 H 由螺纹标准确定。

（d）牙底宽度 F（f）：由螺纹标准确定。

（e）牙底圆角半径值，如下表所示。

P	2～4	5～12	16～48
r	0.2	0.3	0.5

（f）牙顶间隙 a_c 值，如下表所示。

P	1.5～5	6～12	14～44
a_c	0.25	0.5	1

（3）外螺纹：

大径 d：$d=M$　　　　　　　　　中径 d_2：$d_2=d-0.5P$

小径 d_3：$d_3=d-2h_3$　　　　　　牙高 h_3：$h_3=0.5P+a_c$

（4）内螺纹：

大径 D_4：$D_4=d+2a_c$　　　　　　中径 D_2：$D_2=d_2$

小径 D_1：$D_1=d-P$　　　　　　　牙高 H_4：$H_4=h_3$

任务二　螺纹刀的角度及刃磨

任务二的具体内容是，了解粗精螺纹车刀的角度区别，了解螺纹车刀前角大小对螺纹牙型角的影响，了解螺纹车刀左右两侧副后面角度的区别。掌握螺纹车刀各角度及其作用，能够正确地刃磨螺纹车刀和正确用车刀样板测量刀尖角。通过此项任务的实施，能够刃磨出合格的螺纹车刀。

知识点、能力点

（1）根据工件要求合理选用刀具材料。

（2）螺纹车刀刃磨要求。

（3）螺纹车刀各角度的作用。

（4）螺纹车刀的刃磨及测量。

工作情景

螺纹车刀的几何角度是车刀的关键所在，螺纹车刀角度刃磨好与不好会直接影响到螺纹加工的粗糙度、精度及综合质量等问题，在砂轮机上刃磨时一定要注意刀杆与砂轮机的夹角，以及刃磨时的动作要领，同时要随时观察和调整刃磨角度的正确与否，并用磨刀样板测量刀尖角的大小要求。

任务分析

螺纹的车削是车加工经常遇到的加工零件，熟练掌握螺纹车刀角度及刃磨是练习螺纹车削最基本的条件之一，同时还要在磨刀练习中可根据不同的切削要求选择合适的车刀和几何角度的磨削方法，通过螺纹车刀的刃磨练习，可对其他一些刀具刃磨起到巩固和提高的作用。

相关知识

按照加工性质螺纹车刀属于成型刀具，其刀尖角应等于螺纹牙形角通过螺纹轴线的剖面螺纹牙形呈三角形的，称为三角螺纹。三角螺纹车刀有外螺纹车刀和内螺纹车刀两种。车削螺纹时合理选用刀具材料，正确刃磨车刀，对加工质量和降低成本及生产效率都有很大的影响，因此刀具是生产中重要的根本保证。

1. 螺纹车刀的材料

常用的螺纹车刀材料有高速钢和硬质合金两种：

（1）高速钢（又称锋钢或白钢）螺纹刀，牌号 W18Cr4V。高速钢螺纹车刀其优点是，刃磨方便，容易磨得锋利，而且韧性较好，刀尖不易崩裂，车出的螺纹表面粗糙度值较低。但高速钢的缺点是耐热性较差，高温下易磨损，刃磨时容易退火。因此只适用于低速车削螺纹或精车螺纹。

（2）硬质合金螺纹车刀的硬度高，耐热耐磨性好，但韧性较差，刃磨时容易崩刃，一般在高速车削螺纹时使用。不同材质的硬质合金车刀适应于车不同的材料螺纹，一般车脆性材料（如铸铁）螺纹时用 YG6 牌号硬质合金螺纹车刀，车塑性材料（如中碳钢）螺纹时用 YT15 牌号硬质合金螺纹车刀。

2. 螺纹车刀的几何参数

螺纹车刀的刀尖角 ε_r 应等于牙型角。普通三角螺纹 $\varepsilon_r=60°$，英制三角螺纹 $\varepsilon_r=55°$。

螺纹车刀的纵向前角 γ 应该等于 0°，但由于受螺纹升角的影响，如果螺纹车刀纵向前角都为 0°，则工作前角为负值，这样不利于切削，排屑困难，所以一般取纵向前角为 5°～15°。又因为螺纹车刀的径向前角对牙型角有较大的影响，所以对于精度要求较高的螺纹纵向前角取小一些，为 0°～5°。螺纹车刀后角一般取 5°～10°，因受螺纹升角的影响两侧面后角应有所不同，车右旋螺纹时左侧的后角应大一些，右侧的后角应小一些，车左旋螺纹时情况相反。但对于大直径或小螺距的三角螺纹，螺旋升角的影响很小，可以忽略不计。

3. 螺纹车刀前角对牙形角的影响

螺纹车刀如果具有径向前角则切削顺利，但有了径向前角又会影响牙型的准确性。因此对精度要求不高的螺纹可采用带径向前角的车刀，但精度要求较高的螺纹，车刀的径向前角最好为 0°。为使切削顺利和保证螺纹的加工质量，精车螺纹时也可采用带径向前角的螺纹车刀，如图 5-7 所示。

通过图 5-7 我们可以看出，如果采用有前角的螺纹车刀，它的刀尖角磨成 60°，则车出螺纹的牙形角要大于 60°。

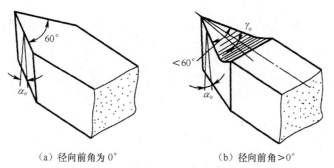

（a）径向前角为 0°　　　　　　（b）径向前角 > 0°

图5-7　螺纹车刀上的径向前角

一般在生产中我们可以通过公式计算出刀尖角的修磨角度：

$$\tan\frac{\varepsilon_r}{2}=\tan\frac{\alpha}{2}\cos\gamma_p$$

若 $\gamma_p < 12°$ 时，可采用近似的公式计算：

$$\varepsilon_r \approx \alpha \times \cos\gamma_p$$

例 5-1　车普通螺纹时，车刀磨有 $\gamma_p = 15°$ 的径向前角，求车刀刀尖角修正后的度数。

解： $\tan\dfrac{\varepsilon_r}{2} \approx \tan\dfrac{\alpha}{2}\cos\gamma_p = \tan\dfrac{60}{2}\times\cos15°$

　　　　$=0.5774\times0.9659=0.5577$

　　　　$\dfrac{\varepsilon_r}{2}=29°\ 09'$，$\varepsilon_r = 58°\ 18'$

磨有径向前角的螺纹车刀尽管刀尖角经过修正，但车刀直线刀刃所在的平面延伸出去已不通过螺纹中心，所以螺纹轴向剖面内的牙型两侧边为曲线。前角越大，牙型直线性越差。牙型的这一误差对于精度要求不高的螺纹是可以忽略的，但对于精密螺纹一般是不允许的。如果精车精度要求高的螺纹时，径向前角可取 0°～5°。

螺纹车刀的刀头材料，可用高速钢或硬质合金。高速钢螺纹车刀刃磨比较方便，容易得到比较锋利的刃口，韧性好，刀尖不易崩裂，故常用于钢件螺纹的精加工。前角一般取 5°～10° 两侧刃后角取 6°～8°，如图 5-8 所示。

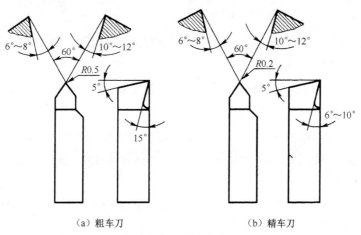

（a）粗车刀　　　　　　　　　（b）精车刀

图5-8　高速钢外螺纹车刀

硬质合金螺纹车刀刃磨时容易崩裂，车削时怕冲击和振动，所以在低速切削螺纹时用得较少，而多用于高速切削螺纹，其前角为 0°，两侧刃后角取 4°～6°。

任务实施

1. 三角螺纹车刀的刃磨要求

车刀刃磨要求主要有以下几点。

（1）根据粗精车的要求，刃磨出合理的前角和后角（一般粗车螺纹刀前角磨大一些，使刀刃锋利，精车螺纹刀前角磨小一些，减小对牙型角的影响）刃磨角度时可参照前面磨刀方法进行角度刃磨。

（2）车刀的左右两条刀刃必须平直，且无崩刃、豁口等缺陷。

（3）刀尖角等于牙型角，而且刀尖必须平直，不能歪斜。

2. 三角螺纹车刀的刃磨及检测方法

车刀刃磨通常是手工刃磨，这种刃磨方法比较灵活对磨刀设备要求较低，也是车工技能学习的基础，因此必须掌握手工刃磨的基本技能。

（1）刃磨一般步骤。现以高速钢螺纹车刀为例。

① 磨左侧后面。按左侧后角要求，使刀杆偏斜 30° 刀头上翘 6°～8° 使侧后面自下而上慢慢接触砂轮进行刃磨。

② 磨右侧后面。按右侧后角要求使刀杆偏斜 30° 刀头上翘 8°～10° 使侧后面自下而上慢慢接触砂轮进行刃磨。

③ 磨前刀面按前角要求使刀杆水平于砂轮轴线刀杆尾部向砂轮内侧倾斜一定角度（按粗精车螺纹刀而定）使前刀面自下而上慢慢接触砂轮进行刃磨。

④ 磨刀尖过度刃，刀尖上翘使过渡刃处形成后角，然后左右移动或左右摆动进行刃磨，车刀在砂轮上刃磨后还要用油石加机油将各面磨光，以使车刀增加耐用度和降低被加工零件的粗糙度。

（2）检测方法。

为了保证螺纹刀的刀尖角与牙型角一致，一般用螺纹车刀样板来检测螺纹车刀刃磨角度是否正确，这种检测方法简单方便。

① 将磨好的螺纹车刀刀尖与样板角度槽贴紧，对准光源仔细观察两侧缝隙，并根据透光情况修磨刀尖角，保证刀尖角与样板角度槽贴严密。

② 对于具有径向前角的螺纹车刀，必须用较厚的螺纹车刀样板来检测刀尖角，如图 5-9 所示。

③ 检测时样板应和螺纹车刀底面平行后，再用透光法进行检查，这样测出来的刀尖角近似于牙型角，如图 5-9（a）所示。

④ 检测时要特别注意，不能将螺纹车刀样板与螺纹车刀切削刃平行，这样测出来的刀尖角不正确，如图 5-9（b）所示。

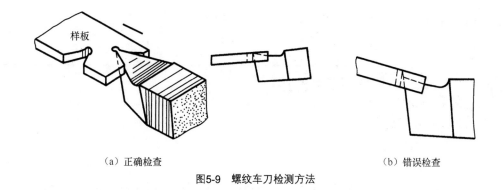

（a）正确检查 （b）错误检查

图5-9 螺纹车刀检测方法

任务完成结论

通过任务的实施过程，使同学们对刀具的材料，刀具的几何角度都有了初步的了解和认识，基本掌握了螺纹车刀粗精刃磨的要领，对螺纹刀的刃磨练习打下了有力的基础。

课堂练习与测评

车刀刃磨练习及刃磨中的注意事项

1. 螺纹车刀刃磨练习

（1）准备两把白钢车刀刀坯，一把内螺纹、一把外螺纹。

（2）按螺纹车刀刃磨步骤粗磨主、副后刀面角度要正确。

（3）初步磨成要求的螺纹车刀的基本外形。

（4）按图示和要求粗、精磨前刀面，磨出合格的前角。

（5）精磨主、副后刀面，用三角螺纹车刀样板检查车刀刀尖角。

（6）修整刀尖角，并磨刀尖过渡刃，一般宽度为 $0.1 \times p$（螺距）

（7）车刀磨好后用油石研磨前后刀面。

2. 注意事项

（1）刃磨时两手稳握车刀，使握刀杆的手靠在支架上，将要磨的面贴近砂轮，切勿用力过猛，以免挤碎砂轮造成事故。

（2）新安装的砂轮必须严格检查，经过试运转后方可使用，刃磨刀刃时要使用砂轮圆周面，并将车刀左右移动，使砂轮磨耗均匀不产生沟槽，严禁在砂轮两侧面粗磨车刀，以致使砂轮受力偏摆、跳动，甚至破碎。

（3）刀在磨热时即时将沾水冷却，以免刀因温升过高导致退火。但磨硬质合金车刀时不应沾水，以免产生裂纹。

（4）磨车刀时人不要站在砂轮正面，以免砂轮破碎时伤及人身。

（5）必须要根据车刀材料来选择砂轮种类，否则将达不到良好的刃磨效果。不允许在砂轮上磨有色金属和非金属材料，以免堵塞砂轮。

（6）磨刀结束后要随手关闭砂轮电源。

螺纹加工

任务三的具体内容是，车削螺纹前对车床调整要求，螺纹车刀的安装方法及安装要求，空车练习螺纹车削的要领，对螺纹车削中的要求和方法，三角外螺纹的车削步骤，中途换刀的方法和步骤，在车床上用板牙加工螺纹的方法及要求，板牙套扣工具的结构及用法。

知识点、能力点

（1）熟练掌握车不同螺距螺纹时挂轮及手柄的调整方法。

（2）掌握三角外螺纹加工方法和步骤。

（3）掌握螺纹车削中问题的解决方法。

（4）掌握中途换刀的方法和要求。

（5）掌握用板牙工具的套丝方法。

工作情景

螺纹车削练习时要求精神要集中，动作要协调，要控制好主轴转数、走刀的速度和吃刀深度，防止崩刀和扎刀现象，螺纹车削中要注意开合螺母的操作要领，开合一定要开合到位，不然很容易使螺纹乱扣。

任务分析

螺纹车削在车加工中不论是对车刀的刃磨，还是对机床的操作技能都有相对细致和严格的要求，要求对所用机床性能要掌握了解、操作熟练、动作协调，因为一旦操作失误会导致工件、刀具和设备的损坏。

任务实施

一、车削三角形外螺纹

1. 螺纹车刀的选择与安装

选择螺纹车刀，主要是选择刀具材料、形状和角度参数。我们根据要加工零件的材料及精度要求选用合适的刀具，高速钢车刀适用于加工塑性材料 一般用于低速车削或者精车。硬质合金车刀适用于车削脆性材料（如铸铁）或高速切削塑性材料。在粗车时，螺纹车刀的径向前角取 $15°\sim20°$ ；精车时取 $5°\sim10°$ 。

螺纹车刀必须正确安装才能加工出符合精度要求的三角螺纹。因此装刀时，刀尖角平分线必须和工件轴线垂直。如果车刀装歪，则牙型半角就会不对称，如图5-10所示。

为了减少装刀时出现歪斜，一定要用对刀样板对刀。如图5-11所示装刀时刀尖高度必须对准工件的旋转中心，否则会使车刀角度产生误差。同时为保证刀杆的刚性，刀头伸出不宜过长，一般伸出长度取20～25mm（约为刀杆厚度的1.5～2倍）。

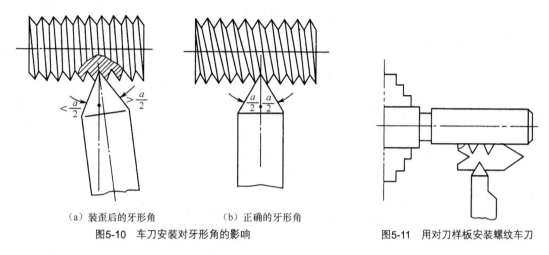

（a）装歪后的牙形角　　　（b）正确的牙形角

图5-10　车刀安装对牙形角的影响　　　　图5-11　用对刀样板安装螺纹车刀

2. 车床的调整

为了能顺利的加工出符合图纸的螺纹，在车削螺纹前必须对车床进行必要的调整。

（1）对挂轮箱和进给箱的调整。在车削螺纹时，车床主轴转动和车刀移动之间必须保证严格的传动比，即工件每转一周，车刀纵向移动量必须等于待车削螺纹的一个导程。在现在的车床上车削螺纹时，一般按标牌上标注的交换齿轮齿数和手柄位置，进行变换和调整即可。

（2）托板的调整。对中小托板和大托板的间隙要适当调整。间隙不能太紧或太松。太紧摇动时吃力，操作不灵便，太松则易扎刀。

（3）对主轴的调整。调整主轴轴向窜动和径向跳动量。选择主轴转速，一是要考虑车削螺纹时的车削速度，二是要考虑进给速度快慢。最初训练时主轴转速要低些，进给速度要慢一些，保证操作安全。

3. 熟练掌握螺纹车削的动作要领

在车螺纹之前我们要练习车螺纹的动作要领，熟练掌握后再进行实际的车削。螺纹车削的操作方法有两种，一种是提开合螺母控制走刀，一种是开倒顺车来控制走刀。提开合螺母法是当车刀走到头后，迅速退刀，然后提开合螺母。其用于车削车床丝杠的螺距是工件导程的整数倍的螺纹。如果丝杠螺距和工件导程不是整数倍的关系时，则必须用开倒顺车的方法法。即在一次进给结束后，立即横向退刀不提起开合母，而开倒车（主轴反转），使车刀纵向退回第一刀的起始位置。然后使中托板进刀，再开顺车走第二刀，直到把螺纹车好为止，这样可保证工件车削时螺纹不会乱扣。

车削螺纹之前，空刀练习的步骤和方法：

（1）选 $\phi30\times100$mm 棒料一根 45#。

（2）将棒料装夹三爪卡盘上探出卡盘 70mm 找正后夹紧。

（3）刀台装 45° 外圆刀平端面、车外圆 $\phi28\times60$mm 长、端头倒棱。

（4）选主轴转速 100～200r/min.或再慢一点，螺纹调整手柄选择螺距为 2mm。

（5）装好螺纹车刀，用螺纹车刀刀尖在工件外圆长 50mm 处扎 0.2mm 深，浅槽做标记，如图 5-12 所示。

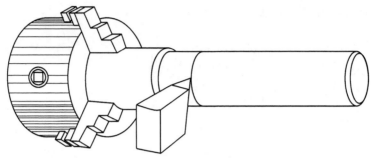

图5-12　用刀尖扎浅槽做标记

（6）将螺纹车刀刀尖对至到距工件外圆 1mm 后，记住中托板刻度盘读数，摇动大托板将刀尖摇出离工件端面约 20mm 处。

（7）开启车床，左手摇动大托板手轮将刀尖摇至离工件端面约 4～5mm 处，用右手合上开合螺母使车刀纵向运行。

（8）当刀尖运行到标记处时，左手摇动中拖板首轮退刀的同时右手打开开合螺母或开倒顺车，两个动作一定要协调一致。

（9）摇动大托板将刀退回原离工件端面约 20mm 处，调整中托板刻度盘使刀尖离工件外圆表面 1mm 后，启动车床重复以上步骤，反复练习直到熟练为止。

（10）在车无退刀槽螺纹时车至螺纹终止线时退刀，无论提开合螺母或是开倒顺车都要注意，螺纹收尾应在 2/3 圈内。

4. 三角外螺纹的车削步骤及方法

车外螺纹前，螺纹外径应比公称尺寸小 0.20～0.40mm（约 0.13P），以保证车好螺纹后，牙顶处有 0.125P 的宽度（P 是工件螺距）。切记要用螺纹车刀在工件端面上倒角至螺纹小径或小于螺纹小径。车削螺纹时，一般都选用高速钢螺纹车刀，分别用粗车、精车两次车削，如果螺纹精度要求不高，粗车刀和精车刀可以不分，一次车削完成。

（1）三角螺纹车削步骤。

① 粗车螺纹。首先正确安装螺纹车刀。启动车床，进行对刀，刀对好后，按下开合螺母，用正车进行第一次走刀，第一次走刀时吃刀深度不宜太深，切出螺纹线。这时用钢尺或螺距规检验螺距，如果螺距符合要求时，可以增加吃刀深度，按第一次走刀方法继续车削，直至留有 0.2mm 精车余量为止。

② 精车螺纹。精车螺纹的方法基本上与粗车相同。若换装了精车刀，在车第一刀时，必须先对刀，使刀尖对准工件上已切出的螺纹槽中心，然后再开始车削。车削螺纹的具体操作过程，可参照图的顺序进行，如图 5-13 所示。

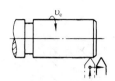
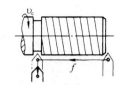
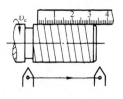

（a）开车，使车刀与工件轻微接触，记下　（b）合上开合螺母，在工件表面上车　（c）开反车把车刀退到工件右端，停车，
　　　度盘读数，向右退出车刀　　　　　　　　出一条螺旋线，横向退出车刀　　　　　用钢直尺检查螺距是否正确

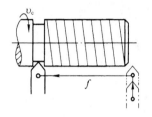
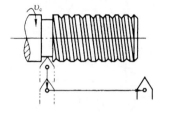
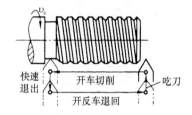

（d）利用度盘调整背吃刀量，进行切削　（e）车刀将至行程终了时，应做好退刀　（f）再次横向吃刀，继续切削，其切
　　　　　　　　　　　　　　　　　　　　停车准备，先快速退出车刀，然后　　　削过程的路线如图所示
　　　　　　　　　　　　　　　　　　　　开反车退回刀架

图5-13　三角螺纹切削步骤

（2）车削螺纹的几种方法。

① 直进切削法（见图 5-14（a））。车螺纹过程中，车刀在每次往复行程后，只利用中拖板作横向进刀，但随着螺纹切削深度的增加进刀量相应减小，在几个行程后，把螺纹车到所要求的精度和表面粗糙度，这种方法叫直进车削法。用直进法车削螺纹操作简单。可以得到比较正确的螺纹牙形，但车刀两切削刃同时参加切削，刀尖容易磨损，螺纹不易车光，并且容易产生扎刀现象，因此只宜用于较小螺距（$P<1.5mm$）三角形螺纹的车削。

② 左右切削法（见图 5-14（b））。车削螺纹过程中，车刀在每次往复行程后，除了用中拖板作横向进刀外，同时使用小拖板把车刀向左、右作微量进给（俗称借刀），这样重复切削几个行程，直至螺纹牙形全部车好为止。这种方法叫做左右切削法。车削时，车刀向左右的进给量，由小拖板刻度盘控制。

③ 斜进切削法（见图 5-14（c））。在粗车螺纹时，为了操作方便，车刀在每次往复行程后，除中拖板进给外，小拖板只向一个方向进给，这种方法叫做斜进切削法。但在精车时，必须用左右切削法才能使螺纹的两侧面都获得较小的表面粗糙度。

在实际工作中可根据工件的性质我们采用不同的切削进刀方式来进行加工。螺距较小时，可用直进法。粗车较大螺距螺纹时，可用斜进法或左右切削法，用左右车削法或斜进法车削螺纹时，注意留精车余量（一般留 0.2～0.3mm）。为保证较小的表面粗糙度值，精车时常采用先车光螺纹的一侧，然后再车削另一侧，最后把车刀移至中间把牙底车光（即清底）的方法。

精车时应选用较低的切削速度（$v<5m/min$）和较小的吃刀量一般小于 0.05mm，并注意加润滑液。在实际生产中，可以通过观察法控制背吃刀量。当排出的切屑很薄（像锡箔一样）时，车出的螺纹表现粗糙度值一定很小。

左右车削法或斜进法车削螺纹，由于车刀是单面吃刀，所以不容易"扎刀"。但应注意在左右进给时借刀量不能太大，以免将螺纹车乱或牙顶车尖。它适用于低速切削塑性材料，螺距 $P>2mm$ 的螺纹。

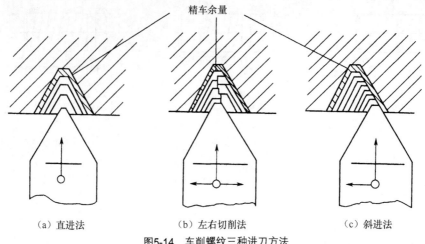

（a）直进法　　　　　　（b）左右切削法　　　　　　（c）斜进法

图5-14　车削螺纹三种进刀方法

5. 中途对刀的方法

在车削螺纹的过程中，如中途换刀或者车刀刃磨后再安装时，不能直接进行螺纹车削，必须先进行对刀，对刀的具体步骤如下。

（1）将螺纹刀装到刀台上后，摇动大托板和中托板使刀尖移入其中一个牙中。

（2）松开刀台锁紧手柄轻摇中拖板让刀尖与牙形角相吻合后，摇动中托板使刀退离牙槽。

（3）将刀台锁紧手柄锁紧，然后再摇动中托板复查刀尖有没有变化。直到刀尖与牙形相吻合为止。

（4）退刀合上开合螺母，用中、小托板控制车刀让车刀尖对准牙槽中间，但不要让刀尖接触工件。

（5）开车观察刀尖是否在牙槽中间，然后慢摇中、小托板让刀尖轻轻接触牙槽观察刀尖两侧与牙槽两侧接触均匀即可，刀对正后开始车削。

6. 螺纹吃刀深度的计算：

加工螺纹时，总的吃刀量可用下面的公式计算

$$\alpha_p=0.65P$$

式中，α_p——总的吃刀深度，mm；

P——螺纹的螺距，mm。

例5-2　用 C6132 型车床车削 M24 铸铁螺纹，总的吃刀深度是多少？中托板应转多少格？

解：M24 螺纹螺距为 P=3mm

$$\alpha_p=0.65P=0.65×3=1.95mm$$

C6132 车床中托板每格 0.025 mm，所以

$$1.95÷0.025=78 \text{ 格}$$

因此，中托板刻度盘以"0"位开始横向进刀，应转过 78 格。

7. 高速车削外螺纹

（1）车刀的选择和安装。高速切削螺纹时，通常选用 YT15 硬质合金螺纹车刀，其角度参数如图 5-15 所示。车刀的前后刀面要经过精细研磨。当加工螺距 P>2mm 以及材料硬度较高的螺纹时，

在车刀两主刀刃上要磨出 0.2～0.4mm 宽，前角约为-5° 的倒棱。

在安装车刀时，除符合螺纹车刀的安装要求外，还要防止振动和"扎刀"。因此，刀尖应略高于工件中心，一般高 0.1～0.3mm。

（2）高速切削螺纹的方法。高速切削螺纹前应先调整机床、大托板、中小托板的间隙应小一些，尤其小托板不宜太松。开合螺母要灵活，机床无显著振动，并要有足够的转速和功率。要做空刀练习，转速可以由低到高逐渐适应，要求吃刀、退刀、提开合螺母动作准确、迅速、协调。

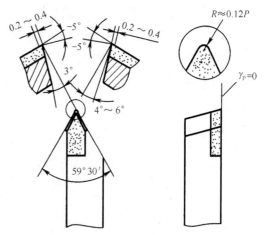

图5-15 硬质合金螺纹车刀

用硬质合金螺纹车刀加工螺纹时，切削速度取 42～90m/min，吃刀量开始大一些（大部分余量在第一、二刀车去），以后逐渐减少，但最后一刀不应该小于 0.1 mm，且只能用直进法车削。

高速车削 P=1.5～3mm，材料为中碳钢的螺纹时，只需3～5次走刀即可完成，切削时一般不加切削液。

例 5-3　高速车削 M30×2 螺纹，总的背吃刀量 α_p=0.65P= 0.65×2=1.3mm。其各次进刀量为：

第一次进刀深度 α_p1=0.6mm

第二次进刀深度 α_p2=0.4mm

第三次进刀深度 α_p3=0.2mm

第四次进刀深度 α_p4=0.1mm；

用硬质合金车刀高速切削材料为中碳钢或合金钢螺纹时，进刀次数见表 5-1。

表 5-1　　　　　　　　　　不同螺距螺纹粗、精车进刀次数

螺距/mm		1.5～2	3	4	5	6
进刀次数	粗车	2～3	3～4	4～5	5～6	6～7
	精车	1	2	2	2	2

高速车削螺纹，切削速度比低速切削螺纹高约 15～20 倍而且进刀次数减少 1/3～2/3，这使生产率大大提高，并且螺纹表面容易达到很小的粗糙度值。

高速车削螺纹时，工件材料因受车刀挤压使外径胀大，因此，工件螺纹部分的外径在车螺纹前应比螺纹公称直径小 0.2～0.4mm。

二、在车床上用板牙套螺纹

在车床上用板牙套丝方法一般加工直径小于 M16mm 的工件或螺距 P<2mm 的三角螺纹。直径大于 M16 标准螺纹也可以先粗车螺纹后再用板牙套丝。对于M8～M12 的三角螺纹在车床上套丝效果比较好。

由于板牙是一种成形、多刃的刀具，所以加工螺纹时操作简单，生产效率高，成品的互换性也较好。因此在实际生产中经常用到。

1. 板牙和套丝工具的结构及套丝方法

（1）板牙的结构。板牙的结构形状如图 5-16 所示。它的外形很像一个圆螺母，只是沿轴向钻有 4 个排屑孔，用于容纳排除切屑。板牙的两端都有切削刃，并且都带有锥角，因此正反两面都可以用。中间具有完整齿深的一段是校准部分，也是套丝的导向部分。板牙一般是用合金工具钢制成的，端面上标有板牙规格及螺距。

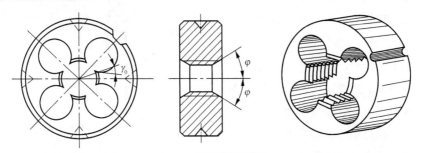

图5-16　板牙的结构形状

（2）套丝工具的结构，如图 5-17 所示的套螺纹工具结构。用板牙套丝前，根据工件的螺距和材料塑性的大小，把工件的外径车得此螺纹大径约小 0.2～0.4mm。可以用下面公式近似计算：

$$d_0=d-(0.13\sim0.15)P$$

式中，d_0——套丝前的直径，mm；

　　　d——螺纹的公称直径（大径），mm；

　　　P——螺距，mm。

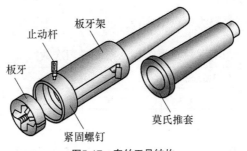

图5-17　套丝工具结构

外圆车好后，工件端面必须倒角（一般小于 45°），倒角后的端面直径应略小于螺纹小径，以便于板牙容易切入工件。然后校准尾座，使尾座轴线和主轴轴线重合。但在套螺纹时，要使板牙中心与工件中心完全重合是困难的，因此我们可以利用套丝工具让板牙的中心有一定的自由度，在套丝时它可以随工件中心自由调节保持和工件同心。

（3）套丝的方法。套丝工具主要由莫氏 5 号锥柄、板牙架两大部分组成。套丝时先把套丝工具的锥柄部分装到尾座套筒的锥孔内，在将板牙架尾部直杆部分装入套丝工具锥柄的圆孔中，板牙架前端大圆孔中装入板牙用板牙固定螺钉将板牙固定紧后，把尾座移向工件，使板牙离工件端面有一小段距离，固定尾座，调整台的距离，使刀台可以挡住套丝工具防转拨杆在套丝时的转动，启动机床，转动尾座手轮，使板牙切入工件，当板牙切入工件一至两扣时，此时停止手轮转动，使板牙架自动轴向前进。当板牙切削到所需长度尺寸时，立即停车，然后开倒车，使主轴反转，退出板牙，即完成螺纹加工，如图5-18所示。

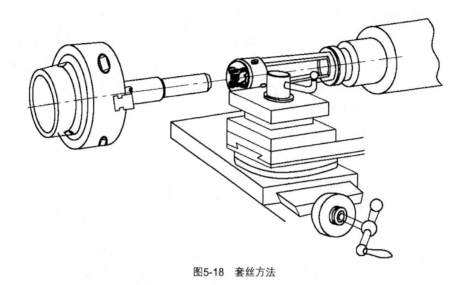

图5-18　套丝方法

2. 套丝时切削用量及切削液的选择

（1）切削用量的选择。用板牙套丝时，应恰当选择切削速度，不同的材料切削速度有所不同，通常为：

钢件υ=3～4.2m/min；

铸铁υ=2～3m/min；

黄铜υ=6～8m/min。

（2）套丝时切削液的选择。套丝过程中，正确选用切削液可以提高螺纹的精度，降低表面粗糙度。加工铸铁时，可加煤油作切削液或者不用切削液；切削钢件时用机油、乳化液或者硫化切削油；对于40Gr等韧性较大的合金钢，可以用工业植物油作为切削液或食用酱油效果也很好。

3. 套丝时要注意的事项

（1）仔细检查板牙的规格、齿形及切削刃是否符合要求。

（2）检查板牙有无损坏、崩牙、裂纹等现象。

（3）在安装板牙时，必须保证端面和车床主轴轴心线相垂直。

（4）套丝时，工件直径应稍小于螺纹外径，否则容易产生烂牙现象。

（5）套丝过程中要保证有充分的切削液。

（6）工件和套丝工具一定要夹紧，以免套丝时工件移动或套丝工具转动。

任务完成结论

通过三角外螺纹的练习使同学们提高了车工的操作技能掌握了三角螺纹车刀的刃磨及三角螺纹加工要领，同时通过螺纹的练习也大大提高了车削外圆端面的操作水平，为今后加工较难零件时打下基础。

┃课堂训练与测评┃

一、车削外梯形螺纹

车削梯形螺纹时，车刀顶刃的宽度应等于螺纹牙底槽宽度，通常采用的方法是根据梯形螺纹相应的几何尺寸制作成样板，再依据样板来刃磨刀具，因此磨刀时一般用样板来检测梯形螺纹刀的两刃夹角是否正确。

1. 梯形螺纹车刀的几何角度和刃磨

（1）梯形螺纹车刀的参数和角度，如图 5-19 所示。

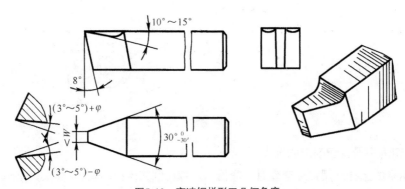

图5-19　高速钢梯形刀几何角度

① 两刃夹角。粗车刀应小于螺纹牙型角；精车刀应等于螺纹牙型角。

② 刀头宽度。粗车刀的刀头主刃宽度应为 1/3 螺距宽；精车刀的刀头主刃宽度可根据下列公式计算：

$$W=0.366×P-0.536×\alpha_c$$

式中，W——刀头宽度，mm；

　　　P——螺距，mm；

　　　α_c——间隙，mm。

例 5-4　车削梯形螺纹螺距 6mm，已知间隙为 0.5mm，求刀头宽度尺寸。

解：$W=0.366×6-0.536×0.5=1.928$mm

③ 纵向前角。

（a）高速钢粗车刀的纵向前角一般为 10°～15°。精车刀为了保证牙型角正确，前角应等于 0°，但实际生产时取 5°～10°。此时应注意修正两刃夹角，以保证牙型角为 30°。

（b）硬质合金车刀一般纵向前角取 0°，如图 5-20 所示。

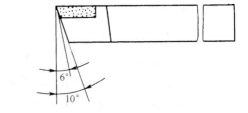

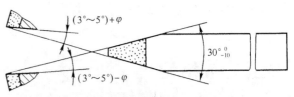

图5-20　硬质合金车刀角度

（c）两侧刀刃主剖面前角。高速钢精车刀，两侧刀刃磨出了较大前角的卷屑槽，前角为 12°～20°，如图 5-21 所示。

（d）纵向后角。纵向后角一般为 $6°\sim8°$。

（e）两侧刀刃主剖面上的后角。左侧 $8°$、右侧 $6°$。

（2）梯形螺纹车刀的刃磨。梯形螺纹车刀的刃磨与三角形螺纹车刀刃磨相似，但要注意以下问题：

① 用样板或角度器校对刃磨两刀刃夹角，如图 5-22 所示。

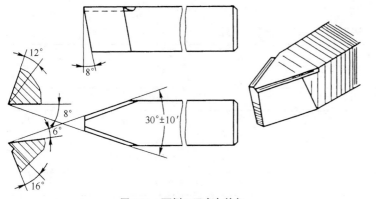

图5-21　两侧刀刃磨有前角

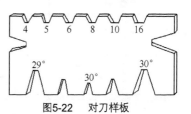

图5-22　对刀样板

② 有纵向前角的两刃夹角 ε' 应进行修正。

③ 用角尺或角度器检验刃磨的两侧刀刃的后角。

④ 车刀刃口要光滑、平直、无爆口（虚刃），两侧刀刃必须对称，刀头不歪斜。

⑤ 刀头磨出的各部分尺寸要符合被加工螺纹的图样要求，且表面粗糙度要小。

⑥ 用油石研磨去除各刀刃的毛刺。

⑦ 高速钢车刀刃磨时要防止刀尖退火，刃磨硬质合金车刀时应防止刀片骤冷骤热。

车削螺距较大的梯形螺纹时，一般分粗精车梯形螺纹刀，在刃磨粗精车梯形螺纹车刀时要注意粗车刀纵向前角刃磨成 15° 左右。精车刀纵向前角刃磨成 5° 左右，但要注意对两刃夹角 ε' 的修正，使粗车刀两刃夹角在基面上的投影角小于牙型角，精车刀应等于牙型角。

夹角 ε' 的修正公式

$$\tan\frac{\varepsilon'}{2}=\tan\frac{\alpha}{2}\cos\gamma_{纵}$$

式中，α——牙型角；

　　　ε'——有径向前角的刀尖角；

　　　$\gamma_{纵}$——车刀的纵向前角。

2. 容易产生的问题及注意事项

（1）螺纹车刀的刀头宽度直接影响螺纹槽宽尺寸，所以精磨螺纹车刀时要特别注意刀头宽度。要防止刀头宽度磨窄。刃磨过程中，应不断测量，并留 0.05～0.1mm 的研磨余量。

（2）刃磨两侧副后角时，要考虑螺纹的左右旋向和螺纹升角的大小，然后确定两侧副后角的增减。

（3）精磨梯形螺纹刀时，其两侧刀刃夹角等于螺纹牙型角。当有纵向前角时应注意修正两侧刀刃夹角。

（4）两侧切削刃应平直，刃磨后的车刀需用油石精心研磨。

（5）刃磨高速钢车刀，应随时放入水中冷却，以防退火。刃磨硬质合金刀应防止用力过大而震碎刀片或温度过高损坏刀片。

3. 梯形螺纹的尺寸计算及技术要求

（1）梯形螺纹尺寸计算，见表 5-2。

表 5-2　　　　　　　　　米制梯形螺纹的尺寸计算

名　称		代　号	计　算　公　式			
牙型角		α	$\alpha=30°$			
螺距		P	由螺纹标准确定			
牙顶间隙		a_c	P	$1.5\sim5$	$6\sim12$	$14\sim44$
			a_c	0.25	0.5	1
外螺纹	大径	d				
	中经	d_2	$d_2=d-0.5P$			
	小径	d_3	$d_3=d-2h_3$			
	牙高	h_3	$h_3=0.5P+a_c$			
内螺纹	大径	D_4	$D_4=d+2a_c$			
	中经	D_2	$D_2=d_2$			
	小径	D_1	$D_1=d-P$			
	牙高	H_4	$H_4=h_3$			
牙顶宽		f、f'	$f=f'=0.366P$			
牙槽底宽		W、W'	$W=W'=0.366P-0.536\,a_c$			

（2）梯形螺纹的技术要求。

① 螺纹大径尺寸应小于公称尺寸。

② 螺纹中径必须与基准轴颈同轴，中径尺寸公差必须保证（梯形螺纹以中径配合定心要求）。

③ 螺纹牙型角要正确。

④ 小径尺寸要保证要求。

⑤ 螺纹两侧面表面粗糙度必须小。

4. 车床的调整和车刀的安装要求

（1）车床的调整。车削梯形螺纹时车床的调整与车削三角形螺纹时车床的调整一样。调整手柄位置。在调整交换齿轮时，要选用磨损较少的交换齿轮。特别注意正确调整机床各处间隙，对大托板、中托板的配合部分进行检查和调整，注意控制机床主轴的轴向窜动、径向圆跳动以及丝杆轴向间隙的窜动。

（2）车刀的安装。与三角形螺纹车刀安装一样，安装梯形螺纹车刀还要注意如下两点。

① 车刀主切削刃必须与工件轴线等高（用弹性刀杆应高于轴线 0.2mm），同时和加工工件轴

线平行。

② 车刀刀头的角平分线要垂直于加工工件轴线，必须用样板进行对刀找正后再夹紧，如图 5-23 所示。

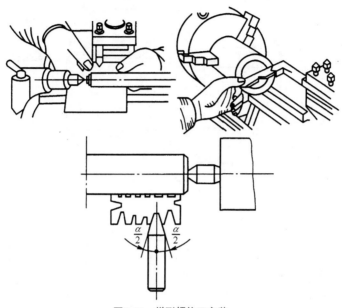

图5-23 梯形螺纹刀安装

5. 梯形螺纹的车削方法

螺距小于 4mm 和精度要求不高的工件，可用一把梯形螺纹刀，并用左右进给法车削，并且进给量要小。螺距大于 4mm 和精度要求高的梯形螺纹，一般采用分刀车削的方法。

注意以下问题：

（1）粗车、半精车梯形螺纹时，螺纹外径留 0.3mm 左右余量。且倒角与端面成 15°。

（2）选用刀头宽度稍小于槽底宽度的车槽刀，如图 5-24（a）所示，粗车螺纹（每边留 0.25～0.35mm 的余量）。

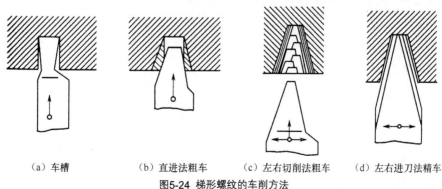

（a）车槽   （b）直进法粗车   （c）左右切削法粗车   （d）左右进刀法精车

图5-24 梯形螺纹的车削方法

（3）用梯形螺纹车刀采用左右切削法车削梯形螺纹两侧，每边留 0.1～0.2mm 的精车余量，如图 5-24（b）、图 5-24（c）所示，并车准螺纹小径尺寸。

（4）精车大径至图样要求（一般大径小于螺纹基本尺寸）。

（5）选用精车梯形螺纹车刀，采用左右切削法完成螺纹加工，如图5-24（d）所示。

6. 梯形螺纹轴的零件加工图，如图5-25所示。

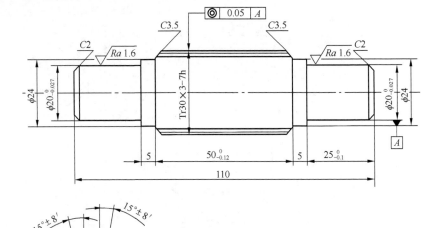

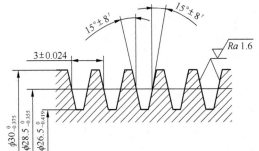

1. 未注公差尺寸按IT14加工。
2. 锐角倒钝C0.3。
3. 不允许用锉刀、纱布修整工件。

图5-25　梯形螺纹轴加工图

梯形螺纹轴的具体加工步骤（采用一头夹一头顶的车削方法）：

（1）备料 ϕ35mm×115mm，45#圆钢。

（2）三爪夹住工外圆，工件探出卡盘20mm，校正端面后夹紧。

（3）刀台装偏刀、45°外圆刀，小托板排间隙，刻度盘调到零刻线。

（4）用偏刀将端面车平，尾座装 ϕ2.5 中心钻，钻中心孔。

（5）松开工件将工件放平板上，以车平的端面为基准，用高度尺划110mm线。

（6）三爪夹住工外圆，让线探出卡盘20mm，校正端面后夹紧。

（7）用偏刀车端面截110mm长度，保证110±0.1mm。

（8）三爪卡盘夹住工件外圆，让无中心孔一端探出卡盘50mm找正后将工件夹紧。

（9）用偏刀粗精车 $\phi 20_{-0.027}^{0}$ 外圆长度 $25_{-0.1}^{0}$ 达图纸要求。

（10）用45°外圆刀车 ϕ24 长5mm尺寸达图纸要求。

（11）用45°外圆刀倒 $\phi 20_{-0.027}^{0}$ 外圆端面C2角。

（12）松开工件用0.3mm铜皮包住 $\phi 20_{-0.027}^{0}$ 外圆用卡盘夹住。

（13）车床尾座装活顶尖，用顶尖顶住工件中心孔，让顶尖与中心孔充分贴实。

（14）卡盘将工件夹牢固后，摇动尾座手轮让顶尖将工件顶牢。

（15）用偏刀分别车 ϕ30、ϕ20 外圆达图纸要求尺寸。

（16）用 45° 外圆刀车 ϕ24 外圆达图纸要求尺寸并倒 ϕ20 外圆端面 C2 角。

（17）装梯形螺纹刀，主切削刃与轴心线必须要等高，装好后松开刀台锁紧手柄。

（18）用梯形磨刀样板进行对刀，螺纹刀对好后将刀台锁紧手柄紧牢。

（19）调整主轴转数 50～70r/min，将梯形螺纹调整手柄调到螺距 3mm 位置。

（20）启动机床进行对刀，调整大托板和中托板手轮将车刀移动到工件 ϕ30 外圆右端 2mm 处。

（21）让车刀主刀刃轻轻贴上工件外圆表面后，将中托板刻度盘上的刻度调到 "0" 刻线位置。

（22）调整大托板手轮将车刀移出工件 ϕ30mm 外圆右端面 20mm，在 "0" 刻线基础上进刀 0.05mm。

（23）合上开合螺母切出螺旋，当车刀走到头时要急时退刀，打开开合螺母。

（24）调整大托板将刀退回原始起点，用钢板尺测量螺距尺寸是否正确。

（25）在 "0" 刻线基础上进刀 0.1mm，合上开合螺母校对螺距是否重合无误。

（26）螺纹测量校对后开始车削，由于第一刀只有主切削刃吃刀切削力相对较小，进刀量可以大一些。

（27）在 "0" 刻线的基础上进刀 0.5mm 随着进刀深度的增加，进刀量逐步减少，并且要左右两侧借刀，直到将螺纹车成形为止，如图 5-26 所示。

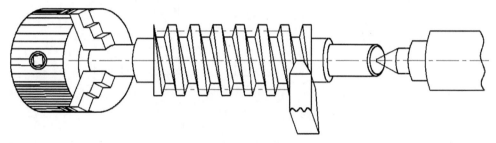

图5-26 梯形螺纹加工图

7. 梯形螺纹加工中的注意事项

（1）车削螺纹时精神要集中，开合螺母操作时要操作到位，以免产生乱扣。

（2）随着吃刀深度的增加吃刀量要均匀递减不要忽大忽小以免产生扎刀。

（3）左右借刀时要控制好小托板间隙对进退刀量的影响以免将一侧牙槽车宽。

（4）中途换刀时一定要精心对刀确认对刀没有问题后再开始车削。

（5）螺纹车到尺寸后检查是否有让刀，如有让刀空刀走两遍消除让刀。

（6）螺纹车成形后要仔细检查测量各部尺寸确认符合图纸后再卸工件。

二、三角内螺纹加工

加工三角内螺纹比加工外螺纹难度要大一些，因为内螺纹在加工中不容易观察和测量，车削中只能靠托板刻度盘上的读数和螺纹塞规来确定尺寸是否达到要求，加工中即使局部出现些问题处理时也有一定难度，因此在车削时要细心，要合理选择刀具及刀具材料。内螺纹车刀的选择是根据它的车削方法工件材料及加工形状来选择的。和外螺纹车刀基本一样，只是受其尺寸的影响在选择刀具时有所限制。一般内螺纹车刀的刀头径向长度应比孔径尺寸小 3～5mm，否则退刀时要碰伤牙顶，甚至不能车削。为了增强刀杆的刚度，在保证排屑的情况下，刀杆尺寸尽量大一些。图 5-27 所示为内孔螺纹刀的几何形状及刃磨角度。

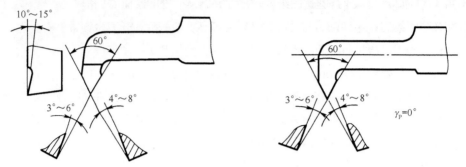

图5-27　内三角螺纹刀

1. 内螺纹车刀的安装

内螺纹车刀在刃磨时，除要求磨出正确的刀尖角外还要特别注意两条切削刃的对称中心线一定要和刀杆轴线垂直，否则，车削螺纹时会出现刀杆碰伤工件内孔的现象，如图 5-28 所示。刀尖宽度一般为 0.1P（螺距）。

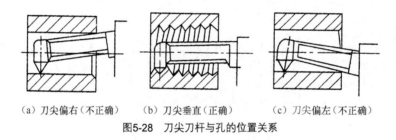

（a）刀尖偏右（不正确）　　（b）刀尖垂直（正确）　　（c）刀尖偏左（不正确）

图5-28　刀尖刀杆与孔的位置关系

在安装内螺纹车刀时，必须严格按对刀样板校正刀尖角，否则车削出的螺纹会出现斜牙现象，如图 5-29（a）所示。装好刀后，应摇动大托板使螺纹车刀在孔内往复移动，以检查是否碰撞孔壁，如图 5-29（b）所示。

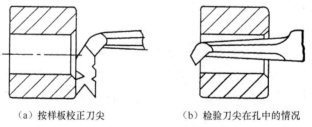

（a）按样板校正刀尖　　　　（b）检验刀尖在孔中的情况

图5-29　内三角螺纹刀安装对刀

装刀时车刀刀尖一定要对准工件的中心，不能偏高或偏低，如图 5-30（a）所示。如果刀装的高，如图 5-30（b）所示，它的工作后角就会增大，工作前角减小。这时车刀的刀刃不是顺利切削，而产生刮削现象从而引起震动使工件表面产生波纹现象。如果车刀装的低，如图 5-30（c）所示，它的工作后角将减小，刀头下部就会与工件发生摩擦，车刀不能切入工件。

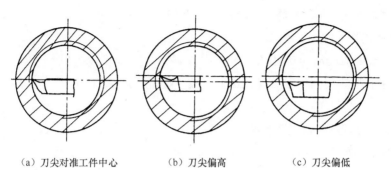

（a）刀尖对准工件中心　　　（b）刀尖偏高　　　（c）刀尖偏低

图5-30 刀尖高低对车削的影响

2. 三角内螺纹底孔加工方法

车削内螺纹前，必须根据工件情况钻孔、扩孔或镗孔。由于车刀切削时的挤压作用，内孔直径要缩小，所以车削内螺纹的底孔时直径应略大于螺纹小径。车削内螺纹的底孔直径大小可用下面公式计算：

$$D_{孔}=(d-1.0826\,P)_{0}^{+0.3}$$

式中，$D_{孔}$——车削螺纹前的孔径，单位 mm；

　　　d——螺纹大径，单位 mm；

　　　P——螺距，单位 mm。

例 5-5 车 M27×2 的内螺纹底孔直径的尺寸。

解：$D_{孔}=(d-1.0826\,P)_{0}^{+0.3}=（27-1.0826\times2）_{0}^{+0.3}=24.83_{0}^{+0.3}$ mm

3. 车削通孔、盲孔或阶台孔内螺纹的方法

常见的三角内螺纹工件形状有通孔、盲孔和阶台孔 3 种，其中通孔螺纹比较容易加工。车削内螺纹前，应把工件的外圆、内孔、端面及倒角等先车削完毕。

（1）车削通孔内螺纹。车削内螺纹时，应注意进刀及退刀方向和车削外螺纹相反。车削前必须要先进行空刀练习，以熟悉进刀、退刀的动作。

车内螺纹的进刀方法和车外螺纹相同。加工铸铁或者螺距较小的螺纹时用直进法；螺距较大的螺纹用左右车削法或斜进法。在用左右车削法时，为了不使刀杆因切削力过大而变形，借刀时，先切除靠尾座一侧的大部分余量，然后车削另一面，最后清底。

（2）车削盲孔或阶台孔内螺纹。车削盲孔或阶台孔内螺纹时，先车退刀槽。退刀槽的直径应稍大于内螺纹大径，宽度约为 2~3 个螺距，并与阶台端面切平。车削时，中托板的横向退刀和提开合螺母（或开倒车）的动作要迅速、准确、协调，否则车刀将与阶台或孔底相撞造成事故。为了便于观察，可根据螺纹长度加上退刀槽 1/2 宽度在刀杆上做标记，作为退刀和提开台螺母的依据。

车削内螺纹时因不易观察切削情况，一般根据排屑情况来判断左、右借刀量的大小以及螺纹的表面粗糙度。

车削内螺纹时切削液和切削用量的选择和车削外螺纹相同。

4. 三角内螺纹的具体加工步骤（以 M24 内三角螺纹为例）

（1）车削通孔内螺孔的加工步骤。

① 备料 ϕ40 mm×32mm，45#圆钢。

② 三爪夹住工外圆，工件探出卡盘 20mm，校正端面后夹紧。

③ 刀台装偏刀、镗孔刀、内螺纹刀。

④ 用 ϕ18 钻头钻通孔，留镗孔余量。

⑤ 用偏刀将端面车平，调头找正将另一端面车平。

⑥ 用镗孔刀粗、精镗孔达图纸要求尺寸。

⑦ 用样板校对螺纹刀，孔口用螺纹刀左侧刀刃倒角 2×30°。

⑧ 粗、精车 M24 内三角螺纹。

⑨ 螺纹车好后用螺纹车刀右侧刀刃将里侧端面倒角 2×30°。

⑩ 用螺纹塞规检查达要求。

（2）车削盲孔内螺纹的加工步骤。

① 备料 ϕ40mm×40mm，45#圆钢。

② 三爪夹住工外圆，工件探出卡盘 20mm，校正端面后夹紧。

③ 刀台装偏刀、镗孔刀、内螺纹刀、内孔切槽刀。

④ 用 ϕ18 钻头钻孔深 30mm，留镗孔余量。

⑤ 用偏刀将端面车平，用镗孔刀粗、精镗孔达图纸要求尺寸。

⑥ 用内孔切槽刀切槽，并控制 25mm 螺纹长度。

⑦ 用样板校对螺纹刀，孔口用螺纹刀左侧刀刃倒角 2×30°。

⑧ 粗、精车 M24 内三角螺纹。

⑨ 注意车削螺纹前在刀杆上做好深度记号作为退刀的参考依据。

⑩ 螺纹车好后用螺纹塞规检查达要求。

5. 容易产生的问题及注意事项

（1）刃磨车刀时，两刀刃要平直，以免车出的螺纹牙形侧面不直，影响螺纹精度。

（2）螺纹刀头宽度不宜过窄，否则螺纹深度已到尺寸，而牙槽还不够宽。

（3）为增加刚性，车刀刀杆应尽量选的粗些，否则容易出现"扎刀"、"啃刀"、"让刀"和振动等现象。

（4）装刀时，必须用对刀样板校对刀尖，以免牙形不正。

（5）小托板的间隙应调得小一些，以免车刀窜动而乱扣。

（6）车内螺纹由于目测困难，应仔细观察排屑情况，判断切削是否正常。

（7）中途换刀或磨刀后，必须重新对刀。车削时，如果发生碰刀，应及时对刀，以防工件或车刀位移使牙形改变。

（8）用左右法车螺纹时，借刀量要适当，不宜过多，以防精车时无余量。

（9）车削盲孔螺纹时，要做好退刀标记，以免车刀碰撞工件。

（10）检查时，注意螺纹是否存在锥形误差，如有误差可以采用车削的方法修正。即中滑板不进刀，在原位反复车削，逐步消除锥形误差。不可盲目加大螺纹深度，以免增大锥形误差，影响螺纹精度。

（11）精车螺纹时，应保持车刀锋利，以免出现让刀现象。

（12）用塞规检测时，过端应全部拧进，止端不可拧进。对于盲孔或阶台孔螺纹，还要注意拧进的长度是否符合要求。

（13）工件旋转时，不可用手摸，更不能用棉纱擦内螺纹，以免造成事故。

三、用丝锥切削普通内螺纹

丝锥是加工内螺纹的标准工具，在车床上主要用于加工的工件直径和螺距都比较小的内螺纹，它和板牙一样是一种成形的多刃切削刀具，使用方便、操作便利、快捷、互换性好。

1. 丝锥的结构

丝锥的外形很像螺栓。为了形成刀刃以及容纳和排出切屑，在前端部磨有切削锥度，并沿轴向开有沟槽。丝锥的工作部分是由切削部分和校准部分组成，切削部分齿形是不完整的，后一刀齿比前一刀齿高，当丝锥做螺旋运动时，每一个刀齿都切下一层金属，丝锥的主要切削工作是由切削部分担负，校准部分的齿形是完整的，它主要用来校准及修光螺纹的牙形并起导向作用。柄部主要是用来传递扭矩，丝锥的种类很多，常用的有手用丝锥和机用丝锥两种，如图 5-31 所示。

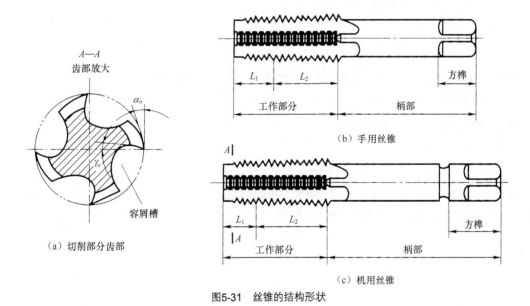

图5-31 丝锥的结构形状

（1）手用丝锥。

① 直槽手用丝锥的柄部上方为方头，由于人工操作，常用于小批量生产和单件修配工作中。通常用的丝锥 2 支一套简称头攻、二攻，在加工一般材料小规格的通孔螺纹时，为了提高效率，在切削锥角合适的情况下可用单只丝锥一次完成。当螺纹尺寸较大以及材料强度较高，硬度较大的工件时，采用先用一攻去除大部分的切削量，用二攻修光、校准齿形和螺纹尺寸。在加工盲孔螺纹时要采用一攻、二攻交替使用方法。

② 螺旋手用丝锥与直槽手用丝锥用法一样，从理论上讲螺旋槽丝锥在切入工件时切削部分是依次切入的，而直槽丝锥是同时切入，因此螺旋槽丝锥相比直槽丝锥的切削力要小一些，攻丝中要省力，切削速度快，螺旋槽丝锥易排屑，适用于加工较深盲孔。

由于手用丝锥切削速度较低，一般是用 T12 或高速钢材料制成的。丝锥的规格和螺距刻在丝锥的柄部。

（2）机用丝锥。在车床一般加工螺纹时通常用的是机用丝锥，它在结构上和形状上与手用丝锥相似，只是柄部比手用丝锥稍长，还有环槽。环槽目的是防止丝锥从攻丝工具中脱落。它通常只用单只丝锥加工，丝锥材质一般是用高速钢制成的。

2. 攻丝的工艺和方法

在攻螺纹时，由于受丝锥的挤压作用，螺纹内径会缩小（塑性材料较明显），因此攻丝时孔的直径应比螺纹的小径稍大些，以减小切削力及避免丝锥折断。

在实际生产中，攻丝时螺纹孔径是根据材料性质决定的。普通螺纹攻丝前的钻孔直径可用下列公式近似计算：

$$D_孔 = d-P（加工塑性材料）$$

$$D_孔 = d-（1.05\sim1.1）P（加工脆性材料）$$

式中，$D_孔$——攻丝前的钻孔直径，mm；

　　　　d——螺纹大径，mm；

　　　　P——螺距，mm。

例 5-6　攻材料为（45#钢）M l0、M12、M16 的内螺纹，要选用多大的钻头钻孔？

解　M10：$D_孔=d-P=10-1.5 = 8.5$mm

M12：$D_孔=d-P=12-1.75 = 10.25$mm

M16：$D_孔=d-P=16-2 = 14$mm

故应分别选用 $\phi8.5$mm，$\phi10.2$ mm，$\phi14$ mm 钻头钻孔。

攻制盲孔螺纹时，钻孔的深度比要求的螺纹孔深度深一些，不然螺纹不能攻完整。因此攻制盲孔螺纹时，孔深度 H 可用下面公式计算。

$$H=L+0.7d$$

式中，H——钻孔深度，mm；

　　　　L——螺纹长度，mm；

　　　　d——螺纹大径，mm。

钻孔后孔口必须倒角，倒角直径应大于螺纹大径，以便于丝锥攻入孔内，攻丝时应先校正尾座轴线和车床主轴轴线重合。

在车床上攻丝时，可用图 5-32 所示的简易攻丝工具。把攻丝工具装在尾座套筒内，装上丝锥，移动尾座靠近工件并固定，开车然后摇动尾座手柄。当丝锥头部几个牙进入螺孔后，停止摇动手柄。此时攻丝工具会自动轴向移动。当前进至所需尺寸时，马上开倒车，让丝锥自动退出。

用这种丝锥工具攻丝时，必须根据要攻丝的长度，在丝锥或尾座套筒上作好标记，以控制攻丝长度，否则，在攻制盲孔螺纹时，丝锥容易碰到孔底而折断。

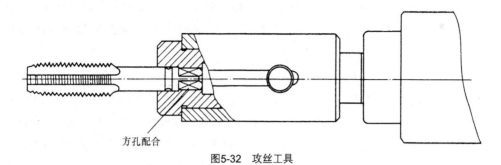

方孔配合

图5-32　攻丝工具

攻丝时切削速度的选择如下：

钢件　　　　　　　　$\upsilon=3\sim15\text{m}/\text{min}$

不锈钢　　　　　　　$\upsilon=2\sim7\text{m}/\text{min}$

铸铁和青铜　　　　　$\upsilon=6\sim20\text{m}/\text{min}$

冷却液的选用和套丝相同。

3. 攻丝的具体步骤（以 M10 螺纹为例）

在车床上攻丝如图 5-33 所示。

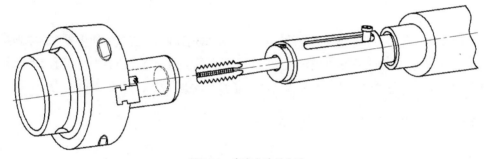

图5-33　车床上攻丝方法

零件加工步骤如下：

（1）备料 ϕ38mm×32mm，45#圆钢。

（2）夹住外圆，车端面，钻 ϕ8.5mm 通孔，倒角。

（3）尾座上攻丝工具，装 M10 丝锥。

（4）调整车床转数加工螺纹。

（5）检查工件合格后，将工件卸下。

知识拓展

攻丝中应注意的问题及问题的解决方法如下。

（1）选用丝锥时，注意检查丝锥的牙形是否完整。

（2）装夹丝锥时，必须装正，不能歪斜。

（3）攻丝时应充分加注切削液。

（4）当攻盲攻螺纹时，必须根据螺纹长度在丝锥或尾座套筒上做好标记，以免导致丝锥折断。

（5）用一套丝锥攻丝时，注意正确的使用顺序。用下一个丝锥前必须清除孔内切屑，在攻盲孔螺纹时，尤其要注意。

（6）攻丝时最好用有浮动装置的攻丝工具。

（7）丝锥折断的原因及注意事项：攻丝前钻孔直径太小，丝锥的切削阻力太大；丝锥装歪，造成切削力不均匀，单边受力太大；工件材料硬度和韧性较高，攻丝时又没有充分润滑，应注意用头锥二锥两次攻丝；攻盲孔螺纹时，进刀太多使丝锥碰到孔底而折断，此时特别注意丝锥的行程。

（8）取出断丝锥的方法：当孔外有露出部分时，可用尖嘴钳子夹住反向拧出；当折断部分在孔内时，可用 3 根钢丝插入丝锥槽中反向拧出；用以上两种方法都取不出时，可用气焊的方法在折断的丝锥上堆焊一个弯曲成 90° 的杆，然后转动弯杆反向拧出。

螺纹测量

任务四的具体内容是，了解不同螺纹的测量要求，掌握各种测量工具的使用方法，掌握螺纹各部分尺寸的测量方法，掌握不同精度要求的螺纹选用不同的测量工具，能够独立正确使用螺纹千分尺准确测量螺纹中经。通过这一任务的具体实施，能够有效提高螺纹加工的综合能力。

知识点、能力点

（1）螺距规的使用方法要求。

（2）螺纹环规螺纹塞规的使用。

（3）螺纹千分尺的使用。

（4）螺纹中经测量要求。

工作情景

螺纹测量是螺纹加工中的重要环节，通过螺纹的精确测量可以加工出精度高质量好的生产零件，因此加工中准确的测量也是提高生产效率的关键所在。

任务分析

合理的选用测量工具是提高加工效率的重要环节，加工中要根据加工零件的形状、位置、精度要求来选用不同的测量工具，测量中正确的使用测量工具和正确的测量方法是准确测量的关键，同时还要在测量前检查和检测测量工具精确度，保证在测量中尽量减少因量具的误差导致加工零件出现的问题。

相关知识

一、三角螺纹的测量

螺纹的测量方法是随螺纹的精度等级、生产批量和设备条件的不同而决定我们选择

哪种最适合要求的测量方法。下面介绍几种常用的测量螺纹方法。

（1）螺纹外径的测量。螺纹外径的公差较大，一般可用游标卡尺或千分尺测量。

（2）螺距的测量。如图 5-34 所示。螺距可以用钢板尺测量，如图 5-34（a）所示。普通螺纹的螺距一般较小，在测量时，最好多量几个螺距的长度，然后用量得螺距长度除以螺距个数，即得出一个螺距的尺寸。如果螺距较大可以量出 2 或 4 个螺距长度，再计算出一个螺距的尺寸。细牙螺纹的螺距较小，用钢板尺测量比较困难，一般用螺纹样板测量，如图 5-34（b）所示。测量时，把螺纹样板平行于轴线方向嵌入牙形中，如果完全符合则说明被测螺纹的螺距完全正确。

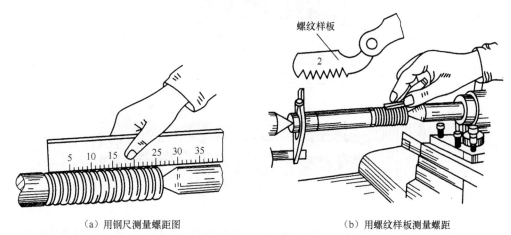

（a）用钢尺测量螺距图　　　　　　　　　　（b）用螺纹样板测量螺距

图5-34　螺距测量

（3）中径的测量。通常用螺纹千分尺来测量三角螺纹的中径，如图 5-35 所示。螺纹千分尺的结构和使用方法与普通的外径千分尺相似，只是它的两个测量触头和螺纹牙型相同的一个锥体和一个凹槽。在测量时，两个触头正好卡在螺纹牙形面上，此时千分尺的读数就是该螺纹的中径。

螺纹千分尺备有一系列不同牙形角和不同螺距的测量触头。测量不同规格的三角形螺纹中径时，需要调换适当的测量触头。

（4）综合测量。通常用螺纹环规和塞规对螺纹的各项尺寸精度进行综合测量，如图 5-36 所示。

环规用来测量外螺纹尺寸的精度；塞规用来测量内螺纹尺寸的精度，在测量螺纹时，如果量规通端正好拧进去，而止端拧不进，说明螺纹精度符合要求。在实际生产中对于精度要求不高的，也可以用标准螺母和螺钉检查，以拧上工件时是否顺利和松动的感觉来判断。在检查有退刀槽的螺纹时，螺纹量规应通过退刀槽，并且和阶台端面靠平。

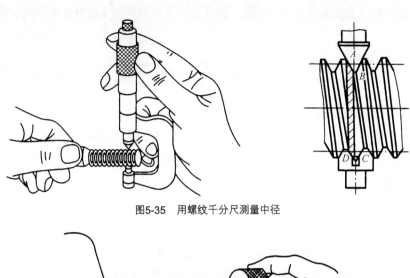

图5-35　用螺纹千分尺测量中径

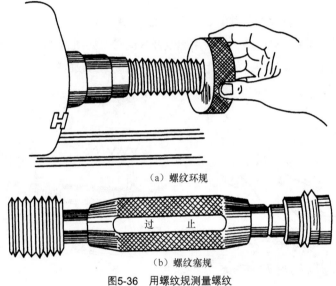

（a）螺纹环规

（b）螺纹塞规

图5-36　用螺纹规测量螺纹

在综合测量螺纹之前，首先应对螺纹的直径、牙形和螺距进行检查，然后再用螺纹量规进行测量。使用时，不应用力拧转量规，以免损坏量规，而使它的精度降低。

二、梯形螺纹的测量

1. 梯形螺纹大径、小径的测量

一般可用千分尺或游标卡尺测量

2. 中径的测量

（1）单针测量法，如图 5-37 所示。单针测量方法比较简单，对于螺纹精度测量要求不是很高时常采用此方法，测量时只需使用 1 根量针，将量针放置在螺旋槽中，测量出螺纹外径与量针顶点之间的 A 距离。

螺纹实际中径计算公式如下。

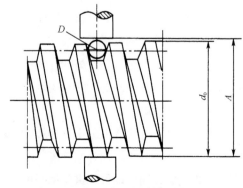

图5-37　单针测量螺纹中径

$$\alpha=30°，\quad d_2=A-2.432d_D+0.5\Delta d$$

$$\alpha=29°，\quad d_2=A-2.5\,d_D+0.5\Delta d$$

式中，Δd——螺纹外径减小尺寸，mm；

$\quad\quad d_D$——量针直径尺寸，mm。

d_D 的直径尺寸，可用下式计算：

$$d_D=\frac{P}{2\cos\dfrac{\alpha}{2}}$$

（2）三针测量法。三针法测量外螺纹中径是一种比较精密的测量方法。这种测量方法不受螺纹螺距和牙型角的限制，测量时所用的圆柱形钢针是由量具厂专门制造的，在没有钢针的情况下也可用三根直径相等的优质钢丝或新的钻头柄代替。

此法适用于测量精度要求较高、螺纹升角小于 4° 的螺纹工件。测量时把 3 根直径相等的量针放置在螺纹相对应的螺旋槽中，用千分尺量出两边量针顶点之间的 M 距离，如图 5-38 所示。

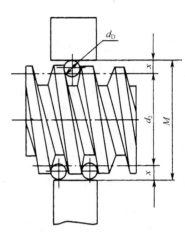

图5-38　三针测量螺纹中径

螺纹实际的中径尺寸可按下式计算：

牙型角 30°，$d_2=M-4.864d_D+1.866\,P$

牙型角 29°，$d_2=M-4.994\,d_D+1.933\,P$

三针测量时的 M 值和钢针直径的简化公式见表 5-3。

表 5-3　　　　　　　　　三针测量时简化公式计算

螺纹牙型角（α）	M 值计算公式	钢针直径 d_D
60°（普通螺纹）	$M=d_2+3d_D-0.866P$	$0.577P$
55°（英制螺纹）	$M=d_2+3.166\,d_D-0.961P$	$0.564P$
55°（圆柱管螺纹）	$M=d_2+3.166\,d_D-0.961P$	$0.564P$
30°（梯形螺纹）	$M=d_2+4.864\,d_D-1.866P$	$0.518P$
40°（蜗杆）	$M=d_2+3.924\,d_D-1.374P$	$0.533P$

当 $\alpha=30°$，$d_D=0.518P$；当 $\alpha=29°$，$d_D=0.516P$。

实际应用中，可用优质钢丝或新钻头的柄部来代替标准量针，但与计算出的量针直径尺寸往往不相符合。此时选用的钢丝和钻柄的直径应与计算尺寸相近似，相差不能太大，其尺寸范围如下：

$$\alpha=30°，\quad d_D\,max=0.656P，\quad d_D\,min=0.487P$$

$$\alpha=29°，\quad d_D\,max=0.651P，\quad d_D\,min=0.488P$$

用三针法测量螺距较大的工件时，千分尺的测量杆不能同时跨住两根钢针，这时可在千分尺的测量杆与两根钢针之间，垫进一块量块。但在计算 M 值时，必须注意减去量块厚度的尺寸。

双线螺纹的加工

任务五的具体内容是，通过项目四螺纹部分的基础练习，对螺纹的加工方法要求有初步了解，为了巩固所学的基础技能操作，同时还要更进一步提高操作技能水平我们要不断加大对有难度零件的加工和练习，通过各种工件的练习使我们掌握疑难工件的加工和疑难工件的工艺安排，在本任务中我们要练习双线螺纹的加工，经过双线螺纹的加工，使我们掌握多线螺纹的加工方法。

知识点、能力点

（1）双线螺纹加工要领。

（2）双线螺纹的分线方法。

（3）加工中易出现的问题。

（4）精车时的关键要点。

工作情景

熟练的掌握各种零件的加工，是我们练习操作的目的，通过练习提高我们的操作技能水平，是我们的要求和责任，因此我们要通过全面和重点的练习使我们尽快地提高技术能力和技术水平。

任务分析

双线螺纹加工要比单线螺纹加工有一定的难度，因为单线螺纹的螺距等于导程，导程和螺距是靠车床本身保证的，而双线螺纹的导程是靠机床保证但螺距是靠加工者手动分出来的，螺距的精度高低和分线的方法和操作要领有很大的关系，因此通过操作练习熟练掌握双线螺纹的加工方法。

相关知识

一、双线梯形螺纹的分线方法

车削多线螺纹时准确的分线，是保证加工质量的关键性问题。如果螺纹分线的距离

有误差，成品的几条螺纹的螺距就会不相等；会影响与内螺纹的配合精度；降低使用寿命。螺纹分线方法有多种，分线方法的选择，应根据工件精度要求、加工批量大小和机床情况综合考虑。常用的螺纹分线车削方法有两种：一种是导程分线法，一种是圆周分头法。

1. 导程分线方法

（1）小拖板刻度分线。利用小拖板分线的方法是，当我们车好了一条螺旋槽后，转动小拖板手

轮利用刻度盘上的刻度线使车刀移动一个螺距的距离，再车相邻的一条螺旋槽，从而达到我们要分线的目的，如图 5-39 所示。

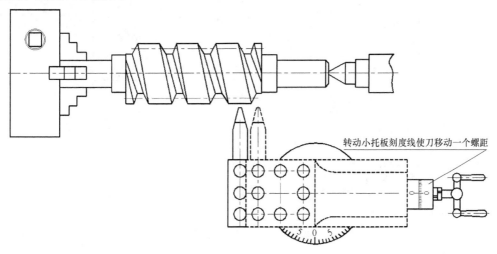

图5-39　利用小拖板分线方法

（2）百分表分线。百分表的分线方法在螺纹分线加工中分线精度比较高，可靠性也比较强，当我们车好了一条螺旋槽后，可直接将百分表放在小拖板与卡盘之间，转动小拖板手轮压缩百分表，根据百分表的读数值来确定小拖板的移动距离。但在螺纹车削过程中须经常调整表的零位线，操作比较繁琐，如图 5-40 所示。

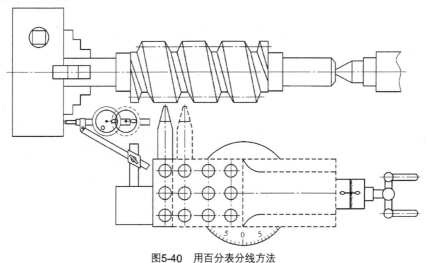

图5-40　用百分表分线方法

2. 圆周分线方法

（1）利用简易的分度盘分线。对于中等批量的多线螺纹加工，螺纹的分线可采用简易的分度盘进行分线，分度盘转动的角度值由螺纹的分线数来决定。用 360° 除以工件要分的螺纹线数，即是每分一条线所转动的角度值。例如分两线螺纹即每条线180°，如三线螺纹即每条线120°，如图 5-41 所示。

（2）简易拨盘分线。对于批量比较大的多线螺纹加工，螺纹的分线可采用简易的拨盘来进行分度，因为拨盘拨销的角度是提前加工和装配好的，已达到要求的精度，所以在分线时不需要任何的调整，只需将尾座松开将工件换一个拨销的位置即可，如图 5-42 所示。

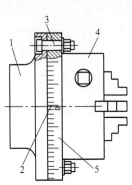

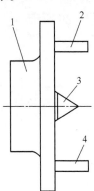

图5-41　简易分度盘
1—法兰盘；2—基准刻线；
3—T形螺钉；4—卡盘；5—分度盘

图5-42　简易拨盘
1—法兰盘；2—拨杆（1）；
3—顶尖；4—拨杆（2）

拨盘的拨销的角度可根据螺纹线数来决定，但要注意拨销的直径要一致误差不能超过 0.05mm，装配拨销时要保证垂直度。

下面是拨盘分线示意图。卡箍在拨销（1）位置时车第一条螺旋槽，第一条螺旋槽车好后，将卡箍换到拨销（2）位置上车第二条螺旋槽，如图 5-43 所示。

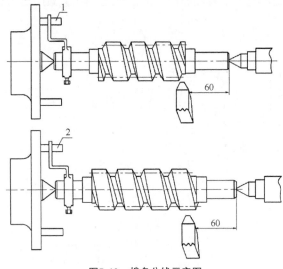

图5-43　拨盘分线示意图

利用简易拨盘车削多线螺纹，适应于两端钻中心孔的工件，如果一端钻中心孔可使用简易分度盘进行加工，在实际加工中我们要根据图纸要求选择不同加工方法。

任务实施

双线梯形螺纹的加工步骤如下。

双线螺纹加工时，第一条螺旋的加工方法和单线螺纹加工方法基本一样，但是要注意的是加工

第一条螺旋时一定要留有精加工余量，不能一次性将第一条螺旋线加工到所要求尺寸，这样分线车第二条螺旋线时一旦螺距产生误差可以通过借刀来补救误差，如果加工到尺寸就没有借刀修复的余量，导致工件出现废品。下面以百分表分线方法的实例来讲解双线螺纹的具体加工步骤。

双线梯形螺纹轴的零件加工图，如图5-44所示。

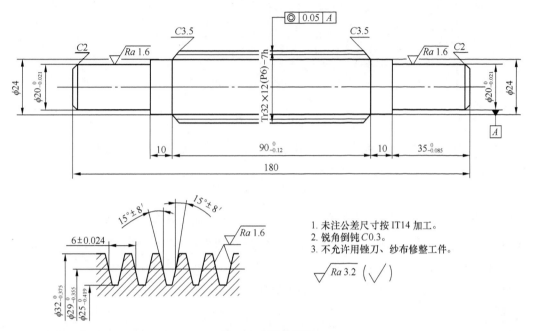

图5-44　零件加工图

1. 准备

（1）刀具准备：偏刀、45°外圆刀、粗、精车梯形螺纹刀、ϕ2.5中心钻。

（2）工量具：卡尺、千分尺、螺纹中经测量针、对刀样板、钻夹头、百名表、百分表磁力表座。

（3）加工材料：ϕ35×185，45#圆钢。

2. 加工

（1）读图：Tr32×12(6p)—7h。

（2）工件装夹、刀具安装、加工方法按梯形螺纹具体加工步骤加工。

（3）粗车第一条螺旋线留0.3mm精车余量。

（4）分线，将百分表安装到表架上，磁力表座吸到小托板合适的位置。

（5）转动大托板手轮调整百分表与卡盘间的距离，使百分表表针压缩0.5～1mm。

（6）将表针盘调到零位，顺时针转动小托板手轮观察百分表旋转圈数。

（7）使车刀前移6mm一个螺距的距离记下刻度读数，调整大托板手轮将刀退到原始位置。

（8）粗车削第2条螺旋线，粗车第2条螺旋线接近尺寸时要用螺距样板检查螺距，如图5-45所示。

（9）粗车后留0.3mm精车余量，换精车刀重新对刀。

（10）精车刀装好后精车螺旋槽①，精车螺旋槽①左侧面，只车一刀，退刀后小拖板向前移动一个螺距。

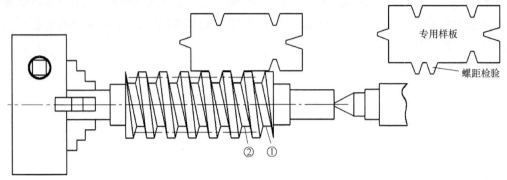

图5-45　检验螺距

（11）精车螺旋槽②，精车螺旋槽②左侧面，只车一刀，此为第1个精车循环。

（12）退刀后小拖板向后移动一个螺距。精车螺旋槽①左侧面，只车一刀，退刀后小拖板向后移动一个螺距。

（13）精车螺旋槽②，精车螺旋槽②左侧面，只车一刀，此为第二个精车循环。

（14）如此循环几次，见切削薄而光，表面粗糙度达到要求为止（其余的较大的余量放在螺旋槽①②的右面加工）。

（15）将小拖板向前移至螺旋槽①右侧面精车螺旋槽①右侧面，只车一刀，退刀后小拖板向前移动一个螺距。

（16）精车螺旋槽②，精车螺旋槽②右侧面，只车一刀，此为右侧面第一个精车循环。

（17）退刀后小托板向后移动一个螺距。精车螺旋槽①右侧面，只车一刀，退刀后小拖板向后移动一个螺距。

（18）精车螺旋槽②，精车螺旋槽②右侧面，只车一刀，此为右侧面第二个精车循环。

（19）如此循环几次直至中经尺寸和表面光粗糙度合格为止，精车个螺旋槽底径尺寸和表面粗糙度达到要求。

（20）这样经过几次循环，可以清除由于小拖板进刀造成的分线误差，从而保证螺纹的分线精度和表面质量。

（21）中径测量，用单针测量方法，和三针测量测量法均可，即达到 $\phi 29_{-0.355}^{0}$。

3. 注意事项

双线螺纹车削时需注意以下两点。

（1）车削多线螺纹时，决不可以将一条螺纹槽精车好后在车另一条螺旋槽，必须采用先粗车各条螺旋槽后，再依次逐面进行精车方法。

（2）车削多线螺纹进刀时，一定要注意小拖板手柄的旋转方向和牙槽侧面的车削顺序，操作中应做到三定"定侧面、定刻度、定深度。

项目六

| 钳工基础知识 |

【项目描述】

钳工加工是一门历史悠久的技术。钳工是利用各种手用工具以及一些简单设备来完成目前利用机加工方法不太适宜或还不能完成的工作。

【学习目标】

通过本项目的学习，学生能熟悉钳工的操作工序的概念和作用。

【能力目标】

认识钳工工具、量具及设备。

钳工概述

任务一的具体内容是，了解钳工各道工序的名称、认识钳工所使用的工具、量具及设备。

| 知识点、能力点 |

（1）钳工的作用。

（2）钳工加工的内容。

（3）钳工的基本操作。

（4）钳工操作常用工量具及设备。

工作情景

了解钳工的工作内容，包括工作场地和工作范围，掌握各种设备、工具的名称、用途及使用要求，了解钳工操作的每一道工序的名称和作用。

任务分析

熟练掌握钳工各种设备、工具的名称、用途及使用要求，是钳工操作的首要任务，因此只有完成好本任务才能进行钳工操作。

相关知识

一、钳工的作用

任何一台机械设备的制造都要经过零件的加工制造、部件组装、整机装配、调整试运行等阶段。其中有大量的工作是用简单工具靠手工操作来完成的，这就是钳工的工作性质。钳工的工作范围很广，主要包括以下几方面：

1. 零件的制造

有些零件，尤其是外形轮廓不规则的异形零件，在加工前往往要经过钳工的划线才能投入切削加工；有些零件的加工表面，采用机械加工的方法不太适宜或不能解决，这就要通过钳工利用錾、锯、锉、刮、研等工艺来完成。

2. 精密工、夹、量具的制造

在工业生产中，常会遇到专用工、夹、量具的制造问题。这类用具的特点是单件、加工表面畸形、精度要求高，用机械加工有困难或很不经济，此时可由钳工来制作。

3. 机械设备的装配调试

零件加工完毕，钳工要进行部件组装和整机装配，而后根据设备的工作原理和技术要求进行调整和精度检测，还要进行整机试运行，发现问题并及时解决。

4. 机械设备的维修

机械设备在运动中不可避免地会出现某些故障，这就需要钳工进行修理。机械设备使用一段时间后，会因为严重磨损而失去原有精度，需进行大修，这项工作也由钳工来完成。

5. 技术创新

随着经济的发展，要求劳动生产率和产品质量进一步提高，所以不断地进行技术创新，改进工具和工艺，也是钳工的重要工作内容。

二、钳工加工的内容

由于钳工工作范围很广，而且随着生产技术的发展要求其掌握的技术知识和技能、技巧在深度和广度上也逐步加深加大，以至形成了钳工专业的分工。目前，国家规定在工种分类中将钳工分成普通钳工和工具钳工两大类。在工厂，尤其是现代化程度较高的大型工厂中，钳工的分工较细，专业化程度也较高，如划线钳工、装配钳工、修理钳工、工具钳工、模具钳工、普通钳工等。无论哪种钳工，其基本操作技能的内容是一致的。

三、钳工的基本操作

钳工的基本操作技能，可分为划线、锉削、锯削、钻孔、扩孔、锪孔、铰孔、攻螺纹、套螺纹、錾削、刮削、研磨、矫正和弯曲等。

（1）锉削。利用各种形状的锉刀对工件表面进行切削加工的方法叫锉削，通过锉削、整形，可使工件达到较高的精度和较为准确的形状。锉削是钳工工作中的主要操作方法之一，可以对工件的外平面、曲面、内外角、沟槽、孔和各种形状的表面进行锉削加工。锉削操作如图 6-1 所示。

（2）划线。根据图纸的要求或实物的尺寸，在毛坯或工件的表面上划出加工界线的操作称为划线。

（3）锯削。用来分割材料或在工件上锯出沟槽的加工方法。锯削时，必须根据工件的材料性质和工件的形状，正确选用锯条和锯削方法，从而使锯削操作能顺利地进行并达到规定的技术要求。锯削操作如图 6-2 所示。

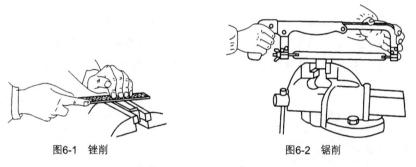

图6-1　锉削　　　　　　　　　　图6-2　锯削

（4）钻孔、扩孔、锪孔和铰孔。这四项操作是钳工对孔进行粗加工、半精加工和精加工的方法。应用时根据孔的精度要求、加工的条件进行选用。钳工钻、扩、锪是在钻床上进行的，铰孔可手工铰削，也可通过钻床进行铰削，如图 6-3 所示。所以掌握钻、扩、锪、铰操作技术，必须熟悉钻、扩、锪、铰等刀具的切削性能，以及钻床和一些工夹具的结构性能，合理选用切削用量，熟悉掌握手工操作的具体方法，以保证各精度孔加工的质量。

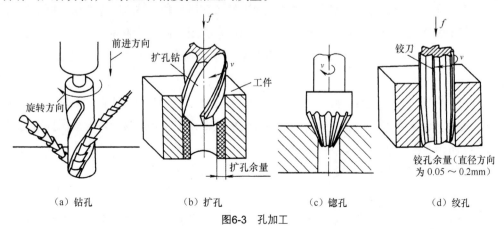

（a）钻孔　　　　（b）扩孔　　　　（c）锪孔　　　　（d）铰孔

图6-3　孔加工

（5）攻螺纹和套螺纹。用丝锥和圆板牙在工件内孔或外圆柱面上加工出内螺纹或外螺纹，如图 6-4 所示。钳工所加工的螺纹，通常都是直径较小或不适宜在机床上加工的螺纹。为了使加工后的螺纹符合技术要求，钳工应对螺纹的形成、各部分尺寸关系，以及加工螺纹的刀具较熟悉，并掌握螺纹加工的操作要点和避免产生废品的方法。

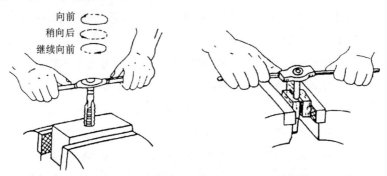

图6-4　螺纹加工

（6）錾削。錾削是利用錾子、锤子等简单工具对工件进行切削或切断，是钳工的最基本操作，如图 6-5 所示。此技术在零件加工要求不高或机械无法加工的场合采用。

（7）刮削。刮削是钳工对工件进行精加工的一种方法，如图 6-6 所示刮削后的工件表面，不仅可获得形位精度、尺寸精度，而且还能通过刮刀在刮削过程中对工件表面产生的挤压，使表面组织紧密，从而提高了力学性能。

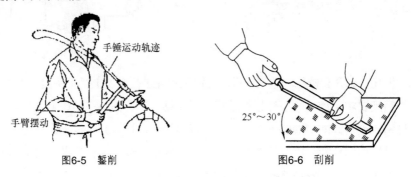

图6-5　錾削　　　　　　　　　图6-6　刮削

（8）研磨。研磨是精密的加工方法。研磨时通过磨料在研具和工件之间作滑动、滚动产生微量切削，即研磨中的物理作用。同时利用某些研磨剂的化学作用，使工件表面产生氧化膜，但氧化膜本身在研磨中又很容易被研磨掉。这样氧化膜不断地产生又不断地被磨去，从而使工件表面得到很高的精度。

（9）矫正和弯曲。利用金属材料的塑性变形，采用合适的方法对变形或存在某种缺陷的原材料和零件加以矫正，消除变形等缺陷。或者使用简单机械或专用工具将原材料弯形成图样所需要的形状，如图 6-7 所示。

四、钳工操作常用工量具及设备

1. 钳工操作时常用的工具

（1）划线工具。划针、划规、划针盘、平板、方箱、样冲和高度尺等，如图 6-8 所示。

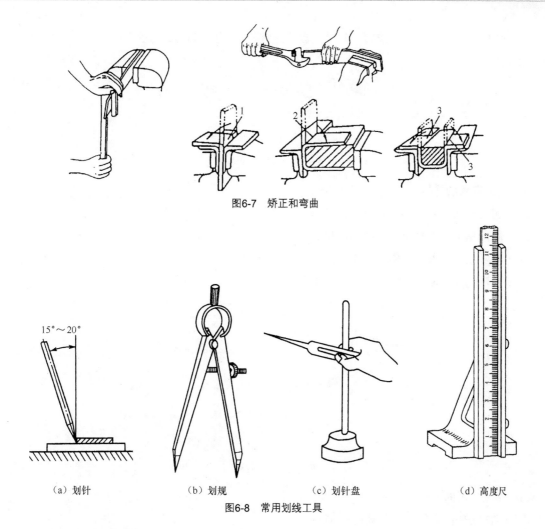

图6-7　矫正和弯曲

（a）划针　　　　　　　（b）划规　　　　　　　（c）划针盘　　　　　　　（d）高度尺

图6-8　常用划线工具

（2）锉削工具。各种锉刀，如图 6-9 所示。

（3）锯削工具。锯弓和锯条，如图 6-10 所示。

图6-9　锉刀

图6-10　手锯

（4）錾削工具。手锤和錾子，如图 6-11 所示。

图6-11　手锤和錾子

（5）孔加工工具。钻头、铰刀、丝锥、板牙和铰杠等，如图 6-12 所示。

图6-12 孔加工工具

2. 钳工常用的量具

（1）测量平面。刀口尺、百分表。

（2）测量角度。直角尺、万能角度尺。

（3）测量长度。卡尺、钢尺、千分尺。

（4）测量间隙。厚薄规等，如图 6-13 所示。

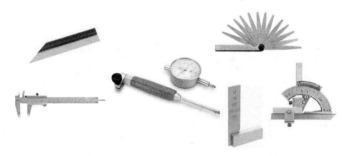

图6-13 常用量具

3. 钳工常用的设备

钳工加工常用的设备大多数比较简单，主要有钳台、台虎钳、砂轮机、台钻、立钻和摇臂钻等。

（1）钳台。钳台也称为钳桌，其样式有多人单排和多人双排两种。双排式钳台由于操作者是面对面的，故钳台中央必须加设防护网以保证安全。钳台的高度一般为 800～900mm，如图 6-14 所示。装上台虎钳后，能得到合适的钳口高度。一般钳口高度以齐人手肘为宜。钳台长度和宽度可随工作场地和工作需要而定。

（2）台虎钳。台虎钳是用来夹持工件的，其结构类型有固定式、回转式和升降式 3 种。这几种台虎钳夹紧部分的结构和工作原理基本相同。由于回转式台虎钳的整个钳体。

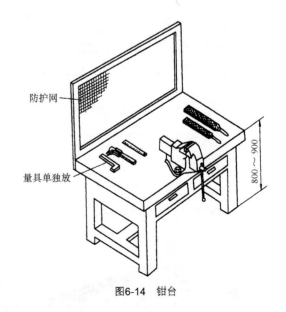

防护网

量具单独放

800～900

图6-14 钳台

可以任意回转，能适应各种不同方位的加工需要，所以应用十分广泛。

升降式台虎钳是一种新型的换代产品，它除具有回转式台虎钳的全部功能外，还可以通过气弹簧使整个钳体上升或下降，保证了不同人体身高对钳口高度的不同要求，为操作动作的规范化提供了便利条件。

台虎钳的规格以钳口宽度表示，常用的有 100mm、125mm、150 mm 等几种。

① 台虎钳结构。回转式台虎钳的结构如图 6-15 所示。主要由固定钳体、活动钳体、丝杠、螺母、回转盘、底座、夹紧盘等组成。活动钳体上的导轨装在固定钳体的导轨孔内，做滑动运动。丝杠装在活动钳体上，可以旋转，但不能轴向窜动，并与安装在固定钳体内的螺母相配合。摇动手柄使丝杠转动时，丝杠便可带动活动钳体作进退移动，实现工件的夹紧和松开动作。为了避免工件夹紧时丝杠受到冲击力的作用，丝杠上套有弹簧，并用挡圈和销子作轴向固定，同时使其具有一定的预压力。弹簧的另一作用是当松开丝杠时，可使活动钳体能够及时退出。为了防止钳体磨损，在活动钳体和固定钳体上用螺钉分别装有经过淬火的钢质钳口，其上制有网纹，使工件夹紧后不易在加工时产生滑动。回转盘底座上有 3 个螺栓孔，用以与钳台固定。固定钳体装在回转盘底座上，并能自由转动。当转过一定的位置后，扳动手柄，使夹紧螺钉旋转并带动夹紧盘上移，便可将固定钳体与回转盘底座紧固。

② 台虎钳的使用与维护。台虎钳在使用时应注意以下几点。

（a）台虎钳在钳台上安装时，一定要使固定钳体的钳口工作面处于钳台边缘之外，以保证夹持长条形工件时，不使工件的下端受到钳台边缘的阻碍。

（b）夹紧工件时只允许用手的力量扳紧手柄，绝不可用任何物件敲击手柄，也不允许用套管在手柄上加力，以免丝杠、螺母、钳体因受力过大而损坏。

（c）强力作业时，应尽量使力量朝向固定钳体，否则丝杠和螺母会受到较大的冲击力，导致螺纹损坏。

（d）丝杠、螺母和各运动表面，应经常加油润滑，并保持清洁，以延长使用寿命。

（3）砂轮机。砂轮机主要用来刃磨钳工用的各种刀具或磨制其他工具。其主要是由基座、砂轮、电动机或其他动力源、托架、防护罩和给水器等所组成，如图 6-16 所示。砂轮较脆、转速很高，使用时应严格遵守安全操作规程。

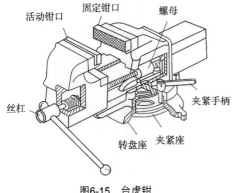

图6-15　台虎钳

图6-16　砂轮机

砂轮机使用的安全操作规程：

① 砂轮机的旋转方向要正确，只能使磨屑向下飞离砂轮。

② 砂轮机启动后，应在砂轮机旋转平稳后再进行磨削。若砂轮机跳动明显，应及时停机修整。

③ 砂轮机托架和砂轮之间应保持 3mm 的距离，以防工件扎入造成事故。

④ 磨削时应站在砂轮机的侧面，且用力不宜过大。

⑤ 根据砂轮使用的说明书，选择与砂轮机主轴转数相符合的砂轮。

⑥ 新领的砂轮要有出厂合格证，或检查试验标志。安装前如发现砂轮的质量、硬度、粒度和外观有裂缝等缺陷时，不能使用。

⑦ 安装砂轮时，砂轮的内孔与主轴配合的间隙不宜太紧，应按松动配合的技术要求，一般控制在 0.05～0.10mm。

⑧ 砂轮两面要装有法兰盘，其直径不得少于砂轮直径的三分之一，砂轮与法兰盘之间应垫好衬垫。

⑨ 拧紧螺帽时，要用专用的板手，不能拧得太紧，严禁用硬的东西锤敲，防止砂轮受击碎裂。

⑩ 砂轮装好后，要装防护罩，挡板和托架。挡板和托架与砂轮之间的间隙，应保持在 1～3mm 内，并要略低于砂轮的中心。

⑪ 新装砂轮启动时，不要过急，先点动检查，经过 5～10min 试转后，才能使用。

⑫ 初磨时不能用力过猛，以免砂轮受力不均而发生事故。

⑬ 禁止磨削紫铜、铅、木头等东西，以防砂轮嵌塞。

⑭ 磨刀时，人应站在砂轮机的侧面，不准两人同时在一块砂轮上磨刀。

⑮ 磨刀时间较长的刀具，应及时进行冷却，防止烫手。

⑯ 经常修整砂轮表面的平衡度，保持良好的状态。

（4）钻床。钻床是钳工常用的孔加工设备，有台式钻床、立式钻床和摇臂钻床等，如图 6-17 所示。

图6-17　钻床

五、钳工操作的安全注意事项

（1）学员进入实习场地必须穿工作服，带好防护用品。

（2）工作场地要保持整齐清洁，搞好环境卫生。

（3）使用的工具、量具和工件的放置要有顺序，并且整齐稳固。

（4）使用机床、工具时要严格遵守其操作规程，并经常检查，发现故障及时排除。

（5）清除锉削、锯削、钻孔等操作时产生的切屑，要用刷子，不要直接用手去清除，更不可用嘴吹，以免切屑飞入眼睛。

（6）钻孔操作严禁带手套，变换转速时，要先停车。

（7）使用电器设备时，必须严格遵守操作规程，防止触电。如果发现有人触电，不要慌乱，应及时切断电源，进行抢救。

任务实施

一、认识钳工工具、量具及设备

（1）工具、量具的正确码放。

（2）熟悉虎钳使用方法。

二、熟悉钳工实习场地

认识钳台、平板、砂轮机、钻床等。

任务完成结论

使用的工具、量具和工件的放置要有顺序，并且摆放整齐稳固。

课堂训练与测评

试操纵台虎钳钳身的转动与钳口的闭合。

知识拓展

使用机床设备时，必须严格遵守操作规程，防止触电。如果发现有人触电，不要慌乱，应及时切断电源，进行抢救。

项目七

| 钳工基本操作 |

【项目描述】

钳工的锉削、划线、锯削及钻孔操作的基本内容。

【学习目标】

通过本项目的学习，学生了解钳工的锉削、划线、锯削和钻孔操作的加工范围，学会各种操作的基本技能与检验方法，并熟悉各项安全操作规程。

【能力目标】

通过课题件的练习，掌握钳工的锉削、划线、锯削和钻孔的操作。

锉削

任务一的具体内容是，认识锉刀、选择锉刀、掌握锉削操作方法与锉削平面的检验方法。通过这一具体任务的实施，学会根据工件要求选择锉刀，掌握锉削基本技能。

知识点、能力点

（1）锉刀的结构和种类。

（2）锉刀的选择。

（3）锉削方法及锉削表面的检验。

（4）锉削产生废品的原因。

（5）锉削安全操作规程。

工作情景

完成图 7-1 所示六面体锉削：

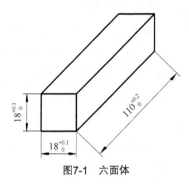

$18_0^{+0.1}$　$18_0^{+0.1}$　$110_0^{+0.2}$

图7-1　六面体

任务分析

（1）锉刀是钳工加工中使用最广的刀具，熟练掌握锉刀的使用方法，学会根据不同的切削要求选择不同大小、形状和粗细的锉刀，是掌握锉削技术的关键。

（2）通过锉削零件的训练，使学生熟练掌握锉削的基本动作要领。

相关知识

一、锉削概念

用锉刀对工件表面进行切削加工的方法称为锉削。锉削加工比较灵活，可以加工工件的内外平面、内外曲面、内外沟槽以及各种复杂形状的表面，锉削加工出的表面粗糙度 Ra 值可达 1.6～0.8μm。单件或小批量生产条件下某些复杂形状的零件加工、样板和模具等的加工，以及装配过程中对个别零件的修整等都需要用锉削加工，锉削是钳工的最重要的基本操作之一。

1. 锉刀的结构与分类

锉刀是锉削的工具。锉刀用碳素工具钢 T13 或 T12 制成，经热处理后切削部分的硬度达 62～72HRC。

（1）锉刀的结构。锉刀由锉身和锉柄两部分组成。锉身包括锉刀面和锉刀边，锉柄包括锉刀尾和锉刀舌，如图 7-2 所示。

锉刀面是锉削的主要工作部位，其上制有锉齿。锉刀边是指锉刀的两个侧面，有的没有锉齿，有的其中一边有锉齿。无锉齿的边称为光边，可使在锉削内

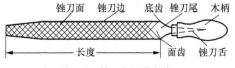

锉刀面　锉刀边　底齿　锉刀尾　木柄

长度　面齿　锉刀舌

图7-2　锉刀各部分名称

直角的一个面时，不会碰伤相邻的一面。

锉刀舌用来安装锉刀手柄。手柄选用非金属材料，木质手柄安装时在有孔的一端应套有铁箍，防止破裂。

（2）锉齿和锉纹。锉齿是锉刀面上用以切削的齿型，其制造方法分剁齿和铣齿两种。

齿纹是锉齿排列的形式，有单齿纹和双齿纹两种，如图 7-3 所示。单齿纹是指锉刀上只有一个方向的齿纹，单齿纹多由铣齿法制成。这种齿形的前角为正前角，齿的强度较低，且全部齿宽同时参与切削，需要的切削力较大，因此适用于锉削软材料。

双齿纹是指锉刀上有两个方向排列的齿纹。双齿纹大多数为剁齿。先剁上去的锉纹为底齿纹，其齿纹深度较浅；后剁上去的锉纹为面齿纹，其深度较深。面齿纹与锉刀中心线成 65°或 72°，底齿纹与锉刀中心线成 45°或 52°。底齿纹形成切削刃，面齿纹覆盖在底齿纹上，使其间断形成锉齿，达到分屑、断屑的作用，使锉削省力。同时由于锉痕交错而不重叠，使锉削表面比较光滑，锉齿耐用度也较高，适用于锉硬材料。

（3）锉刀的种类。锉刀分为普通锉（钳工锉）、特种锉（异形锉）和整形锉三类。

普通锉按其断面形状的不同，又分为板锉（平锉或扁锉）、方锉、三角锉、半圆锉和圆锉五种。普通锉刀的形状及应用示例如图 7-4 所示。

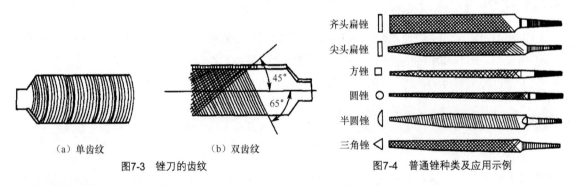

（a）单齿纹　　　　（b）双齿纹

图7-3　锉刀的齿纹

图7-4　普通锉种类及应用示例

特种锉主要用来加工零件的异形表面。常用的特种锉根据其断面形状的不同，分为椭圆锉、菱形锉、扁三角锉、刀口锉等，如图 7-5 所示。

整形锉通常称为什锦锉或组锉，因分组配备各种断面形状的小锉而得名。主要用于对工件的细小部位进行精细整形加工。整形锉通常以 5 支、6 支、8 支、10 支或 12 支为一组，如图 7-6 所示。

图7-5　特种锉

图7-6　什锦锉及断面形状

（4）锉刀的规格。锉刀的规格分为长度规格和粗细规格两种。

锉刀的长度规格以锉身长度表示。如常用的板锉规格有 100mm（4 英寸）、150mm（6 英寸）、200mm（8 英寸）、250mm（10 英寸）、300 mm（12 英寸）等。特种锉和整形锉的尺寸规格以锉刀的全长表示。

锉刀的粗细规格是按锉刀齿纹的齿距大小来确定的，以锉纹号表示。锉纹号越大，齿距越小。普通锉刀的粗细等级分为以下五种。

① 1 号锉纹用于粗锉刀，齿距为 2.3～0.83mm。

② 2 号锉纹用于中粗锉刀，齿距为 0.77～0.42mm。

③ 3 号锉纹用于细锉刀，齿距为 0.33～0.25mm。

④ 4 号锉纹用于双细锉刀，齿距为 0.25～0.20mm。

⑤ 5 号锉纹用于油光锉，齿距为 0.20～0.16mm。

锉刀的产品编号由类别代号、类型代号、规格、锉纹号组成。普通锉（钳工锉）用"Q"表示；特种锉（异形锉）用"Y"表示；整形锉用"Z"表示。类型代号"01"代表齐头板锉，"02"代表尖头板锉，"03"代表半圆锉，"04"代表三角锉，"05"代表方锉，"06"代表圆锉等。例如"Q-01-250-3"表示普通锉类的齐头板锉，锉身长250mm，锉纹为 3 号。

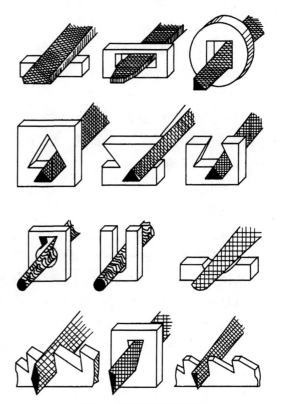

2. 锉刀的选择

（1）锉刀断面形状的选择。锉刀断面形状的选择主要是按工件锉削表面的形状及锉削时锉刀的运动特点确定，如图 7-7 所示。

多角形内孔锉削，在粗锉时可根据相邻两边夹角的大小选择合适的锉刀。如夹角小于 90°，可选用三角锉、刀口锉等。大于 90° 或等于 90° 的可选用方锉或板锉。但在精锉多角形内孔平面时，应尽可能选用细板锉，并根据相邻面的角度修磨板锉两侧。

（2）锉刀粗细的选择。锉刀粗细的选择主要决定于加工余量、加工精度和加工表面粗糙度要求的高低以及工件材料的软硬等。粗锉刀适用于

图7-7　加工不同表面的锉刀

锉削加工余量大、加工精度低和表面粗糙度大的工件；细锉则反之。各类锉刀能达到的加工精度如表 7-1 所示。

表 7-1	各类锉刀能达到的加工精度		
锉　刀	适　用　场　合		
	加工余量/mm	尺寸精度/mm	粗糙度/μm
粗　锉	0.5～1	0.2～0.5	Ra
中　锉	0.2～0.5	0.05～～0.2	Ra
细　锉	0.05～0.2	0.01～0.05	Ra

　　锉削软材料时，应选用单齿纹锉刀或粗齿锉刀，否则会因锉刀容屑槽小，切屑易堵塞容屑槽而很快失去切削能力。

　　（3）锉刀尺寸规格的选择。选择锉刀尺寸规格主要是按工件锉削面的大小、长短和加工余量的大小来确定。加工面的尺寸较大，加工余量也较大时，应选用较长锉刀；反之，则选用较短的锉刀。若加工面大而锉刀小，锉削时锉刀左右平移量大，加工表面不易锉平；加工面小而锉刀大时，易造成锉面塌边、塌角现象。锉削面纵向较长时，应选用大规格锉刀；反之，选小规格锉刀。一般纵向锉削表面长度在 50mm 以上时，可选用 300mm 以上的锉刀，长度为 30～50mm 时，可选用 250mm 锉刀；30mm 以下，可选用 200mm 以下的锉刀。在根据锉面纵向长度选择锉刀规格时，应同时考虑锉面宽度。特别是在锉削阶台面时，应尽量使用接近阶台宽度的锉刀，以防锉刀面过宽造成工件锉面塌边现象。

　　（4）锉刀面质量的选择。锉刀面质量的好坏，对锉削面的平整、光洁等表面加工质量有很大影响，特别是在精锉时，这点更为重要。所以在选用锉刀时，要仔细检查锉刀面有无中凹、波浪形、扭曲、锉齿不匀等间题。

二、锉削方法

1. 锉刀的握法

　　（1）锉刀手柄的装卸。锉刀手柄用硬木（胡桃木或檀木等）或塑料制成，从小到大分为 1～5 号。木质手柄在装锉刀的一端应先钻出一个小孔，孔的大小以能使锉刀舌自由插入 1/2 为宜，并在该端外圆处镶一铁箍。安装锉刀手柄一般有两种方法，即墩装法和敲击法，锉刀舌的插入深度为舌长的 3/4 即可。安装后，手柄必须稳固，避免锉削时松脱造成事故，如图 7-8（a）所示。

　　拆卸锉刀手柄时可用图 7-8（b）所示的方法，也可用手锤轻击木柄的方法。

　　（2）锉刀的握法。锉刀的握法，应根据锉刀的大小及使用情况而有所不同。使用锉刀时，一般用右手紧握木柄，左手握住锉身的头部或前部。

　　大锉（大于 250mm）的握法如图 7-9 所示。右手紧握木柄，柄端顶住手掌心，大拇指放在木柄上部，其余 4 指环握木柄下部。左手的基本握法是将拇指根部的肌肉压在锉刀头部，拇指自然伸直，其余 4 指弯向手心，用中指、无名指捏住锉刀尖，也可捏住锉刀的前部。

　　中型锉（200mm 左右）的握法，右手与上述大锉握法相同。左手用大拇指、食指，也可加中指捏住锉刀头部，不必像使用大锉那样用很大的力量，如图 7-10（a）所示。

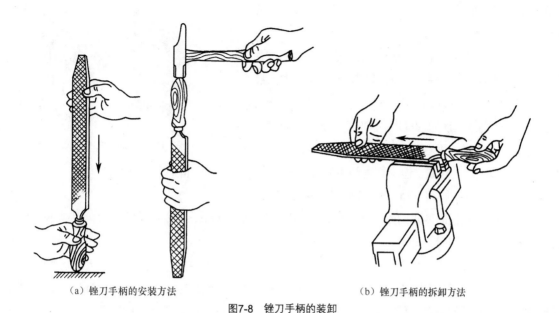

（a）锉刀手柄的安装方法　　　　　　　　　（b）锉刀手柄的拆卸方法

图7-8　锉刀手柄的装卸

　　小型锉（150mm 左右）的握法如图 7-10（b）所示。右手食指靠住锉边，拇指与其余手指握住木柄。左手的食指和中指（也可加无名指和小拇指）轻按在锉刀面上。

　　用整形锉锉削时，一般只用右手拿锉刀。将食指放在锉刀面上，大拇指伸直，其余 3指自然合拢握住锉刀柄即可，如图 7-10（c）所示。

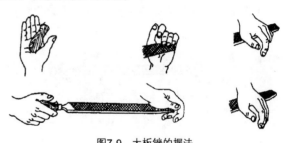

图7-9　大板锉的握法

2. 锉削姿势和动作

　　锉削的姿势和动作根据锉削力的大小而略有差异。粗锉时，由于锉削力较大，所以姿势要有利于身体的稳定，动作要有利于推锉力的施加。精锉时，锉削力较小，所以锉削姿势要自然，动作幅度要小些，以保证锉刀运动的平稳性，使锉削表面的质量容易得到控制。

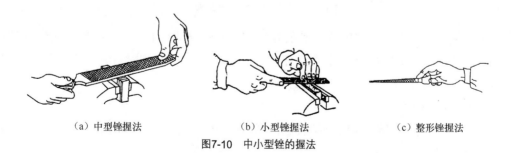

（a）中型锉握法　　　　　　（b）小型锉握法　　　　　　（c）整形锉握法

图7-10　中小型锉的握法

　　（1）粗锉。粗锉时两脚站立位置：两脚后跟间的距离保持在 200～300mm 之间，姿势要自然，身体稍微离开虎钳，并略向前倾 10°左右，左腿弯曲并支撑身体质量，右腿伸直。右小臂要与工件锉削面的前后方向保持基本平行，并尽量向后伸，但要自然。如图7-11所示。

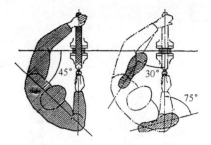

锉削时要充分利用锉刀的全长，用全部锉齿进行工作。开始时身体前倾斜10°左右，右肘尽可能收缩到后方。最初三分之一行程时，身体逐渐前倾15°左右，使左膝稍弯曲，其次三分之一行程，右肘向前推进，同时身体也逐渐前倾到18°左右，最后三分之一用右手腕将锉刀推进，身体随锉刀的反

图7-11　锉削时的站立步位和姿势

作用力退回到15°的位置。锉削行程结束后，把锉刀略提一些，身体恢复到起始位置姿势。锉削时为了锉出平直的表面，必须正确掌握锉削力的平衡使锉刀平稳。

（2）精锉。精锉时两脚的站立位置同前，但距离较近（200mm左右）。锉削时，左腿不弯曲，身体基本不动，只用臂力即可。

锉削时的力量有水平推力和垂直压力两种，推动主要由右手控制，其大小必须大于切削阻力，才能锉去切屑。不论是粗锉还是精锉，要锉出平直的平面，必须使锉刀保持直线的锉削运动。为此，在锉削过程中两手的力度要随时变化。起锉时左手距工件最近，压力要大，推力要小，而右手则要压力小，推力大。随着锉刀的向前推进，左手压力逐渐减小，右手压力则逐渐增大。当工件在锉身中点位置时，双手压力变为均等。再向前推锉，右手压力逐渐大于左手，如图7-12所示。回锉时，两手不再加压力而是拖回原位，以减少锉齿的磨损。

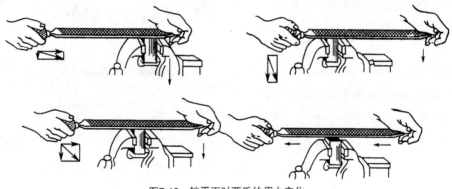

图7-12　锉平面时两手的用力变化

锉削时应使两肩自然放松，前胸和手臂要有推压感，不要挺腹，右手运锉不能与身体摩擦相碰。锉削时要注意两手的运锉频率，保持锉削速度为30～60次/分钟，推出时稍慢，回锉时稍快。锉削速度不宜太快，否则人身容易疲劳，锉齿磨损也快。

3．各种工件表面的锉削

工件的表面是多种多样的，但要练好锉削，必须首先练好基本形面的锉削。

（1）平面锉削方法。

① 锉削方法。进行平面锉削时，根据锉削平面的精度和平面长、宽尺寸的大小，选择不同的锉削方法，一般有以下3种方法。

（a）顺向锉法。如图 7-13（a）所示，锉刀运动方向与工件的夹持方向始终一致。这种锉削方法可得到正直的锉痕，比较整齐美观，适用于锉削不大的平面和最后的精锉。

在利用顺向锉法精锉平面时，锉刀行程不要拉的太大，一般为 20～60mm。太长不易控制左右手的压力平衡，造成锉面中凸。锉刀要紧贴锉面，压力要小些，要有锉刀是吸附在工件表面上的手感，同时注意压力均匀，使工件表面锉纹深浅一致。

（b）交叉锉法。锉刀运动方向与工件夹持方向成30°～40°，且第一遍锉削与第二遍锉削交叉进行，如图 7-13（b）所示。由于锉刀与工件的接触面增大，锉刀容易掌握平稳。同时，由于锉痕是交叉的，锉削表面上就显出高低不平的痕迹，从而可以判断出锉削表面上的不平程度，因此容易把平面锉平。这种锉法一般适用粗锉。精锉时必须采用顺向锉法，使锉痕变为正直。

在锉削平面时，不论是采用顺向锉法还是采用交叉锉法，为使整个加工面能均匀地锉削，每次退回锉刀时应在横向作适当的移动。

（c）推锉法。如图 7-13（c）所示，锉刀的运动方向与锉身垂直。由于推锉刀的平衡易于掌握，且锉削量很小、因此便于获得较平整的加工表面和较低的表面粗糙度。这种锉法一般用来锉削狭长平面，在加工余量较小和修正尺寸时也常应用。

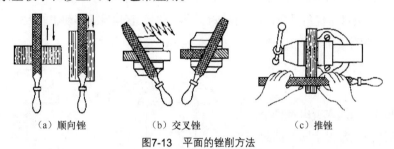

（a）顺向锉　　　　（b）交叉锉　　　　（c）推锉

图7-13　平面的锉削方法

② 锉削平面的检验方法。锉削平面时，要经常锉削有平面度要求的表面。由于锉削平面一般较小，所以其平面度通常都用刀口直尺（或钢直尺）通过透光法来检查，如图 7-14 所示。检查时，刀口直尺应垂直放在工件表面上，如图 7-14（a），并在加工面的纵向、横向、对角方向多处逐一进行，如图 7-14（b）。平面度误差值的确定，可用厚薄规作塞人检查。对于中凹平面，取各检查部位中最大值计；对于中凸平面，则应在两边以同样厚薄规作塞人检查，并取各检查部位中的最大值计，如图 7-14（c）。

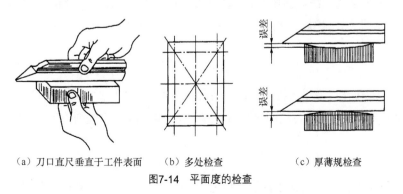

（a）刀口直尺垂直于工件表面　　　（b）多处检查　　　（c）厚薄规检查

图7-14　平面度的检查

　　刀口直尺在改变检查位置时，不能在工件表面上拖动，应抬起后再轻放到另一检查位置。否则直尺的刃口易磨损而降低其精度。

　　（2）长方体锉削。进行长方体锉削时，除了要保证每个面的平面度外，还要保证两平行面之间的平行度和两相邻面之间的垂直度。

　　① 长方体各表面的锉削顺序。锉削长方体时，各表面的锉削必须按照一定的顺序进行，才能方便、准确地达到规定的尺寸和相对位置精度要求。其一般原则如下。

　　（a）选择最大的平面作基准面先锉平，达到规定的平面度要求，使其作为其他表面锉削时的共同基准。

　　（b）先锉大平面，后锉小平面。以大平面控制小平面，可使测量准确、精度高。

　　（c）先锉平行面，后锉垂直面。即在达到规定的平行度后，再加工相邻的垂直面，这样容易保证垂直度要求，误差积累也较少。

　　② 平行度和垂直度的检测。

　　（a）平行度可用卡钳、游标卡尺来检测，也可将工件上某一平面度合格的表面贴放在划线平板上，用百分表来检测其相对平面的平行度，以最大差值作为平行度的数值。

　　（b）垂直度的检测可用直角尺通过透光法进行。检测时，直角尺的移动不能太快，压力也不要太大，否则易造成尺座测量面离开工件表面使测量值不准，其测量方法如图 7-15 所示。

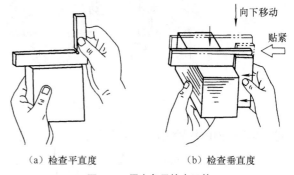

（a）检查平直度　　　　　　（b）检查垂直度

图7-15　用直角尺检查工件

　　（3）曲面锉削。曲面大多由各种不同的曲线形面所组成，常见于凹、凸曲面模具，曲面样板及凸轮等。最基本的曲面是单纯的外圆弧面和内圆弧面，掌握内外圆弧面的锉削方法和技能，是掌握各种曲面锉削的基础。

　　① 曲面的锉削方法。锉削曲面一般采用滚锉法，根据曲面的不同形状，滚锉的方向也有所不同。

　　（a）外圆弧面的锉削方法。锉削外圆弧面所用的锉刀均为板锉。锉削时锉刀要同时作两个方向的运动，即前进运动和绕工件圆弧中心的转动，如图 7-16 所示。实现这两个运动的方法有两种。

　　顺着圆弧面锉：如图 7-16（a）所示。开始时，将锉刀前部压在工件上，尾部抬高，然后开始向前推锉，同时右手下压，左手上提，使锉刀头部逐渐由下而上作弧形运动。两手要协调，压力要均匀，上下摆动幅度要大。这种方法能使圆弧面锉削得光洁圆滑，但锉削位置不易掌握且效率不高，故适用于精锉圆弧。

　　横着圆弧面锉：如图 7-16（b）所示。锉削时，锉刀在作顺曲面轴向运动的同时，又作横向曲线运动。这种方法锉削效率高且便于按划线均匀锉近弧线，但只能锉成近似圆弧面的多棱面，故适用于圆弧面的粗加工。

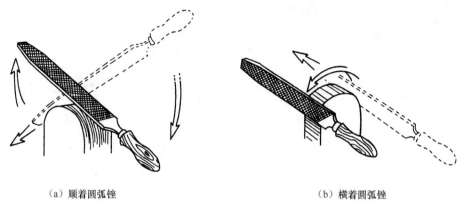

（a）顺着圆弧锉　　　　　　　　　　　　（b）横着圆弧锉

图7-16　外圆弧面的锉削方法

（b）内圆弧面的锉削方法。锉削内圆弧面的锉刀可选用圆锉或半圆锉。当圆弧半径较大时，也可用方锉进行粗锉。锉削时锉刀要同时完成 3 个运动，即使锉刀作前进运动的同时，还要使锉刀本身作 45°左右的旋转运动和沿圆弧面向左或向右的横向移动，以保证锉出的弧面光滑、准确，如图 7-17 所示。

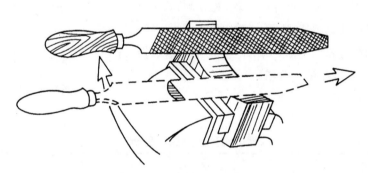

图7-17　内圆弧面的锉削方法

（c）平面与曲面的锉接方法。在一般情况下，应先加工平面，然后加工曲面，就容易保证平面与曲面的圆滑连接。如果先加工曲面后加工平面，则在加工平面时，由于锉刀侧面无依靠（平面与内圆弧面连接时）而产生的左右移动，使已加工的曲面损伤，同时连接处也不易锉得圆滑。

（d）球面的锉削方法。锉削球面的锉刀均为板锉。锉削时，除有推锉运动外，锉刀还要有直向或横向二种曲线运动，才容易获得所要求的球面，如图 7-18 所示。

锉削曲面时，粗加工可采用各种锉法尽快去除大部分余量，精加工必须按曲面形状运锉。曲线运锉要连贯，以保证曲面圆滑、无棱边。曲面基本达到要求后，可用推锉法修整，将锉痕顺直。

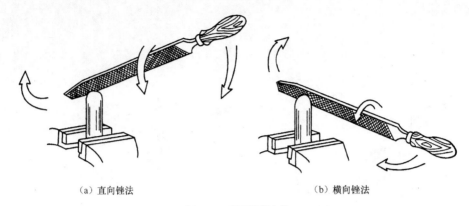

（a）直向锉法　　　　　　　　　　（b）横向锉法

图7-18　球面锉削方法

②　曲面形体的检测方法。曲面形体的线轮廓度一般使用半径规、曲面样板或验棒通过厚薄规（塞尺）或透光法来进行检测，如图 7-19 所示。使用半径规或曲面样板时，应垂直于曲面测量。验棒是按曲面半径的要求制成的，测量时通过与曲面比较或用显示剂（如红丹粉）对研来检查曲面的误差。

三、锉削安全技术

（1）不使用无柄或裂柄锉刀。

（2）不允许用嘴吹锉屑，避免锉屑飞入眼内。

（3）锉刀放置不允许露出钳台外，避免砸伤腿脚。

（4）锉削时要防止锉刀从锉柄中滑脱出伤人。

（5）不允许用锉刀撬、击东西，防止锉刀折断、碎裂伤人。

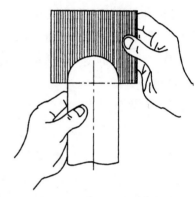

图7-19　用样板检查曲面轮廓

四、锉削时常见废品原因分析

锉削时产生废品的原因分析见表 7-2。

表 7-2　　　　　　　　　　锉削常见废品原因分析

废品形式	产生原因
零件夹伤表面或变形	（1）虎钳未装软钳口 （2）夹紧力过大
零件尺寸偏小超差	（1）划线不准确 （2）未及时测量尺寸或测量不准确
零件平面度超差 （中凸、塌边或塌角）	（1）选用锉刀不当或锉刀面中凹 （2）锉削时双手推力、压力应用不协调 （3）未及时检查平面度就改变锉削方法
零件表面粗糙度超差	（1）锉刀齿纹选用不当 （2）锉纹中间嵌有铁屑未及时清除 （3）粗、精锉削加工余量选用不当 （4）直角边锉削时未选用光边锉刀

任务实施

一、完成图 7-20 所示六面体的锉削

（1）锉削平面Ⅰ，作为基准面。

（2）锉削平面Ⅱ，与平面Ⅰ垂直，作为基准角。

（3）锉削平面Ⅲ，分别与平面Ⅰ、平面Ⅱ垂直，作为基准角。

（4）锉削平面Ⅳ，与平面Ⅰ平行、平面Ⅱ垂直、保证尺寸$18^{+0.1}_{0}$。

（5）锉削平面Ⅴ，与平面Ⅰ、Ⅲ垂直，与平面Ⅱ平行，保证尺寸$18^{+0.1}_{0}$。

（6）锉削平面Ⅵ，与平面Ⅰ、Ⅱ、Ⅳ、Ⅴ垂直，与平面Ⅲ平行，保证尺寸$110^{+0.2}_{0}$。

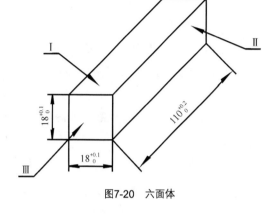

图7-20 六面体

二、量具的使用

（1）用直角尺测量平面和直角。

（2）用游标卡尺测量尺寸及平行度。

任务完成结论

一、锉削姿势及锉刀选择对锉削平面的影响

（1）锉削时双手推力、压力应用不协调，锉刀不能直线运动，易造成工件中凸、塌边或塌角。

（2）夹紧力过大，易造成工件表面夹伤。

（3）锉刀齿纹选用不当或锉纹中间嵌有铁屑未及时清除，易造成工件表面粗糙度过差。

二、量具使用不当对工件尺寸的影响

（1）直角测量时，直角尺的尺座与工件基准面，或尺苗与工件测量面没有贴合，造成角度测量不准。

（2）游标卡尺卡爪与工件表面没有贴合，测量工件平行度不准、尺寸大小测量不准，使工件超差。

（3）游标卡尺读数不准，易造成工件尺寸超差。

课堂训练与测评

（1）如何避免锉削中出现中凸现象。

（2）何时应用交叉锉法。

（3）锉刀纹应顺到工件的长度方向。

知识拓展

钢铁材料的火花鉴别

钢铁材料品种繁多，性能各异，因此对钢铁材料的鉴别是非常必要的。常用的鉴别方法有火花鉴别法、色标鉴别法、断口鉴别法和音色鉴别法等。

一、火花鉴别

根据钢铁材料在磨削过程中所出现的火花爆裂形状、流线、色泽、发火点等特点区别钢铁材料化学成分差异的方法，称为火花鉴别法。

火花鉴别专用电动砂轮机的功率为 $0.20\sim0.75$kW，转速高于 3 000r/min。所用砂轮粒度为 $40\sim60$ 目，中等硬度，直径为 $\phi150\sim200$mm。磨削时施加压力以 $20\sim60$N 为宜，轻压看合金元素，重压看含碳量。

火花鉴别的要点是：详细观察火花的火束粗细、长短、花次层叠程度和它的色泽变化情况。注意观察组成火束的流线形态，火花束根部、中部及尾部的特殊情况和它的运动规律，同时还要观察火花爆裂形态、花粉大小和多少。

1. 火花组成

（1）火花束。火花束是指被测材料在砂轮上磨削时产生的全部火花，常由根部、中部、尾部组成，如图 7-21 所示。

（2）流线。从砂轮上直接射出的好像直线的火流称为流线。每条流线都由节点、爆花和尾花组成。

（3）节点。节点就是流线上火花爆裂的原点，呈明亮点。

（4）芒线。火花爆裂时产生的若干短线条称为芒线。

（5）爆花。爆花就是节点处爆裂的火花。随着含碳量的增加，在芒线上继续爆裂产生二次花、三次花、多次花。钢的化学成分不同，尾花的形状也不同。通常尾花可分为苞状尾花、菊花状尾花、狐尾尾花、羽状尾花等，如图 7-22 所示。

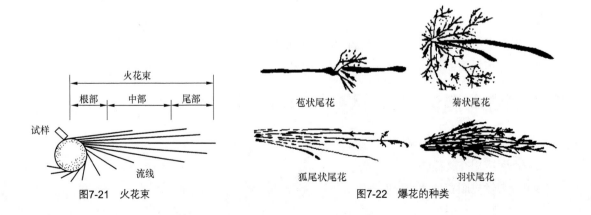

图7-21　火花束　　　　图7-22　爆花的种类

2. 常用钢铁材料的火花特征

（1）碳素钢火花的特征。

低碳钢：火花束较长，流线少，芒线稍粗、长并有明亮的节点，多为一次花，火花色泽草黄带暗红色，无花粉。20 钢火花特征，如图 7-23（a）所示。

中碳钢：火花束稍短，流线较细长而多，流线尾部和中部有节点。爆花比低碳钢增多，开始出现二次、三次花，附少量花粉，火花色泽为黄色。45 钢的火花特征，如图 7-23（b）所示。

高碳钢：火花束较短而粗，流线多而细，碎花、花粉多，又分叉多且多为三次花，发光较亮，火花色泽为明黄色。T10 钢火花特征，如图 7-23（c）所示。

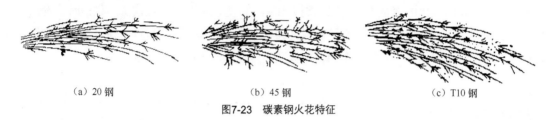

（a）20 钢　　　　　　　　　（b）45 钢　　　　　　　　　（c）T10 钢

图7-23　碳素钢火花特征

（2）铸铁的火花特征铸铁的火花束很粗，流线较多，一般为二次花，花粉多，爆花多，尾部渐粗下垂成弧形，颜色多为橙红。火花试验时，手感较软。

（3）合金钢的火花特征合金钢的火花特征与其含有的合金元素有关。一般情况下，镍、硅、钼、钨等元素抑制火花爆裂，而锰、钒、铬等元素却可助长火花爆裂。所以对合金钢的鉴别难掌握。一般铬钢的火花束白亮，流线稍粗而长，爆裂多为一次花、花型较大，呈大星形，分叉多而细，附有碎花粉，爆裂的火花心较明亮。镍铬不锈钢的火花束细，发光较暗，爆裂为一次花，五六根分叉，呈星形，尖端微有爆裂。高速钢火花束细长，流线数量少，无火花爆裂，色泽呈暗红色，根部和中部为断续流线，尾花呈弧状。

3. 鉴别安全操作

鉴别时，应戴无色平光眼镜。站在背光的方向，将试样沿砂轮圆周面进行磨削。磨削时，使火花略高于水平方向发射，以便观察。操作时要注意手腕施压的感觉，要用力要适中，不能过重，也不能过轻。仔细观察火花束的长度和各部位花型特征。

二、色标鉴别法

生产中为了表明金属材料的牌号、规格等，常做一定的标记，如涂色、打印、挂牌等。金属材料的涂色标志是表示钢号、钢种的，涂在材料一端的端面或端部。具体的涂色方法在有关标准中做了详细规定，现举例如下：碳素结构钢 Q235 钢为红色；优质碳素结构钢 20 钢为棕色加绿色，45 钢为白色加棕色；合金结构钢 20CrMnTi 钢为黄色加黑色，40CrMo 钢为绿色加紫色；铬轴承钢 GCr15 钢为蓝色；高速钢 W18Cr4V 钢为棕色加蓝色；不锈钢 1Cr18Ni9Ti 钢为绿色加蓝色；热作模具钢 5CrMnMo 钢为紫色加白色。

三、断口宏观鉴别法

材料或零部件因受某些物理、化学或机械作用的影响而导致破断，此时所形成的自然表面称为断口。生产现场根据断口的自然形态判定材料的韧脆性，从而推断材料含碳量的高低。若断口呈纤维状，无金属光泽，颜色发暗，无结晶颗粒，且断口边缘有明显的塑性变形特征，则表明钢材具有良好的塑性和韧性，含碳量较低。若断口齐平，呈银灰色，且具有明显的金属光泽和结晶颗粒，则表明属脆性材料。而过共析钢或合金经淬火后，断口呈亮灰色，具有绸缎光泽，类似于细瓷器断口特征。

常用钢铁材料的断口特点大致如下：低碳钢不易敲断，断口边缘有明显的塑性变形特征，有微量颗粒；中碳钢的断口边缘的塑性变形特征没有低碳钢明显，断口颗粒较细、较多；高碳钢的断口边缘无明显塑性变形特征，断口颗粒很细密；铸铁极易敲断，断口无塑性变形，晶粒粗大，呈暗灰色。

四、音色鉴别法

根据钢铁敲击时发出的声音不同，以区别钢和铸铁的方法称为音色鉴别法。敲击时，发出比较清脆声音的材料为钢，发出较低沉声音的材料为铸铁。为了准确地鉴别材料，在以上几种现场鉴别的基础上，一般还可采用化学分析、金相检验以及硬度试验等手段进行鉴别。

　　划线

任务二的具体内容是，学会划线基准的选择，分清平面划线与立体划线，借助划线工具划出清晰的加工界线。掌握划线的借料方法。

知识点、能力点

（1）划线的作用与要求。

（2）划线工具的用法。

（3）划线基准的选择。

（4）划线方法。

（5）借料方法。

（6）划线的检验。

工作情景

完成图 7-24 所示"鸭嘴"榔头的斜面、椭圆孔的划线。

任务分析

通过课题件划线练习：

（1）学会划线基准的选择。

（2）学会选择划线涂料。

（3）熟练掌握高度游标划线卡尺、划规、钢尺、划针、样冲、手锤等工具的使用方法。

完成好本任务就能划出正确、清晰、完整的加工界线。

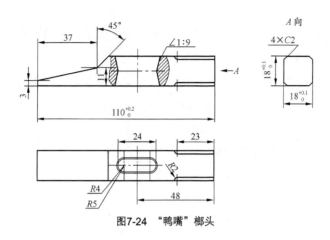

图7-24　"鸭嘴"榔头

相关知识

一、划线的概念

根据图纸的要求或实物的尺寸，在毛坯或工件的表面上划出加工界线的操作称为划线。划线是机械加工的重要工序之一，广泛应用于单件或小批量生产中。根据加工面的不同，划线分为平面划线和立体划线两种。

1. 划线的作用

（1）确定工件上各加工面的加工位置，合理分配加工余量，为机械加工提供参考依据。

（2）便于复杂工件在机床上的安装定位。

（3）可对毛坯按图纸要求作全面检查，及时发现和处理不合格毛坯。

（4）采用划线中的借料方法，往往可使有缺陷的毛坯得到补救。

（5）对板类材料按划线下料，可使板料得到充分的利用。

2. 划线的要求

划线的要求是尺寸准确、位置正确、线条清晰，样冲眼均匀。

（1）在对工件进行划线之前，必须详细阅读工件图纸的技术条件，看清各个尺寸及精度要求，并熟悉加工工艺。

（2）划线时工件的定位一定要稳固，特别是不规则的工件更应注意这一点。调节找正工件时，一定要注意安全，对大型工件需加安全措施。

（3）划线时要保证尺寸正确，在立体划线中还应注意使长、宽、高三个方向的划线相互垂直。

（4）划出的线条要清晰均匀，不得画出双层重复线，也不要有多余线条。一般粗加工线条宽度为 0.2~0.3mm，精加工线条宽度要小于 0.1mm。

（5）样冲眼深浅合适，位置正确，分布合理。

3. 划线的工具及用法

在划线工作中，为了保证划线尺寸的准确性，提高工作效率，应当熟悉各种划线工具并能正确使用这些工具。常用的划线工具及用法如下。

（1）划线平板。用铸铁制成，工作表面经过精刨和刮削加工，是划线的基准平面。其作用是支承和安放划线工具，如图 7-25 所示。

中小型平板一般放置在高度约 600~900mm 的木制支承架上，使工作表面处于水平状态。使用时应经常保持清洁；工件和工具在平板上要轻拿、轻放，严禁敲击；用后要擦拭干净，并涂机油防锈。大型平板由中型平板拼装而成，拼装后要保证各平板的工作表面在同一水平面内。

（2）方箱。由铸铁制成空心的立方体，所有的外表面都经过精刨和刮削加工，相邻各面互成直角，在一个表面上开有两条相互垂直的 V 形槽，并设有夹紧装置，如图 7-26 所示。

图7-25　划线平板

图7-26　方箱

方箱的作用在于夹持工件并可随意翻转，这对要求在 3 个方向划出互成 90°直线的工件划线是十分方便的。方箱上的 V 形槽是放置圆柱形工件用的。

方箱一般放在划线平板上，使用时要注意保持各个表面的清洁，用后要涂机油防锈。

（3）V 形铁。V 形铁的形状有很多种，但根据用途分类有长 V 形铁和短 V 形铁两种，如图 7-27 所示。长 V 形铁单独使用，上面带有 U 形夹紧装置，可翻转三个方向，在工件上划出相互垂直的线。短 V 形铁两个为一组使用，两个同时制造完成，各部尺寸误差很小，用来放置圆柱形工件，划中线、找正中心等。

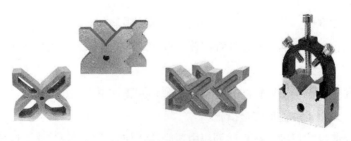

图7-27　V型铁

（4）千斤顶。千斤顶是一种用钢性顶举件作为工作装置，通过顶部托座或底部托爪在行程内顶升重物的轻小起重设备。有机械式和液压式两种。机械式千斤顶又有齿条式与螺旋式两种，由于起重量小，操作费力，一般只用于机械维修工作。液压式千斤顶结构紧凑，工作平稳，有自锁作用，故使用广泛，其缺点是起重高度有限，起升速度慢。

螺旋式千斤顶由中碳钢制成的螺杆、螺母等零件组成，如图 7-28 所示。螺杆的锥形顶部要局部淬火，使用时三个为一组，用于支承不规则的工件，其支承高度可以调节，以便确定工件划线的基准。

（5）分度头。分度头是铣床上用来等分圆周的附件，如图 7-29 所示。钳工在对较小的轴类、圆盘类零件作等分圆周或划角度线时，使用分度头十分方便准确的。划线时，把分度头置于划线平板上，将工件用分度头的三爪卡盘夹持住，利用分度机构并配合划针盘或高度尺，即可划出水平线、垂直线、倾斜线、等分线以及不等分线等。

图7-28　千斤顶

图7-29　分度头

（6）钢直尺。钢直尺由不锈钢制成，如图 7-30 所示，其长度有 150mm、300mm、500mm、1 000mm 等多种规格，它主要用于量取尺寸、测量工件，也可代替直尺作划线的导向工具，使用时应紧靠测量部位直视读数。

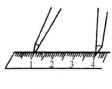

（a）量尺寸

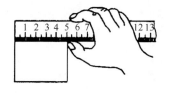

（b）测量工件

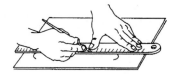

（c）划线

图7-30　钢直尺

（7）角尺。角尺包括宽座角尺和数显角尺，由尺座、尺苗两部分组成，如图 7-31 所示。直角尺尺座与尺苗成 90°，可划垂直线，或测量工件的内、外直角，如图 7-31（a）所示。数显角尺尺座与尺苗的角度可以在 ±180°范围内调整，主要作用是划某一基准的角度线，或测量角度，如图 7-31（b）所示。

（8）角度规。角度规由角度盘和直尺组成，如图 7-32 所示，用于精度要求较高的角度划线，使用时将角度盘的直边靠在工件所划角度线的准边上，用直尺作导向工具。

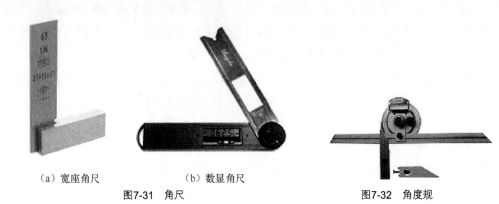

　　（a）宽座角尺　　　　　（b）数显角尺
图7-31　角尺　　　　　　　　　　　　　　图7-32　角度规

　　（9）高度尺。高度尺也被称为游标高度尺。它的主要用途是测量工件的高度，另外还经常用于测量形状和位置公差尺寸，有时也用于划线。

　　根据读数形式的不同，高度游标卡尺可分为普通游标式和电子数显式两大类。游标高度尺是一种既可测量零件高度又可进行精密划线的量具，附有用硬质合金做成的划爪，如图 7-33（a）所示。使用时应先将划爪降至与划线平板贴合的位置，检查游标零位与尺身零线是否正确，如有误差要及时调整。划线时划爪要垂直于工件表面一次划出，不要用划爪两侧尖划线，以免侧尖磨损而增大划线误差。

　　电子数显高度尺，如图 7-33（b）所示。采用数字显示技术，测量精确，效率高，可在任意位置置零。

　　（10）划针。划针通常是用 $\phi3\sim\phi5$mm 的弹簧钢丝直接磨成或用高速钢锻造而成，如图 7-34 所示。针体截面有圆形、四方形和六方形。尖端磨成 15°～20° 尖角，并经淬火使之硬化。划针一般以钢直尺、角尺或样板等作为导向工具配合使用。

　　（a）游标高度尺　　（b）数显高度尺
　　　　　图7-33　高度尺　　　　　　　　　　图7-34　划针

　　划线时针尖要靠紧导向工具的边缘，上部向外侧倾斜 15°～20°，向划线方向倾斜 45°～75° 并一次划出，不可以重复。如图 7-35 所示。针尖要保持尖锐锋利，使划出的线条既清晰又准确。针尖用钝后，可用油石修磨，需在砂轮机上刃磨时应避免过热而退火。

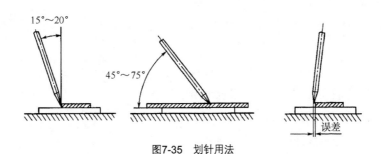

图7-35　划针用法

（11）划针盘。划针盘由底座 1、立杆 2、蝶形螺母夹头 3 和划针 4 四部分组成，如图 7-36（a）所示。划针一端焊有高速钢尖，另一端制成钩状，便于找正用。这种划针盘刚性好，划出的线条深刻、清晰，尤其是在毛坯表面划线时，优点更为显著，所以被广泛使用。使用时，将划针移至适当的高度，且尽量与划线平面垂直，外伸部分应尽量短些，并用蝶形螺母紧固。然后将划针移到高度尺处，用小锤轻轻敲击划针，使针尖处于精确的高度位置。划线时，手握住底座，使底座始终与划线平板贴紧，不能摇晃或抖动。同时要使划针在划线方向与工件表面成 40°～60°夹角。不可以用手拿着划针划线，如图 7-36（b）所示。划针盘用毕后应使划针处于直立状态，以保证安全。

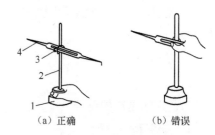

（a）正确　　（b）错误

图 7-36　划针盘的使用

（12）划规。划规用中、高碳钢制成，两脚尖淬火硬化，也有焊一段高速钢的，以提高其硬度和耐用度，如图 7-37 所示。划规主要用来划圆、圆弧、等分角度、等分线段、量取尺寸等。使用划规时要保持脚尖锐利，以保证划出的线条清晰。划圆时，作为旋转中心的一脚应给以较大压力，另一脚则以较轻的压力在工件的表面上移动，这样可使中心不会滑动。修磨脚尖时，应使两脚尖的长短稍有不同，并要保证两脚合拢时脚尖可以靠紧，这样才能划出尺寸较小的圆弧。

图7-37　划规

（13）样冲。样冲用工具钢制成，尖端淬火，如图 7-38 所示。用于在工件所划加工线条上冲眼，目的是加强加工界线并便于寻找线迹。也可用于划圆弧或钻孔时中心的定位。冲尖的锥角 α 根据用途的不同有两种情况。用于加强加工界线时锥角为 $30°\sim45°$，用于钻孔定中心时锥角为 $60°$。冲眼时，先将样冲外倾约 $30°$，使冲尖对准线的正中，然后再将样冲立直冲眼。冲眼位置要准确，中点不可偏离线条，冲眼的距离要适当，不要过远，以保证所划线条清晰为宜。一般在十字线中心、线条交叉点、折角处都要冲眼。较长的直线冲眼距离可稀疏些，

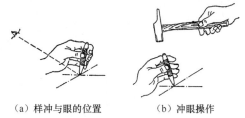

（a）样冲与眼的位置　　　　（b）冲眼操作

图7-38　样冲的使用方法

但短直线至少要有 3 个冲眼。在曲线上冲眼距离要稍密些。冲眼时要注意，除毛坯面外，冲眼深度不可过深，精加工过的零件表面可不冲眼。在需要钻孔的中心上，先轻轻冲眼并反复找正，待用划规划好线形后，再将冲眼加深。

（14）划线的涂料。为了使划线明显清晰，划线前一般都要在工件的划线部位涂敷一层薄而均匀的涂料，涂料的种类有以下几种。

① 石灰水。将石灰粉加乳胶用水调成稀糊状，一般用于表面粗糙的铸、锻件毛坯上的划线。

② 酒精色溶液。在酒精中加 $3\%\sim5\%$ 的漆片和 $2\%\sim4\%$ 的蓝基绿或青莲等颜料混合而成，用于精加工表面的划线。

③ 硫酸铜溶液。在每杯水中加人两三匙硫酸铜，再加入微量硫酸即成。多用于已加工表面的划线。

二、划线基准的选择

1. 划线基准的概念

划线就是在工件的毛坯上按图纸的要求作图，所以首先应在毛坯上找出划线基准。所谓划线基准，就是在划线时，选择毛坯上的某个点、线或面作为依据，用它来确定工件上各个部分的尺寸、几何形状和相对位置。根据作用的不同，划线基准分为尺寸基准、安放基准和找正基准三种形式。

（1）尺寸基准。用来确定工件上各点、线和面的尺寸的基准称为尺寸基准。划线时应使尺寸基准与设计基准尽可能一致。对由铸、锻等方法制成的粗糙表面毛坯，划线时应通过对找正基准的找正，先划出尺寸基准线，然后再由尺寸基准确定出其他各部分的尺寸。对半成品件（光坯）进行划线时，可选用已加工过的表面作为尺寸基准，但也要尽量使其与设计基准一致。

（2）安放基准。毛坯划线时的放置表面称为安放基准。当划线的尺寸基准选好后，就应考虑毛坯在划线平板、方箱或 V 形铁上的放置位置，即找出合理的安放基准。安放基准的选择对提高划线的质量和效率，简化划线过程和保证划线安全都是很重要的。

（3）找正基准。找正基准是指零件毛坯放置在划线平板上后，需要找正的那些点、线或面。确定找正基准的目的是使经过划线和加工后的工件，其加工表面与非加工表面之间保持尺寸均匀，使无法弥补的外形误差反映到较次要的部位上去。

2. 划线中基准的选择

（1）尺寸基准的选择。

① 选择原则。在选择尺寸基准时，应使图纸的设计基准与尺寸基准一致。这是最合理的情况，但根据零件毛坯的形状，有时可用下列原则选择尺寸基准。

（a）用已加工过的表面作尺寸基准。

（b）用对称性工件的对称中心作尺寸基准。

（c）用精度较高且加工余量又较少的表面作尺寸基准。

② 尺寸基准的类型。

（a）以两个互相垂直的平面（或线）为基准，如图 7-39（a）所示。在划高度方向的尺寸线时，应以底面为尺寸基准；在划水平方向的尺寸线时，应以右表面为尺寸基准

（b）以两条中心线为基准，如图 7-39（b）所示。该件两个方向上的尺寸与其中心线具有对称性，且其他尺寸也由中心线标注出。所以中心线 Ⅰ、Ⅱ 就分别是这两个方向上的尺寸基准。

（c）以一个平面和一条中心线为基准，如图 7-39（c）所示。该工件在划高度方向上的尺寸线时，均以底平面为尺寸基准，而宽度方向的尺寸均对称于中心线，所以中心线就是宽度方向的尺寸基准。

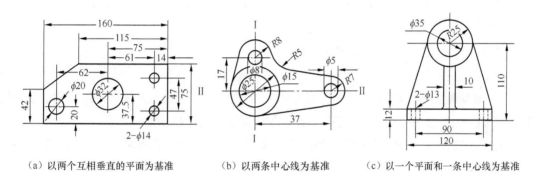

（a）以两个互相垂直的平面为基准　　（b）以两条中心线为基准　　（c）以一个平面和一条中心线为基准
图7-39　划线基准的类型

（2）安放基准的选择。选择安放基准应使零件上的主要中心线、加工线平行于划线平板的板面，以提高划线质量和简化划线过程。同时还应考虑毛坯放置的安全平稳性。

（3）找正基准的选择。为使零件毛坯在划线时处于正确的位置，保证根据所划的线条能将零件加工成合格产品，划线时必须确定好找正基准。根据不同零件的特点，选择找正基准的原则有以下几种：

① 选择零件毛坯上与加工部位有关，而且比较直观的面（如凸台、对称中心和非加工的自由表面等）作为找正基准，使非加工面与加工面之间厚度均匀，并使其形状误差反映到次要部位或不显著部位。

② 选择有装配关系的非加工部位作为找正基准，以保证零件经划线和加工后，能顺利地进行装配。

3. 划线找正和借料

在对零件毛坯进行划线之前，一般都要先进行安放和找正工作。所谓找正，就是利用划线工具（如划针盘、直角尺等）使毛坯表面处于合适的位置，即使需要找正的点、线或面与划线平板平行或

垂直。另外，当铸、锻件毛坯在形状、尺寸和位置上有缺陷，且用找正划线的方法不能符合加工要求时，还要用借料的方法进行调正，然后重新划线加以补救。

铸、锻件毛坯因形状复杂，在毛坯制作时常会产生尺寸、形状和位置方面的缺陷。当按找正基准进行划线时，就会出现某些部位加工余量不够的问题，这时就要用借料的方法进行补救。

如图 7-40 所示的齿轮箱体毛坯，由于铸造误差，使 A 孔向右偏移 6mm，毛坯孔距减小为 144mm。若按找正基准划线，如图 7-40（a）所示。应以凸台外圆的中心连线为划线基准和找正基准，并保证两孔中心距为 150mm，然后再划出两孔的圆周线。但这样划线就使 A 孔的右边没有加工余量。这时就要用借料的方法，如图 7-40（b）所示，将 A 孔毛坯中心向左借过 3mm，用借过料的中心再划两孔的圆周线，就可使两孔都能分配到加工余量，从而使毛坯得以利用。

借料实际上就是将毛坯重要部位的误差转移到非重要部位的方法。在本例中是将 A、B 两孔中心距的铸造误差，转移到了两孔凸台外圆的壁厚上，由于偏心程度不大，所以对外观质量的影响也不大。

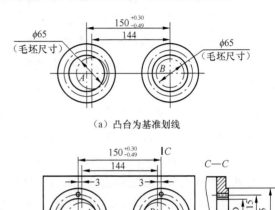

（a）凸台为基准划线

（b）借料划线

图7-40　齿轮箱体

4. 划线方法

（1）平面划线。只需在工件的一个表面上划线，即能明确表示加工界线，称为平面划线。平面划线是划线工作中最基本的内容，它包括作图法划线、配划线和仿划线等。

① 作图法划线。作图法划线就是根据图纸要求，将图样 1:1 地按机械制图的规范划在工件表面上。划线的步骤一般如下。

（a）仔细阅读图纸，明确工件上所需划线的部位，研究清楚划线部位的作用、要求和有关加工工艺。

（b）选择好尺寸基准、安放基准和找正基准。

（c）检查毛坯外部轮廓误差情况，确定是否需要借料。

（d）正确安放工件并找正。

（e）划线。

（f）详细检查划线的准确性及是否有漏划线

（g）在线条上打样冲眼。

② 配划线。在单件、小批量生产和装配工作中，常采用配划线的方法。如电动机底座、法兰盘、箱盖观察板等工件上的螺钉孔，加工前就可以用配划线的方法进行划线。

③ 样板划线。对形状复杂，加工面多且批量较大的工件划线时，宜采用样板划线法。划线时，根据图纸要求用 0.5～2mm 厚的钢板做出样板，以此为基准进行划线。划线样板的厚度根据

工件批量的大小而定。批量小时，可用 0.5～1mm 的铜皮或铁皮，批量大时，则采用 1～2mm 的钢板。

（2）立体划线。立体划线就是同时在工件毛坯的长、宽、高三个方向进行划线。在进行立体划线时，除要应用到平面划线的知识外，还要特别注意对图纸提出的技术要求和工件加工工艺的理解，明确各种基准的位置以及安放、找正的方法。

对于比较复杂的工件，为了保证加工质量，往往需要分几次划线，才能完成全部划线工作。对毛坯进行的第一次划线，称为首次划线（亦称第一次划线）。经过车、铣、刨等切削加工后，再进行的划线，则依次称为第二次划线、第三次划线等。

不论是第几次划线，根据工件的安放顺序，又有第一划线位置、第二划线位置、第三划线位置等。例如，需对毛坯在长、宽、高三个方向进行立体划线，先以长度方向的某个表面作为安放基准，可将垂直于安放基准的四个表面上的长度尺寸线划出，这时工件的所处位置就称为首次划线中的第一划线位置。将毛坯翻转 90° 后再划线，就称为首次划线中的第二划线位置。

任务实施

在已加工的六面体上划鸭嘴线和椭圆孔线，如图 7-41 所示。

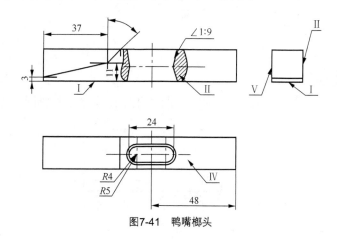

图7-41　鸭嘴榔头

1. 划水平线

以面 I 为基准，在面 II、面 V 上分别划尺寸 2mm 和 11mm，尺寸 2mm 与面 VI 交点分别为 A、D；在面 VI 上划尺寸 2mm，如图 7-42 所示。图中实线为本步骤所划线条。

2. 划垂直线

以面 III 为基准，在面 II、面 V 分别划出 73mm（总长 110mm-鸭嘴长 37mm），与尺寸 11mm 水平线相交，形成交点 B 和 E；再划尺寸线 66mm（鸭嘴 45° 斜面与面 IV 相交形成的尺寸），与面 IV 形成交点 C 和 F；在面 IV 上划出 66mm，如图 7-43 所示。

3. 划斜线

在面 II 上分别连接 AB 和 B；面 V 上分别连接 DE 和 EF，如图 7-44 所示。

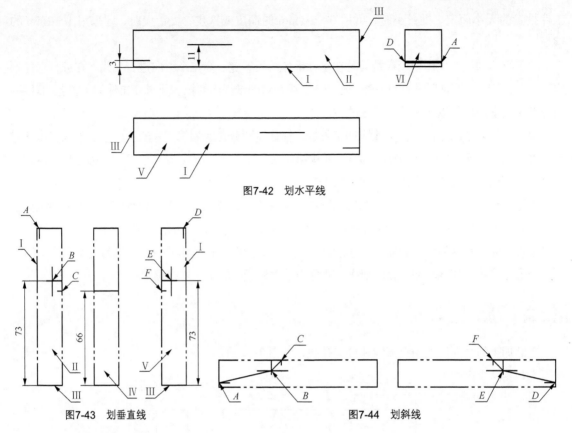

图7-42　划水平线

图7-43　划垂直线

图7-44　划斜线

4.　划椭圆孔中心线

在面Ⅰ、面Ⅳ先划出水平中心线 *MN*、*PQ*，如图 7-45 所示。为保证椭圆孔的位置对称，中心线

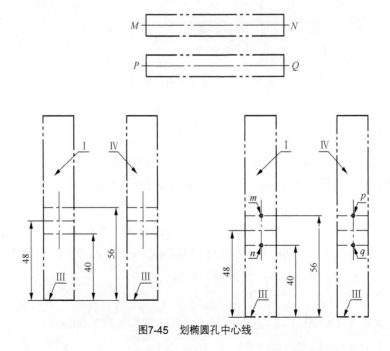

图7-45　划椭圆孔中心线

位置尺寸应根据自己六面体工件是实际尺寸而定。如六面体尺寸为 18.10mm，中心线位置就应定为 9.05mm。再以面Ⅲ为基准，划垂直中心线，分别与水平中心线相交 m、n 和 p、q。在交点处定样冲眼，如图 7-45 所示。

5. 划椭圆孔直线

以面Ⅱ为基准，划内圆直线部分，按中心线位置尺寸加减 4mm，划平行线。再划外圆直线部分，按中心线位置尺寸加减 5mm，划平行线。如图 7-46 所示。

6. 划椭圆孔弧线

划规分别调整为 4mm、5mm，以 m、n、p、q 为圆心划弧，与平行线相切，如图 7-47 所示。

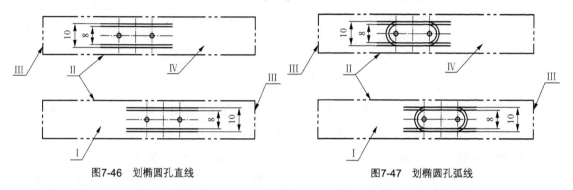

图7-46　划椭圆孔直线　　　　　　　　图7-47　划椭圆孔弧线

任务完成结论

（1）划线基准面可以选择加工质量较高的面。

（2）基准必须统一。

（3）样冲眼位置要精确，以免影响椭圆孔的锉削质量。

课堂训练与测评

（1）分析如果划椭圆孔直线时，调整一次划线尺寸 5mm，分别以面Ⅱ、面Ⅴ为基准划线，会造成什么后果？

（2）如果锉削尺寸超差，能否通过划线使课题件合格。

知识拓展

轴承座划线

对图 7-48 所示轴承座进行立体划线。该轴承座为一铸件，考虑到毛坯可能存在着误差和缺陷，在划线时必须对总体的余量加以全盘考虑。步骤如下：

（1）分析应划线部位和选择划线基准。分析图样所标的尺寸要求和加工部位可知，需要划线的尺寸共有三个方向，所以工件要经过三次安放才能划完所有线条。划线基准选定为 ϕ50mm 孔的中心平面Ⅰ-Ⅰ、Ⅱ-Ⅱ和两个螺钉孔的中心平面Ⅲ-Ⅲ，如图 7-48 所示。

（2）工件的安放。用三支千斤顶支承轴承座的底面，调整千斤顶高度，用划线盘找正。将ϕ50mm
孔的两端面的中心调整到同一高度。因 A 面是不加工
面，为保证在底面加工后厚度尺寸 20mm 在各处都均
匀一致，用划线盘弯脚找正，使 A 面尽量达到水平。
当ϕ50mm 孔的两端中心要保持同一高度的要求和 A 面
保持水平位置的要求发生矛盾时，就要兼顾两方面进
行安放。因为轴承座ϕ50mm 内孔的壁厚和尺寸 20mm
的厚度都比较重要，同时也明显影响外观质量，所以
应将毛坯件的误差适当分配在这两个部位。必要时对
ø50mm 孔的中心重新调整（即借料），直至这两个部位
都达到满意的安放结果。

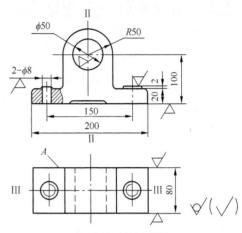

图7-48　轴承座划线

（3）第一次划线。首先划底面加工线，这一方向的
划线工作将涉及主要部分的找正和借料。在试划底面加工线时如果发现四周加工余量不够，还要把中心
适当借高（即重新借料）。直至不需要再变动时，即可划出基准线Ⅰ—Ⅰ和底面加工线，并且在工件的
四周都要划线，以备下次在其他方向划线和在机床上加工时作找正位置用，如图 7-49（a）所示。

（4）第二次划线。划 2×ϕ8mm 孔的中心线和基准线Ⅱ—Ⅱ。工件安放在图示位置，通过千斤
顶的调整和翅线盘的找正，使ϕ50mm 内孔两端的中心处于同一高度，同时用 90°角尺按已划出的底
面加工线找正到垂直位置，这样工件第二次安放位置正确。此时，就可划基准线Ⅱ—Ⅱ和 2×ϕ8mm
孔的中心线，如图 7-49（b）所示

（5）第三次划线。划ϕ50mm 孔两端加工线。工件安放图示位置，通过千斤顶的调整和 90°角尺
的找正，分别使底面加工线和Ⅱ—Ⅱ基准线处于垂直位置（两直角尺位置处），这样，工件的第三次
安放位置已确定。以两个 2×ϕ8mm 孔的中心为依据，试划两大端面的加工线。如两端面加工余量相
差太大或其中一面加工余量的不足，可适当调整 2×ϕ8mm 中心孔位置，并允许借料。最后即可划出
Ⅲ-Ⅲ基准线和ϕ50mm 孔两端面的加工线。此时，第三个方向的尺寸线已划完，如图 7-49（c）所示。

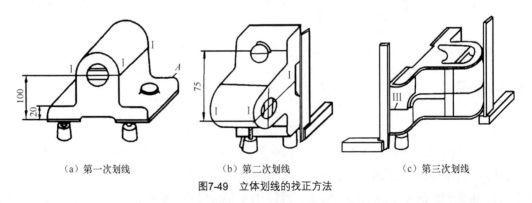

（a）第一次划线　　　　　　（b）第二次划线　　　　　　（c）第三次划线

图7-49　立体划线的找正方法

（6）划圆周尺寸线。用划规划出孔ϕ50mm 的圆周尺寸线（如果ϕ50mm 孔和 R50 轮廓偏心过大，
则需重新划线）。

（7）复查。对照图样检查已划好的全部线条，确认无误和无漏线后，在所划好的全部线条上打样冲眼，至此轴承座的划线完毕。

锯削

任务三的具体内容是，认识锯弓、学会按装锯条、掌握锯削操作方法。通过这一具体任务的实施，掌握锯削基本技能。

知识点、能力点

（1）手锯的结构和种类。

（2）锯条的按装。

（3）锯削时工件的夹持。

（4）锯削方法。

（5）锯削安全操作规程。

工作情景

用锯削的方法完成图 7-50 所示鸭嘴榔头斜面的卸料。

图7-50　锯削斜面

任务分析

（1）完成锯条的安装。

（2）学会工件装夹。

（3）体会远边起锯和近边起锯的起锯方法。

（4）确定锯削余量 1.5～2mm。

（5）完成"鸭嘴榔头"斜面的锯削。

相关知识

一、锯削概念

用锯对原材料或工件进行切断或切槽等的加工方法叫锯削。钳工的锯削是只利用手锯对较小的材料和工件进行分割或切槽。

手锯是钳工用来进行锯削的工具。手锯由锯弓和锯条两部分组成。

1. 锯弓

锯弓是用来夹持和拉紧锯条的工具。分为固定式和可调整式两种，如图 7-51 所示。

固定式锯弓只能安装一种长度的锯条，如图 7-51（a）所示。

可调式锯弓通过调节可以安装几种长度的锯条。一般常用的为可调式，如图 7-51（b）所示。

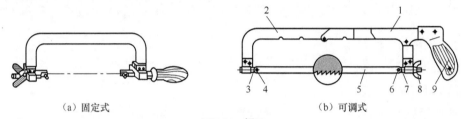

（a）固定式　　　　　　　　　　　　（b）可调式

图7-51　锯弓

1—可调部分；2—固定部分；3—固定夹头；4—销子；5—锯条；6—销子；7—活动夹头；8—蝶形螺母；9—手柄

2. 锯条

锯条一般用渗碳钢冷轧而成，也有用碳素工具钢或合金工具钢，并经热处理淬硬制成。锯条的长度是以两端安装孔的中心距来表示，常用的锯条约长 300mm，宽 12mm，厚 0.8mm。

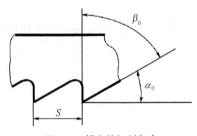

图7-52　锯齿的切削角度

（1）锯齿的切削角度。锯齿的切削角度如图 7-52 所示，其前角 $\gamma_0 = 0°$，后角 $\alpha_0 = 40°$，楔角 $\beta_0 = 50°$，齿距为 S。

（2）锯齿的粗细及其选择。锯齿的粗细是以锯条每 25mm 长度内的齿数来表示的，一般分粗、中、细三种，如表 7-3 所示。

表 7-3　　　　　　　　　　　　锯齿的粗细规格及应用

锯齿粗细	每 2mm 长度内齿数	应　　用
粗	14～18	锯割软钢、黄铜、铝、铸铁、紫铜、人造胶质材料
中	22～24	锯割中等硬度钢、厚壁的钢管、铜管
细	32	锯割薄片金属、薄壁管子

锯齿的粗细应根据加工材料的硬度和锯削断面的大小来选择。粗齿锯条的容屑槽较大，适用于锯软材料和锯较大的断面，因为此时每锯一次的切屑较多，容屑槽大就不致产生堵塞而影响切削效率。细齿锯条适用于锯削硬材料，因为硬材料不易切入，每锯一次的切屑较少，不会堵塞容屑槽，锯齿增多后，同时参加的切削齿数增多，则每齿的锯削量减少，则易于切削，推锯过程比较省力，锯齿也不易磨损。锯削薄板或管子时，必须用细齿锯条，截面上至少要有两个以上的锯齿同时参加锯削，否则锯齿很容易被钩住以致崩断。锯齿粗细的选择如图 7-53 所示。

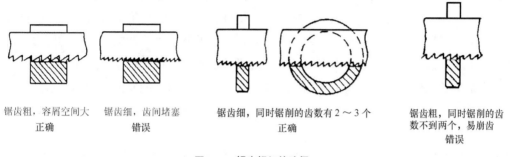

锯齿粗，容屑空间大　　　锯齿细，齿间堵塞　　　锯齿细，同时锯削的齿数有 2～3 个　　　锯齿粗，同时锯削的齿
正确　　　　　　　　　错误　　　　　　　　正确　　　　　　　　　　　数不到两个，易崩齿
　　　　　　　　　　　　　　　　　　　　　　　　　　　　　　　　　　　　　错误

图7-53　锯齿粗细的选择

3. 锯路

锯齿按一定的规律左右错开，排列成一定的形状，称为锯路。锯路有波浪形和交叉形等，如图 7-54 所示。

锯条多为波浪形锯路。有了锯路使工作锯缝宽度大于锯条背部的厚度。这样，在锯削时减少了锯条与锯缝的摩擦阻力，使锯削时省力，防止了锯条被夹住和锯条过热，减少锯条磨损或折断。

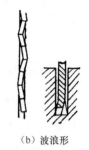

（a）交叉形　　（b）波浪形

图7-54　锯齿的排列

二、锯削方法

1. 锯条的安装

锯削是在手锯前进时进行的，所以安装锯条时，锯齿方向必须朝前，如图 7-55 所示。

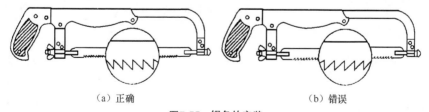

（a）正确　　　　　　　　　　　（b）错误

图7-55　锯条的安装

可调式锯弓两端装有夹头，一端夹头是固定的，另一端是活动的，锯条就装在两端夹头的销子上。当锯条装在两端夹头销子上后，旋转活动夹头上的蝶形螺母就能把锯条拉紧，锯条安装在锯弓两端上的夹头以后，再用蝶形螺母调节锯条的松紧，松紧要适合。过紧，锯削时稍有不当，锯条便很易折断；过松，锯削时锯条受力易扭曲，也易折断，并且锯出的锯缝易歪斜。调节锯条的松紧程

度，可用手扳锯条，感觉硬实不会发生弯曲即可。锯条安装调节后，还要检查锯条平面与锯弓中心平面平行，不得倾斜或扭曲，否则锯削时锯缝极易歪斜。

2. 工件的夹持

工件要夹紧，伸出钳口部分不宜过长，以免锯削时发生颤动。锯削线应和钳口垂直，并在虎钳的左边，以便操作。夹持圆形工件时，应垫上 V 形铁。

3. 握法及站立姿势

锯削时右手握住锯柄，左手压在锯弓前上部，稳稳地把握锯弓，如图 7-56 所示。

锯削时，推力和压力由右手主要控制，左手配合右手扶正锯弓施加压力，但不要过大。推锯时，为切削行程，应对锯弓施加压力，用力要均匀。返回行程不切削，不可加压力，而是将锯弓稍微抬起自然拉回，以免锯齿磨损，这样还可减少阻力，提高效率，操作不易疲劳。锯削时要用锯条全长工作，以免锯条中间部分迅速磨钝，但要注意不能使锯弓的两端碰到工件。当工件将被锯断时，要减轻压力，放慢速度，并用左手托住锯断掉下的一端，防止锯断部分落下摔坏或砸伤脚。

锯削时站立位置和身体姿势与锉削基本相似。在锯削时一般手锯稍作上下自然摆动。当手锯推进时身体略向前倾，双手随着压向手锯的同时，左手上翘，右手下压；回程时，右手稍微上抬，左手自然跟回。但对锯缝底面要求平直的锯削，双手不能摆动，只能做直线运动。锯削速度一般为 40 次/分左右，锯硬材料慢些，锯软材料快些，返回行程也应相对快些。

4. 锯削方法

锯削开始时的起锯方法有近边起锯和远边起锯两种，如图 7-57 所示。通常采用远边起锯。

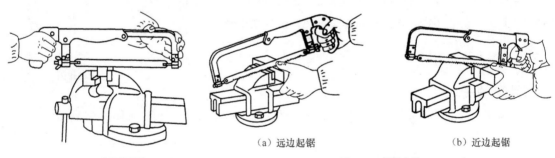

（a）远边起锯　　　　　　　　（b）近边起锯

图7-56　手锯的握法　　　　　　　　图7-57　起锯方法

起锯时多用左手拇指靠住锯条作引导，右手稳推手柄，起锯角小于 15°，锯弓往复行程要短、压力要轻、速度要慢。当起锯至槽深 2～3mm 时，锯条已不会滑出槽外，左手拇指即可离开锯条，扶正锯弓逐渐使锯痕向后（向前）成为水平，然后往下正常锯削。当起锯角太大时，则起锯不平稳，锯齿易被工件棱边卡住引起崩裂。但起锯角过小时，锯齿与工件同时接触的齿数较多，不易切入工件，造成多次起锯，往往易发生偏离，甚至工件表面锯出许多锯痕，影响质量。

5. 几种特殊工件的锯削

（1）薄板的锯削。锯削薄料时，尽可能从宽的一面锯下去，这样同时锯削的齿数较多，锯齿不易被钩住和崩落，如图 7-58（a）所示。如果要从窄的一面锯削，可将一块或几块薄板夹于虎钳内的木板之间，连木板一起锯削，如图 7-58（b）所示。

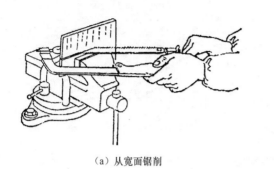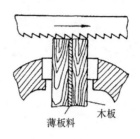

（a）从宽面锯削　　　　　　　　　　　　（b）从窄面锯削

图7-58 薄板锯削

（2）管子的锯削。锯削薄壁管子或外圆经过精加工过的管子，管子须夹在有 V 形槽的木垫之间，以免将管子夹扁或损坏外圆表面，如图 7-59（a）所示。锯削时不可在一个方向连续锯削到结束，否则锯齿会被管壁钩住而导致崩裂。应该是先在一个方向锯至管子的内壁处，转过一定角度，锯条仍按原来锯缝再锯到管子的内壁处，这样不断改变方向，直到锯断为止，如图 7-59（b）所示。图 7-59（c）所示的加工方法是错误的。

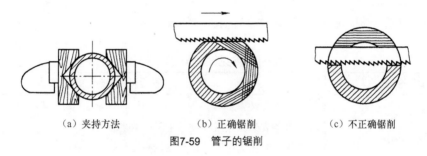

（a）夹持方法　　　　　　（b）正确锯削　　　　　　（c）不正确锯削

图7-59 管子的锯削

（3）深缝锯削。当锯缝的深度到达锯弓的高度时，如图 7-60（a）所示，为了防止与工件相碰，应把锯条转过 90° 安装，使锯弓转到工件的侧面，如图 7-60（b）所示。也可将锯条向内转过 180° 安装，再使锯弓转过 180°，如图 7-60（c）所示。

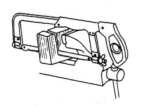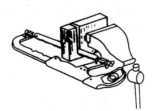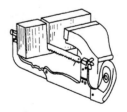

（a）锯缝深度超过锯弓高度　　　（b）将锯条转过 90° 安装　　　（c）将锯条转过 180° 安装

图7-60 深缝锯削

（4）槽钢的锯削。锯削槽钢时，一开始尽量在宽的一面上进行锯削，按照图 7-61（a）、（b）、（c）顺序从三个方向锯削。这样可得到较平整的断面，并且锯缝较浅，锯条不会被卡住，从而延长锯条的使用寿命。如果将槽钢装夹一次，从上面一直锯到底，这样锯缝深，不易平整，锯削的效率低，锯齿也易折断，如图 7-61（d）所示。

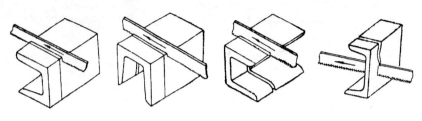

（a）正确锯削顺序　　　（b）正确锯削顺序　　　（c）正确锯削顺序　　　（d）不正确锯削

图7-61　槽钢的锯削

三、锯削时注意事项

（1）锯削前，首先在材料上划出锯削线，划线时留足锯缝宽度及锯削后的加工余量。

（2）锯条安装方向正确，松紧度适宜。合理选用锯削方法。锯削钢料时应加机油润滑。

（3）快锯断时，用力应轻、行程和速度要小，并尽量用手扶住即将掉落的部分，避免锯掉的工件掉在地上损坏或砸脚。

四、锯削常见缺陷分析

锯削时常出现锯条损坏或零件报废等缺陷，其原因见表 7-4。

表 7-4　　　　　　　　　　　　锯削时常见缺陷分析

缺 陷 形 式	原 因 分 析
锯缝歪斜	（1）工件安装歪斜 （2）锯条安装太松或与锯弓平面产生扭曲 （3）锯削时压力过大，使锯条偏摆 （4）锯削时双手操作不协调，推力、压力和方向掌握不好
锯条折断	（1）锯条选用不当或起锯角度不对 （2）工件夹持不牢 （3）锯条装得过松或过紧 （4）锯削压力过大，或用力突然偏离锯缝方向 （5）锯缝产生歪斜后强行借正 （6）新换锯条在原锯缝中被卡住，过猛的锯下 （7）工件锯断时操作不当，使手锯与台虎钳等相撞
锯齿崩裂	（1）锯条选择不当，如锯薄板、管子时用粗齿锯条 （2）锯条装夹过紧 （3）起锯时角度太大 （4）锯削中遇到材料组织缺陷，如杂质、沙眼 （5）锯齿摆动过大或速度过快，锯齿受到过猛的撞击

任务实施

（1）锯条的安装。

（2）工件的装夹。

（3）锯削练习。

任务完成结论

（1）锯条安装过紧或过松都易造成锯条折断。

（2）工件不能伸出钳口过长，锯条容易折断。

（3）锯割线要与钳口垂直，以免造成锯路偏斜。

（4）锯削过程中，要用力均匀。

课堂训练与测评

完成鸭嘴榔头斜面的锯削。注意留锉削加工余量为 1.5～2mm，过小不能锉去锯削纹路，影响工件表面粗糙度。

知识拓展

加工余量概述

一、定义

为保证加工精度和工件尺寸，在工艺设计时预先增加而在加工时去除的一部分工件尺寸量。

（1）加工余量。它是指加工过程中在工件表面所切去的金属层厚度。加工余量一般指的是公称余量，公称余量即公称尺寸之差。加工余量分为工序余量和总余量。

（2）加工总余量（Z_0）。它又称为毛坯余量，是指毛坯尺寸与零件图设计尺寸之差，即加工过程中从加工表面切除的金属层厚度。

（3）工序余量（Z_i）：它是指相邻两工序尺寸之差，如图 7-62 所示。

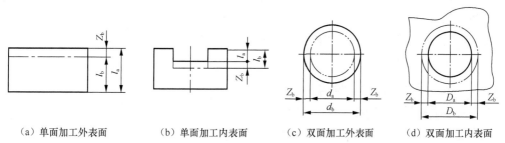

| （a）单面加工外表面 | （b）单面加工内表面 | （c）双面加工外表面 | （d）双面加工内表面 |

图7-62 工序余量

（4）工序余量公差（T_a）。它是本工序的最大余量与最小余量之代数差的绝对值，等于本工序的公差与上工序公差之和。

（5）单面加工余量（Z_b）。它是加工前后半径之差，对于非对称表面，其加工余量用单面余量。

（6）双面加工余量（$2Z_b$）。它是加工前后直径之差。

二、相互关系

加工总余量和加工余量的关系为

$$Z_0 = \sum_{i=1}^{n} Z_i$$

式中，Z_i——第 i 道工序的工序余量，mm；

　　　n——该表面总加工的工序数。

工序余量计算时，平面类非对称表面，应为单面余量。旋转类表面的工序余量则应为双面余量。若 Z_b——本工序的工序余量；l_b——本工序的公称尺寸；l_a——上工序的公称尺寸。则工序余量与工序尺寸的关系为：

单面加工外表面　　　　　$Z_b = l_a - l_b$

单面加工内表面　　　　　$Z_b = l_b - l_a$

对于外圆表面　　　　　　$2Z_b = d_a - d_b$

对于内圆表面　　　　　　$2Z_b = D_b - D_a$

由于工序尺寸有偏差，故各工序实际切除的余量值式变化的，因此工序余量有公称余量（简称余量）、最大余量 Z_{max}、最小余量 Z_{min} 之分。工序余量与工序尺寸及其公差的关系，如图7-63所示。

最小余量 $Z_{min} = a_{min} - b_{max}$

最大余量 $Z_{max} = a_{max} - b_{min}$

公称余量的变动范围：

$T_Z = Z_{max} - Z_{min} = T_b + T_a$

式中，T_b——本工序工序尺寸公差；

　　　T_a——上工序工序尺寸公差。

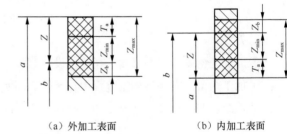

（a）外加工表面　　　　　（b）内加工表面

图7-63　工序余量与工序尺寸及其公差的关系

三、影响因素

影响加工余量的因素是多方面的，主要有：

（1）前道工序的表面粗糙度 Ra 和表面层缺陷层厚度 D_a。

（2）前道工序的尺寸公差 T_a。

（3）前道工序的形位误差 ρ_a，如工件表面的弯曲、工件的空间位置误差等。

（4）本工序的安装误差 ε_b。

因此，本工序的加工余量必须满足：

对称余量　$Z \geq 2(Ra + D_a) + T_a + 2|\rho_a + \varepsilon_b|$

单边余量　$Z \geq (Ra + D_a + T_a + |\rho_a + \varepsilon_b|)$

四、加工余量的确定

加工余量的大小对工件的加工质量、生产率和生产成本均有较大影响。加工余量过大，不仅增加机械加工的劳动量、降低生产率，而且增加了材料、刀具和电力的消耗，提高了加工成本；加工余量过小，则既不能消除前道工序的各种表面缺陷和误差，又不能补偿本工序加工时工件的安装误差，造成废品。因此，应合理地确定加工余量。

确定加工余量的基本原则是：在保证加工质量的前提下，加工余量越小越好。

实际工作中，确定加工余量的方法有以下三种。

1. 查表法

根据有关手册提供的加工余量数据，再结合本厂生产实际情况加以修正后确定加工余量。这是各工厂广泛采用的方法。

2. 经验估计法

根据工艺人员本身积累的经验确定加工余量。一般为了防止余量过小而产生废品，所估计的余量总是偏大。常用于单件、小批量生产。

3. 分析计算法

根据理论公式和一定的试验资料，对影响加工余量的各因素进行分析、计算来确定加工余量。这种方法较合理，但需要全面可靠的试验资料，计算也较复杂。一般只在材料十分贵重或少数大批、大量生产的工厂中采用。

任务四　钻孔

任务四的具体内容认识钻头和钻床，学会钻头的安装与工件的定位，学会钻削方法。通过这一具体任务的实施，掌握钻孔基本技能。

知识点、能力点

（1）了解钻削运动的形成。

（2）认识钻床，分清钻床的功用。

（3）钻头的分类与组成。

（4）钻头的修磨。

（5）钻孔方法。

（6）钻孔安全操作规程。

工作情景

熟悉钻床，学会根据钻孔的不同选择不同的转速；认识钻头，学会钻头的装夹；练习不同工件的定位方式；熟悉钻头切入工件和切出工件时的进给量，进而熟练掌握钻削基本技能。

任务分析

（1）练习起钻，学会起钻偏斜后的调整，确保钻孔位置正确。

（2）切削量选择练习，提高钻孔表面粗糙度要求，使学生熟练掌握钻削的基本操作。

相关知识

一、钻孔概述

钻孔是用钻头在实体材料上加工孔的方法。

在机械制造业中，从制造每个零件到最后组装成机器，几乎都离不开钻孔。任何一种机器，没有孔是不能装配在一起的。如在零件的相互联接中，需要有穿过铆钉、螺钉和销钉的孔；在风压、液压机件上，需要有流体通过的孔；在传动机械上需要有安装传动零件的孔；各种轴承需要安装的孔；各种机械设备上的注油孔、减重孔、防裂孔以及其他各种工艺孔。因而，钻孔在机械加工中非常重要。

在钻床上钻孔时，工件固定不动，钻头要同时完成两个运动：一是切削运动（主运动），即钻头绕本身轴线的旋转运动，也就是切下切屑的运动。二是进给运动（辅助运动），即钻头沿本身轴线方向所作的直线进给运动，也就是使切削能连续进行的运动，如图 7-64 所示。由于两种运动是同时连续进行的，所以钻头是按照螺旋运动的规律来钻孔的。

钻孔精度一般为 IT10～IT11 级，表面粗糙度一般为 $Ra50$～$12.5\mu m$。因此钻孔只能加工要求不高的孔或作为孔的粗加工。

二、钻孔设备

钳工钻孔时，常用的设备有台式钻床、立式钻床、摇臂钻床和手电钻等。

1. 台式钻床

台钻是一种小型钻床，放在台子上使用。一般用来钻 $\phi 12mm$ 以下的孔，如图 7-65 所示的 Z512

图7-64　钻孔时钻头的运动

切削运动　进给运动

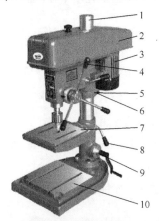

图7-65　台式钻床

1—电动机；2—头架；3—立柱；4—手柄；5—保险环；
6—紧定螺钉；7—工作台；8—锁紧手柄；9—锁紧螺钉；10—底座

钻床，是一台最大钻孔直径为 12mm 的台式钻床。这种台钻因其结构简单，操作方便，在小型零件加工、装配和修理工作中得到广泛应用。

由于加工孔的直径较小，台钻的主轴转速一般较高，最高转速接近 3.6×10^6 r/min。工作时电机 3 通过三角皮带将运动传给主轴。改变三角皮带在两个五级变速带轮上的相对位置，即可使主轴得到五种转速。转动升降手柄 4，可使头架 2 在立柱 1 上上、下移动，并可绕立柱中心转到任意位置。调整到适当位置后用锁紧手柄 6 固定。工作台 7 也可在立柱 1 上上、下移动，并可绕立柱中心转到任意位置。8 是工作台的锁紧手柄。

2. 立式钻床

立式钻床一般用来钻削中小型工件上的孔。常用的有 Z525、Z535、Z540、Z550 等，钻床型号的最后两个数字表示该钻床的最大钻孔直径。图 7-66 所示为 Z535 型立式钻床，其最大钻孔直径为 ϕ35mm，由主轴 3、主轴变速箱 5、进给箱 4、电动机 6、立柱 7、工作台 2 和机座 1 等主要部分组成。床身固定在底座上，主轴箱固定在床身的顶部，走刀箱装在床身的导轨面上。床身内装有平衡用的链条，绕过滑轮与主轴套筒相连，以平衡主轴的重量。工作台装在床身导轨的下方，旋转手柄工作台可沿导轨上下移动。钻削大工件时，可将工作台卸去，工件直接固定在底座上。通过主轴变速箱使主轴获得需要的各种转速从而带动钻头转动。主轴把运动传给进给箱，可自动轴向进给。利用手柄操作，也可实现手动轴向进给。进给箱和工作台可沿立柱导轨上下移动，以加工不同高度的工件。用立式钻床钻削几个孔时，必须几次移动工件。因此，它适用于加工中、小型工件。

3. 摇臂钻床

摇臂钻床有一个能绕立柱旋转的摇臂，摇臂还可沿立柱作升降移动。主轴箱 4 装在摇臂 5 上，并沿导轨作横向移动，这样就可以很方便地调整主轴的位置，使其对准被加工孔的中心，而不需要移动工件。钻床主轴下端有莫氏锥孔，用以连接钻头、钻套、钻夹头等。因此，摇臂钻床适用于大型工件上进行多孔的加工。工件可以直接放在工作台或机座上，如图 7-67 所示。

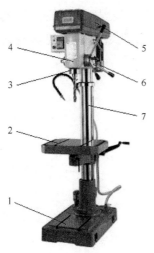

图7-66　立式钻床
1—底座；2—工作台；3—主轴；4—进给变速箱；
5—主轴变速箱；6—电动机；7—立柱

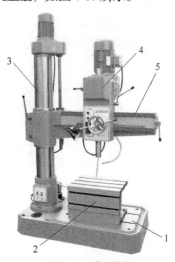

图7-67　摇臂钻床
1—底座；2—工作台；3—立柱；
4—主轴变速箱；5—摇臂

4. 电钻

当孔在工件上所处的位置不能采用钻床钻孔，或由于工件很大不能放置在钻床上钻孔时可采用电钻钻孔。电钻的规格用钻孔直径表示，分为 6mm、10mm、13mm 等几种。常用电钻如图 7-68 所示，其电源电压有 220V 或 36V 两种，使用电钻前要检查电线的绝缘层是否破损。钻孔时用力不宜过猛，若发现故障，应及时切断电源，检查原因。

5. 钻床的润滑与维护

为保持钻床的精度，延长使用寿命，钳工在日常工作中应该经常注意钻床的润滑与维护，使用钻床必须遵守操作规程并注意以下几个方面。

（1）工作前根据钻床的润滑系统图，了解和熟悉各油孔。并在机床所有运动部分各注油孔处加注润滑油，检查注油处有标记的注标是否在油线以下。

（2）检查各手柄的位置及所有夹紧机构是否有效，并开车进行空转检查。

（3）工作完后应清除切屑，擦净机床，上好润滑油防止生锈。

三、划线钻孔的方法

钻孔前先在工件上划出所要钻孔的十字中心线位置，交点处打样冲眼，钻头再按样冲眼定心，钻削孔的方法叫划线钻孔。

1. 工件划线

根据图纸要求，在工件上划出正确的孔中心位置，打样冲眼。再以样冲眼为圆心划一组同心圆（直径≤钻孔直径），以便试钻时找正。

在圆柱面上钻径向孔时，为便于找正，应同时在零件的圆柱面和端面上划线。

2. 工件装夹

钻孔前一般都须将工件夹紧固定，以防钻孔时工件移动折断钻头或使钻孔位置偏移。工件的夹持方法，主要根据工件的大小、形状和加工要求而定。

（1）用手握持。一般钻削直径小于φ8mm，且工件能用手握持稳固时，可直接用手攥住工件钻孔。工件较长时，应在钻床台面上用螺钉靠紧，以防工件顺时针转动飞出，如图 7-69 所示。

图7-68　电钻

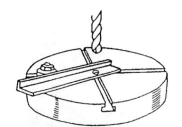

图7-69　长工件用螺钉靠住

（2）用虎钳装夹。对于不易用手拿稳的小工件或钻孔直径较大时，必须用手虎钳，如图 7-70 所示。或平口虎钳装夹，如图 7-71 所示。平口虎钳适宜装夹外形平整的工件，直径更大时还要用螺栓将平口虎钳固定在钻床台面上。圆盘类零件宜用卡盘装夹。

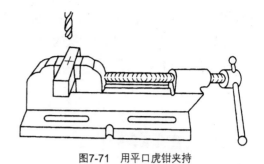

图7-70 用手虎钳夹持   图7-71 用平口虎钳夹持

（3）用 V 形块、压板装夹。在轴套工件上钻径向孔时，一般把工件放在 V 形块上并配以压板压紧，以免工件钻孔时转动。常用的夹持方法如图 7-72 所示。

（4）用压板夹持工件。钻削大孔或不适合用虎钳装夹的工件时可直接用压板、螺栓把工件固定在钻床台面上，如图 7-73 所示。

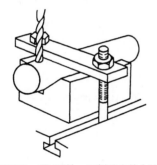

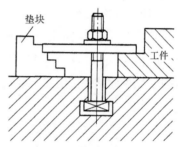

图7-72 用V形块、压板装夹的方法   图7-73 用压板夹持工件

使用压板时应注意以下几点。

① 螺栓应尽量靠近工件，以加大压紧力。

② 垫铁应稍高于工件的压紧表面。

③ 对精加工过的表面压紧时应垫以铜皮等物，以免压出印痕。

3. 钻头的拆装

（1）直柄钻头的装拆。直柄钻头用钻夹头装夹。如图 7-74 所示，钻夹头柄部的莫氏外锥与钻床主轴莫氏锥孔配合，中间的三个夹爪用来夹紧钻头的柄部，当带有小锥齿轮的钥匙带动夹头套上的锥齿轮转动时，与夹头套配紧的内螺纹圈也同时转动，螺纹圈与三个夹爪上的外螺纹相配合，于是三个夹爪便伸出或缩进，钻头直柄被夹紧或松开。

图7-74 钻夹头

（2）锥柄钻头的装拆。锥柄钻头通常直接装夹在钻床主轴的锥孔内，当较小的钻头要装到大的锥孔内时，就要用钻套作为过渡连接。

　　钻套的内外表面都是莫氏锥度，如图7-75所示。钻套按内径的大小分为1～ 5号，1号直径最小。1号钻套的内锥孔为1号莫氏锥度，外圆锥为2号莫氏锥度。

　　安装时，锥体的内外表面擦干净，各锥面套实、墩紧。拆卸时，将楔铁的圆弧面向上插入主轴或过渡钻套的长槽孔中，直面压在钻头的扁尾上加力，如图7-76所示。使钻头与钻床主轴脱开。用手握住钻头或在工作台面上垫木板，以防钻头掉落后损伤钻头或工作台面。

图7-75　钻套

图7-76　锥柄钻头的拆卸

4. 钻削用量和切削液的选择

　　（1）钻削用量的选择。钻削用量是指钻削过程中的切削速度、进给量和切削深度。合理选择钻削用量，可提高钻孔精度、生产效率，并能防止机床过载或损坏。

　　① 切削速度v。钻削时钻头切削刃上最大直径处的线速度。由下式计算：

$$v = \frac{\pi dn}{1\,000}$$

式中，d——钻头直径，mm；

　　　　n——钻头的转速，r/min；

　　　　v——切削速度，m/min。

　　② 进给量f。钻头每转一转沿进给方向移动的距离，单位为mm/r。

　　③ 切削深度 a_p。通常也叫背吃刀量，是指工件已加工表面与待加工表面之间的垂直距离。在实心材料上钻孔时切削深度等于钻头的半径，即$a_p=d/2$（mm）；在空心材料上钻孔时，$a_p=（d-d_0）/2$（mm），式中d_0为空心直径。

　　钻孔时选择钻削用量应根据工件材料的硬度、强度、表面粗糙度、孔径的大小等因素综合考虑。通常，钻孔直径小时，转速应快些，进给量小些；钻硬材料时，转速和进给量都要小些。表 7-5 所示为一般钢料的钻削用量。钻削与一般钢料不同的材料时，其切削用量可根据表中所列的数据加以修正。

　　在铸铁上钻孔时，进给量增加1/5而转速减少1/5左右；在有色金属上钻孔时，转速应增加近1倍，进给量应增加1/5。

表 7-5 一般钢料的钻削用量

钻孔直径 d/mm	1～2	2～3	3～5	5～10
切削速度 v/($r \cdot min^{-1}$)	10 000～2 000	2 000～1 500	1 500～1 000	1 000～750
进给量 f/($r \cdot min^{-1}$)	0.005～0.02	0.02～0.05	0.05～0.15	0.15～0.3
钻孔直径 d/mm	10～20	20～30	30～40	40～50
切削速度 v/($r \cdot min^{-1}$)	750～350	350～250	250～200	200～120
进给量 f/($mm \cdot r^{-1}$)	0.30～0.50	0.60～0.75	0.75～0.85	0.85～1

（2）钻孔时切削液的选择。钻头在钻削过程中，由于切屑的变形及钻头与工件摩擦所产生的切削热，严重影响到钻头的切削能力和钻孔精度，甚至使钻头退火，钻削无法进行。

为了延长钻头的使用寿命、提高钻孔精度和生产效率，钻削时可根据工件的不同材料和不同的加工要求，合理选用切削液，见表 7-6。

孔的精度和表面粗糙度要求高时，应选用主要起润滑作用的油类切削液（如菜油、猪油、硫化切削油等）。

表 7-6 钻削各种材料所用的切削液

工件材料	切 削 液	工件材料	切 削 液
各类结构钢	3%～5%乳化液、7%硫化乳化液	铸 铁	不用或 5%～8%乳化液，煤油
不锈耐热钢	3%肥皂加 2%亚麻油水溶液，硫化切削油	铝合金	不用或 5%～8%乳化液，煤油
铜	不用或 5%～8%乳化液	机玻璃	5%～8%乳化液，煤油

5. 起钻

钻孔开始时，先找正钻头与工件的位置，使钻尖对准钻孔中心，然后试钻一浅坑。如钻出的浅坑与所划的钻孔圆周线不同心，可移动工件或钻床主轴予以借正。若钻头较大或浅坑偏得较多，可用样冲或油槽錾在需多钻去一些的部位錾几条沟槽，以减少此处的切削阻力使钻头偏移过来，达到借正的目的，试钻的窝位正确后才可正式钻孔，如图 7-77 所示。

6. 钻孔及注意事项

（1）钻通孔时，在孔将要钻穿前，必须减小进给量。

如采用自动进给的，此时最好改为手动进给，以减少孔口毛刺，并防止钻头折断或钻孔质量降低等现象。

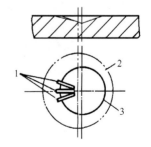

图7-77 用油槽錾纠正钻偏的孔
1—槽；2—钻孔控制线；3—钻歪的锥孔

（2）钻不通孔时，可按孔深度调整钻床上的挡块，并通过测量实际尺寸来控制钻孔深度。

（3）钻深孔时，一般钻进深度达到直径的 3 倍时，钻头要退出排屑，以后每钻进一定深度，钻

头即退出排屑一次，以免切屑阻塞而扭断钻头。

（4）钻直径超过ϕ30mm 的孔可分两次钻削，先用 0.5～0.7 倍孔径的钻头钻孔，然后再用所需孔径的钻头扩孔。这样可以减小转距和轴向阻力，既保护了钻床，又提高了钻孔质量。

四、钻孔时可能出现的问题及原因

由于钻孔前划线不准确，钻头刃磨不好，钻削用量选择不当，钻头或工件装夹不正确等原因，钻孔时可能出现零件报废或钻头折断等问题。表 7-7 列出了钻孔时所能出现的问题、产生原因及防止方法。

表 7-7　　　　　　　　　　钻孔中常见缺陷分析及防止方法

常 见 缺 陷	产 生 原 因	防 止 方 法
孔径扩大	（1）钻头两个主刀刃长度不等、切削刃不对称、横刃太长、有积屑瘤 （2）钻床主轴松动、钻头摆动	（1）正确刃磨钻头 （2）消除钻头摆动
孔形成多边形 钻削时振动	（1）钻头后角太大 （2）两主刀刃长度不等，角度不对称 （3）零件内部有缺口、交叉口等	正确刃磨钻头
孔壁粗糙	（1）钻头不锋利，刃磨不对称或后角太大 （2）走刀量太大 （3）冷却润滑液选择不当或供给不足，润滑性差 （4）切屑堵塞螺旋槽，擦伤孔壁	（1）把钻头刃磨锋利 （2）减小进刀量 （3）正确选择冷却液 （4）及时退出钻头，使排屑顺畅
孔位偏移 孔轴线歪斜	（1）工件划线不正确 （2）工件安装不当或加紧不牢 （3）钻头两切削刃不对称、钻头横刃太长、钻头钻尖磨钝 （4）钻头与工件表而不垂直，钻床主轴与台面不垂直 （5）进给量不均匀 （6）零件表而不平，有气孔、沙眼，零件内部有缺口、交叉孔等	（1）看清图纸，正确划线 （2）正确安装工件 （3）正确刃磨钻头 （4）检查钻床主轴从垂直度 （5）正确掌握进给速度
钻头折断 寿命低	（1）钻头崩刃或切削刃磨钝，仍继续使用 （2）钻头螺旋槽被切屑堵塞，没有及时排屑 （3）钻孔终了时，由于进给阻力下降. 使进给量突然增加 （4）钻削铸造时遇到缩孔 （5）钻黄铜类软金属时，钻头后角太大，前角又没修磨	（1）及时刃磨钻头 （2）及时退出钻头，使排屑顺畅 （3）孔将钻透时，减小进给力 （4）注意手感，控制进给 （5）正确修磨钻头

五、钻孔的安全技术

（1）工作前要做好准备。要检查工作地，清除机床附近的一切障碍物。要检查钻床的润滑情况，并将操作手柄移到正确位置，开慢车几分钟以确定机床机械传动和润滑系统是否正常。

（2）钻孔时操作者的衣袖要扎紧，戴好工作帽，严禁带手套。

（3）工件夹紧要牢固，一般不许用手按住工件钻孔，否则工件转动时会发生事故。

（4）钻头在安装前，应将其柄部和钻床主轴锥孔擦拭干净。

（5）钻孔时工作台面上不准放置刀具、量具等其他物品。

（6）清除切屑要用刷子，不要用棉纱或用嘴吹，也不要直接用手去清除。

（7）禁止开车时用手拧紧钻夹头，变速时应先停车。

（8）松、紧钻夹头必须用钥匙，退出锥柄钻头要用斜铁。

（9）钻通孔时，工件下面应放垫铁，防止钻伤工作台表面。高速钻削时要注意断屑。

（10）操作者在离开钻床或更换工具、工件时，都要关闭钻床电源。

任务实施

（1）练习打样冲眼。

（2）用平口虎钳装夹工件。

（3）钻削练习。

任务完成结论

（1）仔细检查样冲眼位置，若样冲眼位置偏斜，影响孔的位置。

（2）起钻要慢、用力要轻，若钻头不能与样冲眼对正，造成孔位不正。

（3）工件装夹不紧或不与钳口平行，会造成孔的轴线偏斜。

（4）孔钻透时，注意控制双手的用力。

课堂训练与测评

在鸭嘴榔头椭圆孔处用钻孔方法卸料，钻孔直径 7mm，钻孔数量 3。

知识拓展

一、了解群钻

群钻是麻花钻的基础上，通过切削部分的合理修磨而成的高生产率、高加工精度、适应性强、使用寿命长的新型钻头。其切削部分结构如图 7-78 所示。

1. 标准群钻的特点

标准群钻与麻花钻比较有以下特点：

（1）主切削刃分成三段，并形成三个尖外刃（*AB* 段切削刃）。它是外刃后面 *1* 与螺旋槽的交线。

外刃长度 l 约为钻头直径 D 的 1/5 或 1/3。当 $D \leqslant 15mm$ 时，不磨出分屑槽，$l=0.2D$；当 $D>15mm$ 时，磨出分屑槽，$l=0.3D$。

圆弧刃（BC 段切削刃）是月牙槽后面 2 与螺旋槽的交线，近似可看作圆弧。圆弧半径 R 约为钻头直径 D 的 1/10。即 $R \approx 0.1D$mm。

内刃（CD 段切削刃）是修磨的内刃前面 3 与月牙槽后面 2 的交线。

三个尖是钻心尖 O 和两边的刀尖 B。

在主切削刃上磨出月牙形圆弧槽是群钻的最大特点，将主切削刃分成几段，能够分屑、断屑。而且圆弧刃上各点前角比原来平刃上的大，切屑省力。

（2）横刃变短，变尖又磨低。横刃变短是由于磨出前面 3，使横刃长度 b 变短，约为标准麻花钻横刃长度的 1/5～1/7，或 $b \approx 0.03D$。变尖是由于磨了月牙槽后面 2，使横刃部分的楔角稍变尖；磨低是由于月牙槽后面 2 向内凹，使新的横刃位置降低，即尖高 h 很小，约为钻头直径 D 的 3%，即 $h \approx 0.03D$。

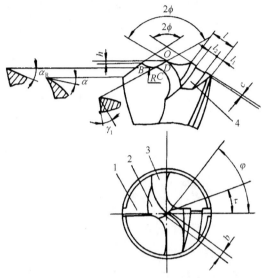

图7-78　标准群钻
1、2—后面；3—前面；4—分屑槽

由于降低了钻尖高度，可以把横刃处磨得较锋利，使切削力大大降低而不致影响钻尖强度。圆弧刃在孔底上划出一道圆环筋，它与钻头棱边共同起着稳定钻头方向的作用，限制了钻头的摆动，可以加强钻头的定心作用。

（3）磨出分屑槽。在一边外刃上磨出分屑槽 4，其宽度 l_2 约为外刃宽度 l 的一半，即 $l_2 \approx l/3 \sim l/2$ 槽深 C 为 1mm。

2. 标准群钻的应用

标准群钻主要用来钻削碳钢和各种合金钢。应用时，根据被加工材料的性质和孔的加工精度来选用相应的几何参数，以获得良好的加工效果。将标准群钻的几何参数外形结构作相应的改变，可扩大其加工范围，例如钻削铸铁，薄板、黄铜和青铜等。

二、各种特殊孔的钻削

钻削精孔、小孔、深孔、相交孔和半圆孔等类型的特殊孔时，为保证加工质量，应分别采用不同的钻削工艺。

1. 精孔钻削

精孔钻削是一种孔的精加工方法，钻削出孔的尺寸精度达 IT8～IT7 级、表面粗糙度达 $Ra1.6$。通常采用分两次钻削的方法：先钻出底孔，留有 0.5mm 的加工余量，再用精孔钻进行二次钻削。这样，第二次钻削时切削用量小，产生的热量少，工件不易变形。同时，钻头磨损小，所产生的振动也小，提高了孔的加工精度。

（1）改进钻头切削部分几何参数。

① 修磨出 $2\phi_1 \le 75°$ 的第二顶角，新磨出切削刃长度为钻头直径的 $0.15\sim0.4$ 倍，钻头直径小的取大值，反之取小值，刀尖角处须用油石磨出 $R0.2\sim0.5mm$ 的小圆角，如图 7-79 所示。

② 后角一般磨成 $\alpha = 6°\sim10°$，可避免产生振动。

③ 在副切削刃上，磨出 $6°\sim8°$ 的副后角，并保留棱边宽 $0.10\sim0.20mm$，用油石磨光刃带，以减小与孔壁的摩擦。

④ 磨出负刃倾角，一般取 $\lambda = -15°$，使切屑流向未加工表面。

⑤ 用细油石研磨主切削刃的前刀面、后刀面，细化表面粗糙度。

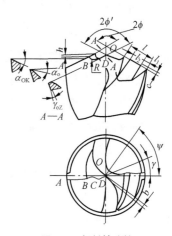

图7-79 钢材精孔钻

（2）选用合适的切削用量。

① 钻削钢件时，切削速度小于 10m/min；钻削铸铁时，切削速度小于 20m/min。

② 应采用机动进给，进给量为 0.1 mm/r 左右。

（3）其他要求。

① 选用精度高的钻床，若主轴径向跳动量大，可采用浮动夹头。

② 选用尺寸精度符合孔径精度要求的钻头钻削。必要时可在同零件材质的材料上试钻，以确定其是否适用。

③ 钻头两主切削刃修磨要对称，两刃径向摆动差应小于 0.05mm。

④ 扩孔过程中要选择植物油或低粘度（$N = 15$）的机械油进行润滑。

⑤ 钻孔至终点，应先停车，然后退出钻头，避免钻头退出时擦伤孔壁。

2. 小孔钻削

钻削直径在 3mm 以下的孔，称小孔钻削。

（1）存在的问题。小孔钻削时，存在以下问题：一是钻头的直径小，其强度较差，定心性能差，易滑偏；二是钻头的螺旋槽较窄，不易排屑，容易折断钻头；三是钻孔时选用的转速较高，所产生的切削热较大，且不易散发，钻头的磨损加剧。

（2）加工要点。

① 开始钻孔时，进给力要小，防止钻头弯曲和滑移，以保证钻孔的位置和钻削方向。

② 进给时要注意手力和感觉，当钻头弹跳时，使它有一个缓冲的范围，以防钻头折断。

③ 切削过程中，要及时提起钻头排屑，同时导入切削液。

④ 选用高精度钻床，合理选择切削速度，通常钻削 $1\sim3mm$ 孔时，转速为 $1500\sim3000r/min$，在高精度钻床上，钻削直径小于 1mm 孔时，转速可达 10000r/min。

3. 深孔钻削

通常把深度和直径比大于 5 的孔称为深孔。

（1）存在的问题。深孔钻削时存在的问题：一是钻头长径比大，刚性差，钻头易弯曲折断；二是排屑困难，切屑易堵塞，易造成钻头折断及擦伤孔壁；三是切削液难以进入切削区，致使切削温度升高，加剧钻头磨损；四是钻头的导向性差，易偏斜。

（2）钻削方法。

① 用加长麻花钻钻削深孔：深孔钻削时，用一般的麻花钻长度不够，需用接长的钻头采用分级进给的方法来加工。即在钻削过程中，钻头加工一定时间或一定深度后退出工件，以排除切屑、冷却刀具，然后重复进刀和退刀，直至加工完毕。深孔钻削时要注意：

（a）要选用刚性和导向性好的钻头。用标准麻花钻接长时，接长杆必须调质处理，长杆四周需镶铜制导向条，以增强刚性和导向性。

（b）机床主轴、刀具导向套、导杆支撑套等的中心要求同轴度好。钻削精度要求较高、长径比大的孔，其同轴度不大于 0.02mm。

（c）钻头前刀面或后刀面要磨出分屑槽与断屑槽，使切屑呈碎块状，易于排屑。

（d）要频繁的退刀排屑，要保证切削液输送系统的畅通。

（e）尽量避免在斜面上钻孔，必要时需用短钻头钻出引导孔。

（f）切削速度不易过快。孔将钻穿时，应减小进给量，避免损坏钻头和孔口处。

② 用两边钻孔的方法钻削深孔：钻通孔而没有加长钻头时，可采用两边钻孔的方法，如图 7-80 所示。先在工件的一边钻至孔深的一半。固定钻床主轴和工作台面的相对位置，再将一块平行垫铁压装在钻床工作台上，并在上面钻一个与定位销大端为过盈配合的定位孔。把定位销的大端压入孔内，定位销另一端与工件钻孔为间隙配合，然后以定位销定位将工件放在垫板上进行钻孔，这样可以保证两面孔的同轴度。当孔快钻通时，进给量要小，以免因两孔不同轴而将钻头折断。

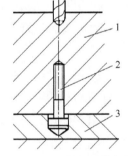

图7-80　在工件的两面钻深孔
1—工件；2—定位销；3—垫板

4. 在斜面上钻孔

（1）存在的问题。用麻花钻在斜面上钻孔，由于钻头在单面径向力的作用下，钻头两切削刃将产生严重的偏切现象，使钻头产生歪斜、滑移而钻不进工件。即使勉强钻进，钻出的孔也难以保证其直线和圆度要求，钻头也容易折断。

（2）钻削方法。

① 先用中心钻在斜面上钻出一个锥窝（见图 7-81（a）），然后再钻孔，以使钻头四周受力均匀。由于中心钻柄部直径较大，钻尖又很短，所以刚性比较好，不容易弯曲，可以保持中心孔不会偏离原定位置。

② 用錾子在斜面上先錾出一个小平面，再用小钻头钻出一个浅孔（见图 7-81（b）），起定位作用，然后再钻孔。

③ 将钻孔的斜面置于水平位置装夹，先钻出一个浅窝，再把工件倾斜一些装夹，把浅窝再钻深一些，形成一个过渡孔，最后将工件置于正常位置装夹，进行钻孔（见图 7-81（c））。

④ 在斜度较大的斜面上或圆柱形工件的斜面上钻孔时，可用与孔径相同的立铣刀铣出一个平面，然后再钻孔（见图 7-81（d））。

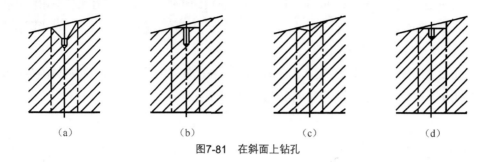

（a）　　　　　　（b）　　　　　　（c）　　　　　　（d）

图7-81　在斜面上钻孔

5. 二联孔钻削

（1）存在的问题。二联孔常见的三种形式如图 7-82 所示，加工时由于孔比较深或两孔相距较远，钻头需伸出很长。如果机床主轴或钻头摆动较大，则钻头不易定心；在轴向力作用下，钻头容易产生弯曲，两孔则达不到同轴度要求。

（2）钻削方法。

① 钻削图 7-82（a）所示的二联孔时，先用较短的钻头，按图样要求的大孔深度先钻小孔，然后改用长钻头将小孔钻完。再加工大孔至深度要求，并锪平孔底平面。

② 钻削图 7-82（b）所示的二联孔时，由于下面的孔无法划线，钻削时，钻头的横刃若碰上表面的高点或较硬的质点，就容易偏离钻孔的中心。且由于钻头伸出较长，摆动较大，不易定准中心。为此，当钻完上面的孔后，先用钻头横刃在下面欲钻孔的位置上，轻轻地刮出一个小刮痕，在其中心打一个样冲眼，开慢车，锪出一个浅窝后，再钻孔。

③ 大批量钻削图 7-82（c）所示的二联孔时，除采用上述方法外，还可用接长钻杆的方法，加工一根接长钻杆，其外径与上面的孔径为间隙配合。

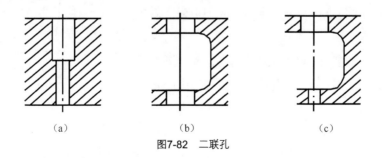

（a）　　　　　　（b）　　　　　　（c）

图7-82　二联孔

钻完大孔后，换上装夹着小钻头的接长钻杆，以上面的孔为引导，加工下面的小孔，以保证二孔的同轴度，如图 7-83 所示。

6. 半圆孔钻削

钻削半圆孔时，由于钻头所受径向力不平衡，被迫向一边偏斜，造成弯曲。这样，除钻出的孔

不垂直或出现孔径不圆等缺陷外，还很容易使钻头折断。因此常采用以下方法：

（1）半圆孔在工件的边缘。把两工件合起来夹持在平口虎钳内，在接合面处打样冲眼，再钻孔，如图 7-84（a）所示。若只需一件，可用一块与工件同材料的垫铁，拼合夹持在平口虎钳内钻孔。

（2）两孔相交部分较少。如图 7-84（b）所示，由于大直径钻头的刚性较大，钻半圆孔受到的影响较少，所以先钻小孔 I 再钻大孔 II。

（3）两孔相交部分较多。如图 7-84（c）所示，可在已加工的孔 I 内嵌入同材料的金属棒，与工件合钻圆孔 II，然后去掉金属棒，即可得到所需的半圆孔。

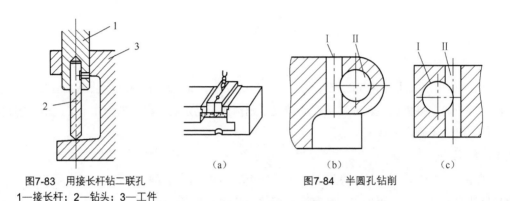

图7-83　用接长杆钻二联孔　　　　　　　　　　　图7-84　半圆孔钻削
1—接长杆；2—钻头；3—工件

（a）　　　　　　（b）　　　　　　（c）

7. 在薄板上钻孔

在薄板上钻孔，当钻尖钻穿工件时，钻削的轴向阻力会突然减少，而使钻头迅速下滑，造成孔口毛刺很大；或使薄板扭曲变形；甚至，出现扎刀情况，手扶不住易发生事故。为此，将薄板群钻磨成图 7-85 所示的三尖钻。钻心尖应高于外缘刀尖 1～1.5mm，两圆弧槽深应比板厚再深 1mm。工作时，钻心先切入工件定心，两个锋利的外尖转动切削，把中间的圆片切离，避免了扎刀现象，得到较高质量的孔。

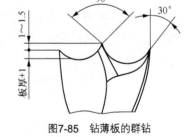

图7-85　钻薄板的群钻

当薄板工件件数较多时，可把工件迭起来，用 C 形夹板夹住或一起压在钻床工作台面上再钻孔。可以提高生产率。

在薄板上钻大孔（$D \geq 65$mm）时，可用套料钻钻孔。

8. 在圆柱形工件上钻孔

在轴或套类工件上钻孔时，应保证孔中心线与工件中心线的同轴度要求。一般将工件装夹在 V 形铁上，同轴度要求高时，用定心工具找正，如图 7-86（a）所示。方法是：

（1）将定心工具夹在钻夹头上，用百分表找正定心工具圆锥部分与钻床主轴的同轴度，径向跳动误差为 0.01～0.02mm。

（2）将定心工具锥部与 V 形铁贴合，用压板固定 V 形铁。

（3）在工件端面划上中心线，把工件放在 V 形铁上，用 90° 角尺找正端面垂直线，如图 7-86（b）所示。

（4）换夹钻头，让钻尖对准孔中心，压紧工件。

（5）试钻，检验位置是否准确。若有偏差，找正工件再试钻。准确后，钻孔。

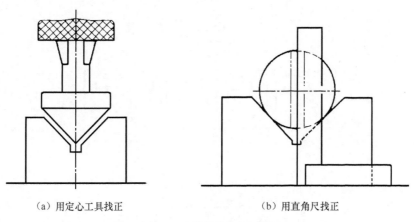

（a）用定心工具找正　　　　　　　（b）用直角尺找正

图7-86　在圆柱形工件上钻孔

Chapter 8

项目八
| 其他钳工操作 |

【项目描述】

钳工的扩孔、铰孔、螺纹加工、研磨等操作的内容。

【学习目标】

通过本项目的学习，学生了解钳工的扩孔、锪孔、铰孔、螺纹加工、研磨等操作的加工范围及操作的基本技能和检验方法，并熟悉安全操作规程。

【能力目标】

通过课题件的练习，掌握钳工的扩孔、铰孔及攻螺纹的操作。

扩孔 锪孔 铰孔

任务一的具体内容认识钻头和钻床，学会钻头的按装与工件的定位，学会钻削方法。通过这一具体任务的实施，掌握钻孔基本技能。

知识点、能力点

（1）掌握扩孔、锪孔和铰孔概念。

（2）认识各种精孔钻的结构。

（3）学会铰杠的使用。

（4）掌握精加工孔的操作技能。

（5）熟悉精孔加工的安全操作规程。

工作情景

课题件《六角螺母》，利用锪孔方式加工螺纹孔口的倒角。

任务分析

（1）认识精加工孔。

（2）学会选择和使用铰杠。

相关知识

一、扩孔

用扩孔钻或麻花钻，将工件上原有孔径进行扩大的加工方法称为扩孔。扩孔精度可达 IT 10～IT9，表面粗糙度达 $Ra3.2\mu m$。常用于孔的半精加工和铰孔前的预加工。

1. 扩孔钻的种类和结构特点

扩孔钻按刀体结构分为整体式和镶片式两种，如图 8-1 所示。

（a）整体式　　　　　　　　　　　　（b）镶片式

图8-1　按刀体结构分类

按装夹方式分为直柄、锥柄和套式三种，如图 8-2 所示。

（a）直柄　　　　　　（b）锥柄　　　　　　（c）套式

图8-2　按装夹形式分类

扩孔钻的结构如图 8-3 所示。其结构特点为：

（1）扩孔钻中心不切削，切削刃只有外边缘一小段，没有横刃。

（2）由于背吃刀量小，切屑窄，易排出，不易擦伤已加工表面。

（3）容屑槽浅，钻心粗，刚性强，切削平稳。

（4）切削刃齿数多，可增强扩孔钻导向作用。

2. 扩孔的切削用量

（1）扩孔前钻孔直径的确定：用扩孔钻扩孔时，预钻孔直径（d_1）为要求孔径（d_0）的 0.9 倍；用麻花钻扩孔时，预钻孔直径为要求孔径的 0.5～0.7 倍，如图 8-4 所示。

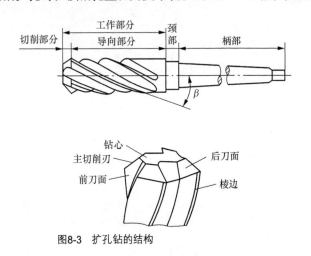

图8-3　扩孔钻的结构

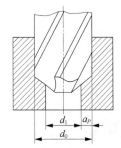

图8-4　扩孔钻的切削用量

（2）扩孔的切削用量：扩孔的进给量为钻孔的 1.5～2 倍，切削速度为钻孔的 0.5 倍。

（3）除铸铁和青铜外，其他材料的工件扩孔时，都要使用切削液。

实际生产中，常用麻花钻代替扩孔钻。使用时，因横刃不参加切削，轴向切削抗力较小，所以应适当减小麻花钻的后角，以防扩孔时扎刀。

二、锪孔

锪孔是指在已加工的孔上加工圆柱形沉头孔、锥形沉头孔和凸台断面等。锪孔时使用的刀具称为锪钻，一般用高速钢制造，如图 8-5 所示。加工大直径凸台断面的锪钻，可用硬质合金重磨式刀片或可转位式刀片，用镶齿或机夹的方法，固定在刀体上制成。锪钻导柱的作用是导向，以保证被锪沉头孔与原有孔同轴。

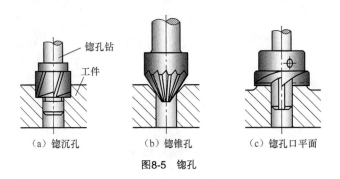

（a）锪沉孔　　　（b）锪锥孔　　　（c）锪孔口平面

图8-5　锪孔

1. 锪钻的种类和特点

锪钻分为柱形锪钻、锥形锪钻和端面锪钻三种，如图 8-6 所示。

（1）柱形锪钻。图 8-6（a）所示为用来锪圆柱形埋头孔的锪钻。按端部结构分为带导柱、不带导柱和带可换导柱三种。导柱与工件原有孔配合起定心导向作用。端面刀刃为主刀刃起主要切削作用，外圆上的刀刃为副刀刃起修光孔壁作用。

（a）柱形锪钻　　　　　　　　（b）锥形锪钻　　　　　　　　（c）端面锪钻

图8-6　锪钻

（2）锥形锪钻。图 8-6（b）所示为用来锪锥形埋头孔的锪钻。按切削部分锥角分为 60°、75°、90°、120° 四种。刀齿齿数为 6～12 个，钻尖处每隔一齿将刀刃切去一块，以增大容屑空间。

（3）端面锪钻。图 8-6（c）所示为用来锪平孔端面的锪钻。有多齿形端锪钻和片形端面锪钻。其端面刀齿为切削刃，齿数为 4～6。前端导柱用来定心和导向以保证加工后的端面与孔件中心线垂直。

2. 锪孔注意事项

锪孔方法和钻孔方法基本相同。锪孔时存在的主要问题是由于刀具振动而使所锪孔口的端面或锥面产生振痕，使用麻花钻改制锪钻，振痕尤为严重。为了避免这种现象，在锪孔时应注意以下几点。

（1）锪孔时的切削速度应比钻孔低，一般为钻孔切削速度的 1/2～1/3。同时，由于锪孔时的轴向抗力较小，所以手进给压力不宜过大，并要均匀。精锪时，往往采用钻床停车后主轴惯性来锪孔，以减少振动而获得光滑表面。

（2）锪孔时，由于锪孔的切削面积小，标准锪钻的切削刃数目多，切削较平稳，所以进给量为钻孔的 2～3 倍。

（3）尽量选用较短的钻头来改磨锪钻，并注意修磨前面，减小前角，以防止扎刀和振动。用麻花钻改磨锪钻，刃磨时，要保证两切削刃高低一致、角度对称，保持切削平稳。后角和外缘处前角要适当减小，选用较小后角，防止多角形，以减少振动，以防扎刀。同时，在砂轮上修磨后再用油石修光，使切削均匀平稳，减少加工时的振动。

（4）锪钻的刀杆和刀片，配合要合适，装夹要牢固，导向要可靠，工件要压紧，锪孔时不应发生振动。

（5）要先调整好工件的螺栓通孔与锪钻的同轴度，再作工件的夹紧。调整时，可旋转主轴作试钻，使工件能自然定位。工件夹紧要稳固，以减少振动。

（6）为控制锪孔深度，在锪孔前可对钻床主轴(锪钻)的进给深度，用钻床上的深度标尺和定位螺母，作好调整定位工作。

（7）当锪孔表面出现多角形振纹等情况，应立即停止加工，并找出钻头刃磨等问题，及时修正。

（8）锪钢件时，因切削热量大，要在导柱和切削表面加润滑油。

三、铰孔

铰孔是铰刀从工件孔壁上切除微量金属层，以提高其尺寸精度和孔表面质量的方法。铰孔精度可达 IT6～IT7 级，表面粗糙度值达 $Ra0.8\mu m$，属孔的精加工。

铰刀是多刃切削刀具，有4～12 个切削刃和较小顶角有很好的导向性。铰刀刀齿的齿槽很宽且横截面大，故刚性好。铰削余量很小，每个切削刃的负荷都很小，且切削刃的前角 $\gamma_0=0°$，所以铰削过程相当于修刮过程。特别是手工铰孔时，切削速度低，不会受到切削热和振动的影响，因此孔加工的质量较高。

1. 铰刀的种类、结构特点和用途

铰刀结构大部分由工作部分及柄部组成，如图 8-7 所示。工作部分主要起切削和校准功能，校准处直径有倒锥度。而柄部则用于被夹具夹持，有直柄和锥柄之分。

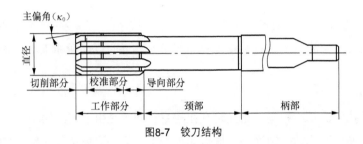

图8-7　铰刀结构

铰刀按使用方法分手用和机用两种；按铰孔的形状分圆柱形、圆锥形和阶梯形三种；

按装夹方法分带柄式和套装式两种；按齿槽的形状分直槽和螺旋槽两种。铰刀的分类，如图 8-8 所示。

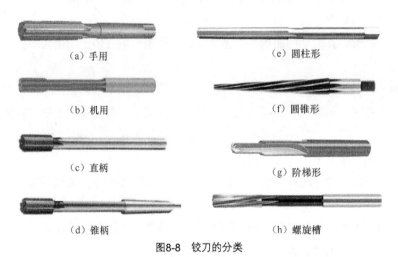

（a）手用　　　　　　　　　　（e）圆柱形

（b）机用　　　　　　　　　　（f）圆锥形

（c）直柄　　　　　　　　　　（g）阶梯形

（d）锥柄　　　　　　　　　　（h）螺旋槽

图8-8　铰刀的分类

圆柱孔铰刀由工作部分、颈部和柄部组成。工作部分又分切削部分、校准部分和倒锥部分，手用铰刀可不带倒锥部分。主偏角 κ_r 的大小主要影响铰孔的表面粗糙度、精度和轴向力，通常机用铰刀的 $\kappa_r=15°$，手用铰刀的 $\kappa_r=31'～1°$。校准部分呈圆柱形，起修光孔壁和校准孔径的作用。倒锥部分的直径向柄部方向逐渐减小（0.03～0.07mm），以减小铰孔时工作部分与孔壁的摩擦。铰刀的齿槽通常为直槽，当加工长度方向上孔壁不连续的或有纵向槽的孔时，螺旋槽铰刀工作稳定、排屑好。

铰刀的工作部分可用高速钢或硬质合金制造。

手用铰刀还可制成直径可调式：可调节铰刀是靠调节两端的螺母，使楔形刀片沿刀体上的斜底槽移动，以改变铰刀的直径尺寸，结构如图8-9所示。通过调节铰刀两端的螺母1，使楔形刀片2沿刀体上的斜底槽3移动，可改变铰刀直径尺寸。主要用于修配或单件非标准尺寸孔的铰削。

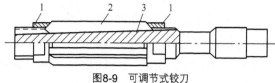

图8-9　可调节式铰刀
1—调节螺母；2—刀片；3—刀体

2. 铰刀的研磨 为保证铰孔精度，铰孔前需按工件的精度要求先研磨铰刀

（1）新铰刀直径上一般留有0.005～0.02mm的研磨量，铰孔前，应按工件的公差等级、研磨铰刀直径。新铰刀的研磨可用研具在钻床上进行。

（2）铰刀在使用过程中易产生磨损，通常由钳工进行手工修磨。

① 选择油石。修磨高速钢和合金工具钢铰刀，可选用 W14，中硬（ZY）或硬（Y）氧化铝油石；修磨硬质合金铰刀，可用碳化硅油石。

② 研磨方法。油石在使用前应在煤油中浸泡一段时间。将铰刀固定，研磨后刀面时，油石与铰刀后面贴紧，沿切削刃垂直方向轻轻推动油石，如图 8-10（a）所示。注意不能将油石沿切削刃方向推动，以免由于油石磨出沟痕将刃口磨钝，如图 8-10（b）所示。当铰刀前刀面需要研磨时，应将油石贴紧在前刀面上，沿齿槽方向轻轻推动，注意不要损坏刃口。

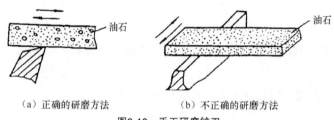

（a）正确的研磨方法　　　（b）不正确的研磨方法

图8-10　手工研磨铰刀

3. 铰杠

手铰时，用来夹持铰刀柄部的方榫，带动铰刀旋转的工具称为铰杠。常用的铰杠有固定式和可调式两种，如图 8-11 所示。

固定式铰杠的方孔尺寸与柄长有一定规格，适用范围小。可调式铰杠的方孔尺寸可以调节，适用范围广泛。可调式铰杠的规格用长度表示，使用时应根据铰刀尺寸大小合理选用。

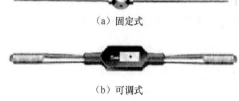

（a）固定式

（b）可调式

图8-11　铰杠

4. 铰削用量及冷却润滑

铰削时要选用合适的铰刀、铰削余量、切削用量和切削液，再加上在正确的操作方法，才能保证铰孔的质量。

（1）铰削余量。铰削余量是指上道工序（钻孔或扩孔）完成后，孔径方向留下的加工余量。一般根据孔径尺寸、孔的精度、表面粗糙度材料的软硬和铰刀类型等选取。可参考表8-1。

表 8-1   铰削余量的选择

铰孔直径/mm	<8	8～20	21～32	33～50	51～70
铰削余量/mm	0.1～0.2	0.15～0.25	0.2～0.3	0.3～0.5	0.5～0.8

（2）机铰的铰削速度和进给量。铰削钢材时，切削速度 v <8m/min，进给量 f =0.4mm/r；铰削铸铁时，切削速度 v <10m/min，进给量 f = 0.8mm/r。

（3）铰孔时的切削液。铰孔时，应根据零件材质选用切削液进行润滑和冷却，以减少摩擦和散发热量，同时将切屑及时冲掉。切削液的选择可参考表 8-2。

表 8-2   铰孔时的切削液

工 件 材 料	切 削 液
钢	（1）10%～15%乳化液或硫化乳化液 （2）铰孔要求较高时，采用 30%菜油加 70%乳化液 （3）高精度铰削时，可用菜油、柴油、猪油
铸铁	（1）一般不用 （2）用煤油，使用时注意孔径收缩量最大可达 0.02mm～0.04mm （3）低浓度乳化油水溶液
铜	乳化油水溶液
铝	煤油

5. 铰削方法

铰削的方法分手工铰削和机动铰削两种。手工铰削的方法步骤如下。

（1）将工件装夹牢固。

（2）选用适当的切削液，铰孔前先涂一些在孔表面及铰刀上。

（3）铰孔时两手用力要均匀，只准顺时针方向转动。

（4）铰孔时施于铰刀上的压力不能太大，要使进给量适当，均匀。

（5）铰完孔后，仍按顺时针方向退出铰刀。

（6）铰圆锥孔时，对于锥度小，直径小而且较浅的圆锥孔，可先按锥孔小端直径钻孔，然后用锥铰刀铰孔。对于锥度大，直径大而且较深的孔应先钻出阶梯孔，再用锥铰刀铰削，如图 8-12 所示。

6. 铰削注意事项

铰削时应注意以下问题。

（1）工件要夹正，加紧力适当，防止工件变形，以免铰孔后零件变形部分的回弹，影响孔的几何精度。

（2）手铰时，两手用力要均匀，速度要均匀，保持铰削的稳定性，避免由于铰刀的摇摆而造成孔口喇叭状和孔径扩大。

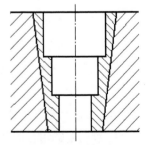

图8-12 预钻阶梯孔

（3）随着铰刀旋转，两手轻轻加压，使铰刀均匀进给。同时变换铰刀每次停歇位置，防止连续在同一位置停歇而造成的振痕。

（4）在铰削过程中，铰刀被卡住时，不要猛力扳转铰杠，防止铰刀折断。应将铰刀取出，清除切屑，检查铰刀是否崩刃，如果有轻微磨损或崩刃，可进行研磨，再涂上切削液继续铰削。

（5）当一个孔快铰完时，不能让铰刀的校准部分全部出头，以免将孔的下端划伤。

（6）铰削过程中或退出铰刀时，都不允许反转，否则将拉毛孔壁，甚至使铰刀崩刃。

（7）机铰时，要保证机床主轴、铰刀和工件孔三者中心的同轴度要求。若同轴度达不到铰孔精度要求时，应采用浮动方式装夹铰刀。

（8）机铰结束，铰刀应退出孔外后停机，否则孔壁有刀痕。

（9）铰削盲孔时，应经常退出铰刀，清除铰刀和孔内切屑，防止因堵屑而刮伤孔壁。

（10）铰孔过程中，按工件材料、铰孔精度要求合理选用切削液。

7. 铰削质量分析

铰孔精度和表面粗糙度的要求都很高，如操作不当将会产生废品。铰孔时废品产生的形式及原因见表8-3。

表8-3　　　　　　　　　铰孔废品形式及原因

废品形式	产生原因
孔壁表面粗糙度超差	（1）铰削余量留得不合适 （2）没有合理选用切削液 （3）切削速度过高 （4）铰刀切削刃崩裂、不锋利，或粘有积屑瘤，刀口不光洁等 （5）铰削过程中或退刀时反转
孔呈多棱形	（1）铰削余量过大 （2）铰刀切削部分后角大或刃带过宽 （3）工件夹持太紧 （4）工件前道工序加工孔的圆度超差
喇叭口	（1）铰刀切削锥角太大，开始切时不易铰进，致使铰刀产生晃动，将孔口刮成喇叭口 （2）手铰时，铰刀放得不正，或者用力不平衡，使铰刀左右晃动将孔口处铰大 （3）机铰刀切削刃口径向跳动误差太大，铰削时由于铰刀切削刃部分与工件之间楔得较紧，使铰刀头部不易摆动。但由于钻床主轴的径向圆跳动，误差大，相应地使铰刀尾部产生晃动，因此将孔口刮大，而形成喇叭口
孔径扩大	（1）铰刀校准部分的直径大于铰孔所要求的直径，研磨铰刀时没有考虑铰孔扩大量的因素 （2）机铰时铰刀与孔轴线不重合，铰刀偏摆过大 （3）手铰时两手用力不均，铰刀晃动 （4）切削速度太高，冷却不充分 （5）加工余量和进给量过大时，在铰削过程中金属被撕裂下来，使铰孔直径增大 （6）铰锥孔时，未常用锥销试配、检查，铰孔过深
孔径缩小	（1）铰刀磨损 （2）铰刀切削刃磨钝以后，切削能力降低，对一部分加工余量产生挤压作用。当铰刀退出所铰孔后，金属又恢复其弹性变形，致使所铰孔变小 （3）铰削铸铁时用煤油作切削液，未考虑收缩量 （4）铰削速度太低而进给量大 （5）用硬质合金铰刀高速铰孔，或者用无刃铰刀铰孔，铰刀对金属都有挤压作用。但在确定铰孔直径时，没有考虑铰孔产生收缩量的因素，孔铰完后，孔径产生了收缩

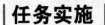

任务实施

铰削练习

任务完成结论

（1）练习掌握了扩孔、锪孔的找正。

（2）练习掌握了锪孔深度的控制。

（3）学会控制铰孔时平稳用力。

（4）熟记铰孔时不能倒转。

课堂训练与测评

扩孔、锪孔、铰孔课题件练习。

攻螺纹

任务二的具体内容了解钳工螺纹加工的方法，掌握攻螺纹底孔直径、套螺纹螺杆直径的确定。学会使用铰杠。通过这一具体任务的实施，掌握攻螺纹、套螺纹基本技能。

知识点、能力点

（1）认识丝锥与板牙。

（2）攻螺纹前底孔直径、套螺纹前螺杆直径的确定。

（3）攻螺纹、套螺纹的方法。

（4）取出折断丝锥的方法。

（5）螺纹加工废品产生的原因。

（6）螺纹加工安全操作规程。

工作情景

通过完成图 8-13 所示六角螺母课题件练习，掌握攻螺纹的方法。

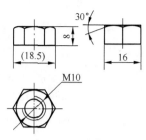

图8-13 六角螺母

任务分析

（1）底孔直径大小，影响攻螺纹的质量。

（2）加工材料影响底孔直径的确定。

（3）切削液影响螺纹孔的质量。

相关知识

用丝锥加工零件内螺纹的操作叫攻丝。

1. 丝锥与铰杠

丝锥是用来切削内螺纹的工具，分手用和机用两种。手用丝锥由合金工具钢或轴承钢制成，机用丝锥用高速钢制成。

（1）丝锥的构造。丝锥由工作部分和柄部组成。工作部分包括切削部分和校准部分。

切削部分起主要切削作用，呈锥形，其上开有几条容屑槽，以形成切削刃和前角。如图8-14所示。刀齿高度由端部逐渐增大，使切削负荷分布在几个刀齿上，切削省力，刀齿受力均匀，不易崩齿或折断，丝锥也容易正确切入。

校准部分起导向、定螺纹孔径及修光作用，有完整的齿形。柄部有方榫，用来传递转距。

手用丝锥为了减少攻螺纹时的切削力和提高丝锥的使用寿命，将切削负荷分配给一组丝锥，通常2～3支丝锥组成一组。其切削负荷的分配有两种形式：锥形分配和柱形分配，如图8-15所示。

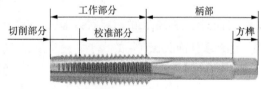

图8-14 丝锥构造

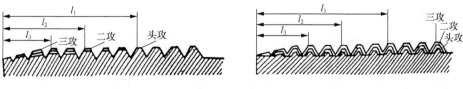

（a）锥形分配　　　　　　　　　　（b）柱形分配

图8-15 丝锥切削量分配

① 锥形分配：同组丝锥的大径、中径和小径都相等，只是切削部分的长度和锥角不等。头锥切

削部分的长度为 5～7 个螺距，二锥是 2.5～4 个螺距，三锥是 1～2 个螺距。

② 柱形分配：同组丝锥的大径、中径和小径都不等，随头锥、二锥、三锥依次增大。攻丝时，切削用量分配合理，每支丝锥磨损均匀，使用寿命长。但攻丝时顺序不能搞错。

（2）铰杠。铰杠用来夹持丝锥的柄部，带动丝锥旋转切削的工具。铰杠有普通铰杠和丁字形铰杠两类，各类铰杠又可分为固定式和可调式两种，如图 8-16 所示。

固定式普通铰杠用于攻制 M5 以下螺纹孔。可调式普通铰杠应根据丝锥尺寸大小合理选用，可参见表 8-4。

表 8-4 可调式铰杠的适用范围

铰杠规格/mm	150	200	250	300	350
使用丝锥范围	M5～M8	M8～M12	M12～M14	M14～M16	M16～M22

丁字形铰杠用于攻制工作台旁边或机体内部的螺孔，如图 8-17 所示。丁字形可调节铰杠是用一个四爪的弹簧夹头来夹持不同尺寸的丝锥，一般用于 M6 以下丝锥。大尺寸的丝锥一般用固定式，通常是按需要制成专用的。

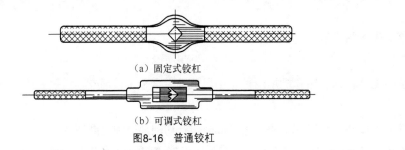

（a）固定式铰杠

（b）可调式铰杠

图8-16 普通铰杠

图8-17 丁字形铰杠

2. 攻丝时底孔直径的确定

攻丝时，丝锥在切削材料的同时，还产生挤压，使材料向螺纹牙尖流动。若攻丝前底孔直径与螺纹内径相等，被挤出的材料就会卡住丝锥甚至使丝锥折断。并且材料的塑性越大，挤压作用越明显。因此攻丝前底孔直径的大小，应从被加工材料的性质考虑，保证攻螺纹时既有足够的空间来容纳被挤出的材料，又能够加工出的螺纹有完整的牙型。一般攻制普通螺纹时前底孔直径（d_0），可参照下式计算。

$$d_0 = d - nP$$

式中，d——螺纹公称直径，mm；

P——螺距，mm；

n——常数，在钢或韧性材料上攻丝时，$n=1$；在铸铁或脆性材料上攻丝时，$n=1.1$。

攻盲孔螺纹时，由于丝锥切削部分带有锥角，不能切出完整的螺纹牙形，因此为了保证螺孔的有效深度，所钻底孔深度（L_0）一定要大于所需螺孔深度（L），一般取：

$$L_0 = L + 0.7d$$

式中，d——螺纹公称直径，mm。

3. 攻螺纹方法及注意事项

（1）确定底孔直径，钻孔后两端面孔口应倒角，这样丝锥容易切入，攻穿时螺纹也不会崩裂。

（2）攻丝时丝锥应垂直于底孔端面，不得偏斜。可在丝锥切入 1～2 圈后，用直角尺在两个互相垂直的方向检查，如图 8-18 所示。若不垂直，应及时校正。

（3）丝锥切入 3～4 圈时，只须均匀转动铰杠。且每正转 1/2～1 圈，要倒转 1/4～1/2 圈，以利断屑、排屑，如图 8-19 所示。攻韧性材料、深螺孔和盲螺孔时更应注意。攻盲螺孔时还应在丝锥上要做好标记，并经常退出丝锥排屑。

图8-18 用直角尺检查丝锥位置

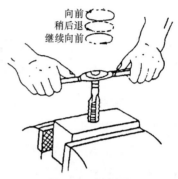

图8-19 攻丝方法

（4）攻较硬材料时，应头锥、二锥交替使用。调换时，先用手将丝锥旋入孔中，再用铰杠转动，以防乱扣。

（5）攻韧性材料或精度较高螺孔时，要选用适宜的切削液，参见表 8-5。

表 8-5 　　　　　　　　　攻螺纹时切削液的选用

零件材料	切削液
钢	机加工可用浓度较大的乳化油，或含硫量 1.7%以上的硫化切削油，工件表面粗糙度值要求较小时，可用菜油及二硫化钼等，手加工用机油
铸铁	一般不用切削液，如工件表面粗糙度值要求较小，或材质较硬时，可用煤油
铜、铝及铝合金	手加工时可不用，机加工时加 15%～20%乳化液
不锈钢	硫化切削油 60%+油酸 15%+煤油 25%

（6）根据丝锥大小选用合适的铰杠，勿用其他工具代替铰杠。

（7）机攻螺纹时，应选择合适的切削速度。

（8）攻通孔时，丝锥的校准部分不能全部攻出底孔口，以防退丝锥时造成螺纹烂牙。

4. 取出折断在螺孔中丝锥的方法

攻螺纹时要特别小心，防止丝锥折断。如果已经断了，可根据不同情况用下列方法取出断丝锥。

（1）用冲子顺着丝锥旋出方向敲打，开始用力轻一点，逐渐加重，必要时可反向敲打一下，使断丝锥有所松动，如图 8-20 所示。

（2）用专用工具。专用工具上短柱的数量与丝锥的槽数相等，把工具插入断丝锥的槽中，顺着丝锥旋出方向转动，就可取出断丝锥，如图 8-21 所示。

（3）把三根弹簧钢丝插人两截断丝锥的槽中，把螺母旋在带柄的那一段上，然后转动丝锥的方头，把断在工件中的另一段取出，如图8-22所示。

图8-20　用冲子敲出断丝锥

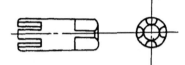

图8-21　旋出断丝锥的专用工具

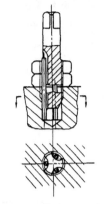

图8-22　用弹簧钢丝取断丝锥

（4）用气焊在断丝锥上焊一个螺钉，然后转动螺钉取出断丝锥。

（5）用气焊使断丝锥退火，然后用一个比螺纹内径略小的钻头把它钻掉，再清除残余部分。但这种方法易把工件的螺孔弄坏。

（6）用电火花加工的方法取出断丝锥。

5. 攻螺纹时常见缺陷分析

攻螺纹时常见缺陷有丝锥损坏和零件报废等，其产生的原因见表8-6。

表 8-6　　　　　　　　　　攻螺纹时常见缺陷分析

缺 陷 形 式	产 生 原 因
丝锥崩刃、折断或磨损过快	（1）螺纹底孔直径偏小或深度不够 （2）丝锥参数刃磨不合适 （3）切削液选择不合适 （4）机攻螺纹时切削速度过高 （5）手攻螺纹时用力过猛、铰杠掌握不稳、未经常倒转断屑、切屑堵塞 （6）工件材料的韧性过高
螺纹烂牙	（1）丝锥磨钝或切削刃上粘有积屑瘤 （2）丝锥与底孔端面不垂直，强行矫正 （3）机攻螺纹时，校准部分攻出底孔口 （4）手攻螺纹时，攻入3～4圈后仍加压力或用二锥攻时，直接用铰杠旋入 （5）未加切削液，润滑条件差
螺纹牙形不整	（1）攻丝前底孔直径过大 （2）丝锥磨钝或切削刃刃磨不对称

任务实施

完成"六角螺母"课题件。

任务完成结论

（1）掌握了根据工件材料确定底孔直径的方法。

（2）体会并掌握了攻螺纹时双手力量的调整。

（3）学会了在硬度较高的材料上攻丝时，要头锥、二锥交替使用。

（4）能够根据被加工材料选择切削液。

（5）掌握了攻螺纹的基本技能。

课堂训练与测评

攻丝练习。

知识拓展

套螺纹

用板牙在圆柱或管子的表面加工外螺纹的操作称为套螺纹。

1. 圆板牙与铰杠

板牙是用来切削外螺纹的工具。它由切削部分、校准部分和排屑孔组成，如图 8-23 所示。排屑孔形成刃口。

切削部分是指板牙的两端锥形部分，其锥角约为 30°～60°。前角在 15° 左右，后角约为 8°。校准部分在板牙的中部，起导向和修光作用。通过调节板牙外圆上的 V 型槽，可改变板牙的尺寸，其调节范围为 0.1～0.25mm。

圆板牙两端都有切削部分，一端磨损后可换另一端使用。但圆锥管螺纹板牙只在一面制成切削锥，所以，圆锥管螺纹板牙只能单面使用。

铰杠是用来安装板牙并带动板牙旋转切削的工具，通常又称为"板牙架"，如图 8-24 所示。

2. 套螺纹时圆杆直径及端部倒角

套螺纹时，板牙在切削材料的同时，也会产生挤压作用，使材料产生塑性变形。所以套螺纹前的圆杆直径（D）应稍小于螺纹公称直径（d），可参照下式计算：

$$D = d - 0.13P$$

式中，P——螺距，mm。

圆杆直径确定后，为便于切削在圆杆的端部应倒角，倒角处小端直径应小于螺纹小径。

3. 套螺纹方法及注意事项

（1）确定圆杆直径，切入端倒角 15°～20°。

（2）用软钳口或硬木做的 V 形块将工件夹持牢固，注意圆杆夹持要端正，且不能损伤外表面，如图 8-25 所示。

（3）将装入板牙架的板牙套在圆杆上，保证板牙端面应与螺杆轴线垂直。

图8-23　圆板牙图

图8-24　板牙架

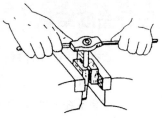

图8-25　用V形块夹持圆杆套螺纹

（4）开始套螺纹，在转动板牙的同时加适当的轴向压力。当切出1～2圈螺纹后，检查是否套正，如有歪斜应慢慢矫正后再继续加工。此时，只需均匀转动板牙，而不在加压力。但要经常倒转板牙，以断屑。

（5）为提高螺纹表面质量和延长板牙使用寿命，套螺纹时要加切削液，可选用浓的乳化液、机油；螺纹精度要求高时，可采用菜油或二硫化钼。

4. 套螺纹时常见缺陷分析

套螺纹时常见缺陷形式及产生的原因见表8-7。

表 8-7　　　　　　　　　　套螺纹常见缺陷分析

缺 陷 形 式	产 生 原 因
板牙崩齿、破裂或磨损过快	（1）圆杆直径过大或端部未倒角 （2）板牙端面与圆杆轴线不垂直 （3）未经常倒转断屑，造成切屑堵塞 （4）未选用切削液
螺纹烂牙	（1）圆杆直径过大，起套困难 （2）套入1～2圈后仍加压力 （3）强行矫正已套歪的板牙或未倒转断屑 （4）未用合适的切削液
螺纹牙形不整	（1）圆杆直径过小 （2）将板牙直径调节过大
螺纹歪斜	（1）起套时，板牙端面与圆杆轴线不垂直 （2）两手用力不均使板牙位置发生歪斜

任务三　研磨

任务三的具体内容了解钳工研磨加工的方法；了解研磨的作用，分清磨料、研具；了解研磨的操作过程，为从事模具生产与维修奠定基础。

知识点、能力点

（1）了解研磨的原理。

（2）分清研磨的方法。

（3）了解磨料的种类及用途。

（4）认识研具。

（5）了解研磨操作过程。

（6）熟悉研磨的应用。

工作情景

讲解研磨知识，并演示平面研磨的方法。

任务分析

（1）认识研具对研磨的作用。

（2）掌握研磨轨迹对研磨质量的影响。

相关知识

用研具及研磨剂从零件表面上磨掉一层极薄的材料的加工方法叫研磨。研磨后工件表面的表面粗糙度可达 $Ra0.63\sim0.01\mu m$，尺寸精度可达 IT5～01，几何形状更加准确。

一、研磨的原理

用比工件软一些的材料做研磨工具，在研磨工具上放些研磨剂，在工件和研具之间的压力作用下，部分磨料嵌入研具表面，使研具象砂轮一样有了无数的切削刃，研磨时工件和研具之间作复杂的相对运动，由于磨料的切削、滑动、滚动和挤压的作用，使工件表面被切除一层极薄的材料。研磨可用于加工各种金属和非金属材料，加工的表面形状有平面，内、外圆柱面和圆锥面，凸、凹球面，螺纹，齿面及其他型面。

研磨方法一般可分为湿研、干研和半干研三类。

湿研：又称敷砂研磨，把液态研磨剂连续加注或涂敷在研磨表面，磨料在工件与研具间不断滑动和滚动，形成切削运动。湿研一般用于粗研磨，所用微粉磨料粒度粗于 W7。

干研：又称嵌砂研磨，把磨料均匀在压嵌在研具表面层中，研磨时只须在研具表面涂以少量的硬脂酸混合脂等辅助材料。干研常用于精研磨，所用微粉磨料粒度细于 W7。

半干研：类似湿研，所用研磨剂是糊状研磨膏。研磨既可用手工操作，也可在研磨机上进行。工件在研磨前须先用其他加工方法获得较高的预加工精度，所留研磨余量一般为 5～30μm。

1. 研磨剂

研磨剂是由磨料和研磨液混合而成。

（1）磨料。磨料的种类很多，常用磨料的种类、性能及用途见表 8-8。

表 8-8　　　　　　　　　　　　　磨料的种类及用途

类别	磨料名称	代号	特　性	用　途
氧化物	棕刚玉	A	棕褐色，硬度高，韧性好，价格便宜	粗、精研铸铁及硬青铜
	白刚玉	WA	白色，比棕钢玉硬度高，韧性差	精研淬火钢、高速钢及有色金属
	铬刚玉	PA	玫瑰红或紫红色．韧性比白刚玉高	研磨量具、仪表零件及高精度表面
	单晶刚玉	SA	淡黄色或白色，硬度、韧性比白刚玉高	研磨不锈钢等强度高、韧性大的零件
炭化物	黑炭化硅	C	黑色，硬度高，脆而锋利，导电、导热性好	研磨铸铁、黄铜铝等材料
	绿炭化硅	GC	绿色，硬度脆性比黑炭化硅高	研磨硬质合金、硬铬、宝石、陶瓷等
	炭化硼	DC	灰黑色，硬度次于金刚石，耐磨性好	精研和抛光硬质合金和人造宝石等
金刚石	人造金刚石	JR	无色透明或淡黄色、黄绿色或黑色，硬度高	粗、精研磨硬质合金、人造宝石等硬质材料
	天然造金刚	JT	硬度最高，价格昂贵	
其他	氧化铁		红色至暗红色，比氧化铬软	极细的精研磨或抛光钢、铁、玻璃等
	氧化铬		深绿色	

磨料的粗细用粒度表示。国家标准规定用 41 个粒度代号表示，常用粒度的分组和用途见表 8-9。

表 8-9　　　　　　　　　　　　常用粒度分组和用途

粒度分组	粒度号数	研磨加工类别	可达到表面粗糙度 $Ra/\mu m$
磨粉	100#～240#	用于粗研磨	0.8
微粉	W40～W28	用于粗研磨	0.4～0.2
	W14～W7	用于半精研磨	0.2～0.1
	W5 以下	用于精研磨	0.1 以下

（2）研磨液。研磨液在研磨剂中起稀释、润滑与冷却作用。常用的研磨液有机油、煤油（用于一般工件表面研磨）、猪油（用于精密表面研磨）和水（用于玻璃、水晶研磨）。

2. 研磨工具

研具是使工件研磨成形的工具。

（1）研具的材料。研具又是研磨剂的载体，硬度应低于工件的硬度，又有一定的耐磨性，常用灰铸铁制成。湿研研具的金相组织以铁素体为主；干研研具则以均匀细小的珠光体为基体。研磨 M5 以下的螺纹和形状复杂的小型工件时，常用软钢研具。研磨小孔和软金属材料时，大多采用黄铜、紫铜研具。研具应有足够的刚度，其工作表面要有较高的几何精度。研具在研磨过程中也受到切削和磨损，如操作得当，它的精度也可得到提高，使工件的加工精度能高于研具的原始精度。

（2）研具的形状。研磨工具的表面形状依被研磨工件表面形状而定。常用的有：研磨平板、研磨尺、研磨盘（都用于研磨平面）、研磨环（用于研磨外圆）、研磨棒（用于研磨内孔）等。

二、研磨方法

1. 研磨平面

在研磨平板上进行。粗研时，为了使工件和研具之间直接接触，保证推动工件时用力均匀，不至于产生球面，常采用带有沟槽的平板，而精研时用光滑平板。研磨前，研磨平板的工作表面上用煤油擦洗干净，再涂上研磨剂。研磨时，手持工件作直线往复运动或"8"字形运动。研磨一定时间后，将工件调转 90°～180°，以防工件倾斜，如图 8-26 所示。

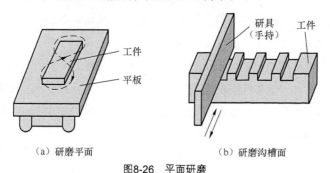

（a）研磨平面　　　　　　　　（b）研磨沟槽面

图8-26　平面研磨

2. 研磨圆柱面

（1）研磨外圆柱面。在车床或钻床上研磨。工件装夹在车床的两顶尖之间，涂上研磨剂后套上研磨环。研磨时，在工件以一定速度旋转时手握研磨环作轴向往复运动（速度要适当，工件表面产生交叉网纹提高研磨精度，使研磨环磨耗均匀，在研磨一段时间后将工件掉转 180° 再进行研磨，如图 8-27 所示。

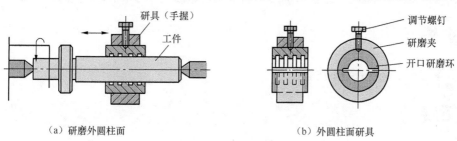

（a）研磨外圆柱面　　　　　　　　（b）外圆柱面研具

图8-27　研磨圆柱面

（2）研磨内圆柱。采用手工与机械相配合的方法进行研磨。研磨时，将零件夹紧在车床钻夹头内，手握工件套在研磨棒上，研磨棒作旋转运动。工件作往复直线运动。

研磨圆柱面时要注意，研具与工件的配合松紧要适当（间隙在 0.01～0.005mm）以用手研磨时不十分费力为宜。

（3）研磨圆锥面。用与工件锥度一致的研磨棒或研磨环研磨。涂上研磨剂后，让研具与工件的锥面接触，用手沿同一方向转 3～4 次后将研具拔出，然后再推入研磨，至圆锥面完全研磨到，如图 8-28 所示。

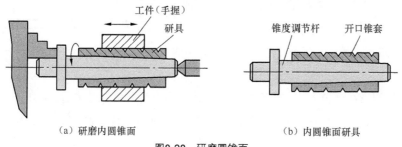

（a）研磨内圆锥面　　　　　　　　（b）内圆锥面研具

图8-28　研磨圆锥面

3. 研磨要求

要正确处理好研磨的运动轨迹是提高研磨质量的重要条件。要求：

（1）工件相对研具的运动，要尽量保证工件上各点的研磨行程长度相近。

（2）工件运动轨迹均匀地遍及整个研具表面，以利于研具均匀磨损。

（3）运动轨迹的曲率变化要小，以保证工件运动平稳。

（4）工件上任一点的运动轨迹尽量避免过早出现周期性重复。

为了减少切削热，研磨一般在低压低速条件下进行。粗研的压力不超过 0.3MPa，精研压力一般采用 0.03～0.05MPa。粗研速度一般为 20～120m/min，精研速度一般取 10～30m/min。

三、研磨的特点及应用

（1）设备简单，精度要求不高。

（2）加工质量可靠。可获得很高的精度和很低的 Ra 值。但一般不能提高加工面与其他表面之间的位置精度。

（3）可加工各种钢、淬硬钢、铸铁、铜铝及其合金、硬质合金、陶瓷、玻璃及某些塑料制品等。

（4）研磨广泛用于单件小批生产中加工各种高精度型面，并可用于大批大量生产中。

任务实施

学习并掌握钳工研磨的操作技能。

知识拓展

用刮刀刮除工件表面薄层金属的加工方法叫刮削。

1. 常用刮刀种类和刃磨方法

按被加工零件表面形状刮刀分为平面刮刀和曲面刮刀。

（1）平面刮刀。如图 8-29 所示，平面刮刀用来刮削平面和外曲面。按所刮表面精度要求不同，可分为粗刮刀、细刮刀和精刮刀三种。刮刀一般用碳素工具钢（T12A）或合金工具钢（GCr15）制成，当零件表面较硬时也可焊接高速钢和硬质合金刀头。

（2）曲面刮刀。如图 8-30 所示，曲面刮刀用来刮内曲面。常用的有三角刮刀、蛇头刮刀等。

（3）平面刮刀的刃磨。平面刮刀的刃磨分粗磨和精磨两步进行。

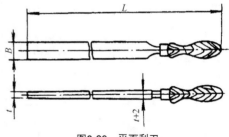

图8-29　平面刮刀

① 平面刮刀粗磨在砂轮上磨掉表面氧化层，并磨出刀头楔角 β_0，如图 8-31 所示。粗刮刀 β_0 为 90°～92.5°，切削刃必须平直；细刮刀 β_0 为 95°，切削刃稍带圆弧；精刮刀 β_0 为 97.5° 左右，切削刃圆弧半径比细刮刀小些。

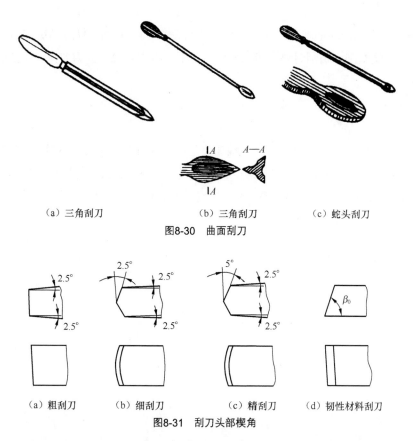

(a) 三角刮刀　　　　　　(b) 三角刮刀　　　　　(c) 蛇头刮刀
图8-30　曲面刮刀

(a) 粗刮刀　　　　(b) 细刮刀　　　　(c) 精刮刀　　　　(d) 韧性材料刮刀
图8-31　刮刀头部楔角

　　② 平面刮刀精磨在油石上进行。精磨的目的是提高刮刀头部平面度，降低表面粗糙度保证刃口锋利，因此，要求油石有合适的硬度和较高的平面度。

　　（4）曲面刮刀的刃磨。曲面刮刀也分粗磨、精磨两步进行。曲面刮刀上的平面部分刃磨与平面刮刀刃磨方式相同，只是曲面部分刃磨时，刮刀运动方式是平面往复摆动和绕弧形中心转动的复合运动。曲面刮刀一般要先磨出平面部分，然后刃磨沟槽和曲面部分。

　　2. 显示剂

　　显示剂的作用是显示被刮削表面和标准表面间接触面接触状况。常用的有：

　　（1）红丹粉。氧化铅或氧化铁用机油调和而成，广泛用于钢和铸铁件的显示。

　　（2）普鲁士蓝油。普鲁士蓝粉与蓖麻油及适量机油调和成的，多用于有色金属和精磨零件的显示。

　　3. 刮削方法

　　（1）平面刮削。平面刮削分粗刮、细刮、精刮和刮花纹四个步骤。

　　① 平面粗刮。当工件表面还留有较深的加工刀痕，或刮削余量较多的情况下，需要进行粗刮。刮削时，使用粗刮刀要按一定方向连续铲刮，每刮完一遍要变换方向，第二遍与第一遍呈 $30° \sim 45°$ 的交叉进行。

　　② 平面细刮。通过细刮可进一步提高刮削面的精度。细刮使用细刮刀，采用短刮法，刮点要准，

用力均匀，轻重合适，每一遍须按同一方向刮削，第二遍要交叉刮削，使刀迹呈 45°～60° 的网纹状。

③ 平面精刮。在细刮的基础上，通过精刮增加研点并使工件刮削面符合精度要求。刮削方法是用精刮刀采用点刮法刮削。精刮时要捡粗大的研点刮削，压力要轻，提刀要快、不要重刀，并始终交叉地进行刮削。

④ 刮花纹。刮花纹是用刮刀在刮削面上刮出装饰性花纹，使其整齐美观，并使刮削表面有良好的贮油润滑作用。

（2）曲面刮削。曲面刮削主要是对套、轴瓦等零件的内圆锥和球面的刮削。刮削时，要选用合适的曲面刮刀，控制好刮刀与曲面的接触角度和压力，刮刀在曲面内作前推或后拉的螺旋运动，刀迹应与轴中心线呈 45°，每刮一遍之后，下一遍刀迹应垂直交叉进行，可避免刮削面产生波纹，接触点也不会成条状。

Chapter

9

项目九

| 模钳基础操作 |

【项目描述】

模具钳工的基础锉配操作的内容。

【学习目标】

通过本项目的学习，学生了解模具钳工锉配的操作内容，掌握锉配的方法和检验方法。

【能力目标】

通过课题件的练习，掌握钳工锉配操作的技能。

锉配

任务一的具体内容了解钳工螺纹加工的方法，掌握攻螺纹底孔直径、套螺纹螺杆直径的确定。学会使用铰杠。通过这一具体任务的实施，掌握钳工锉配基本技能。

| 知识点、能力点 |

（1）了解锉配中角度样板的使用方法。

（2）学会对称度的测量。

（3）掌握偏差的修正办法。

（4）熟练使用千分尺。

（5）掌握锉配技能。

工作情景

通过完成下图 9-1 所示"四方锉配"和"T 形锉配"课题件的练习，掌握锉配技能。

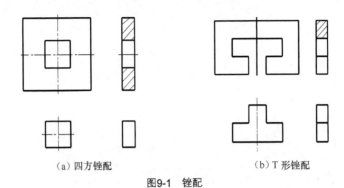

（a）四方锉配　　　　　　　　（b）T 形锉配

图9-1　锉配

任务分析

（1）学会基准角的确定。

（2）掌握锉配的加工步骤。

（3）出现偏差，如何消除。

相关知识

通过锉配加工，使两个零件的相配表面达到图样上规定的技术要求，这种工作称为锉配。

锉配的方法广泛地应用于机器装配、修理以及工具、模具的制造中。锉配的基本方法是：先将相配的两个零件的一件锉到符合图样要求，再以它为基准锉配另一件。一般来说，零件的外表面比内表面容易加工，所以通常是先锉好配合面为外表面的零件，然后再锉配内表面的零件。由于相配合零件的表面形状、配合要求不同，随之锉配的方法也有所不同，因此，锉配方法应根据具体情况决定。

一、锉配角度样板

1. 锉内、外角度检验样板

锉配角度样板工件之前，一般要锉制一副内、外角度检查样板，如图 9-2 所示。锉削时 α 角要准确，两条锐角边要平直。内外样板配合时，在 α 角的两边只允许有微弱的光隙。

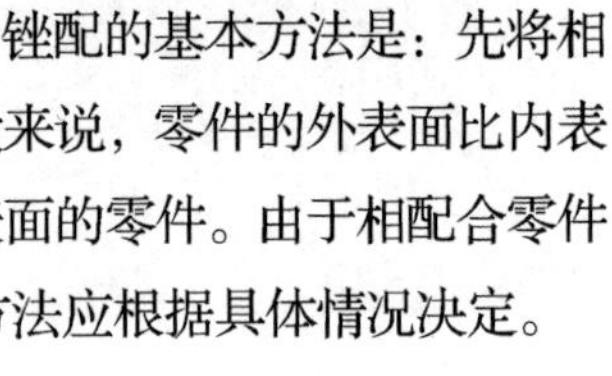

2. 角度样板的尺寸测量

图 9-3（a）所示的尺寸 B 不容易直接测量准确，一般都采用间接的测量方法。样板形状不同，测量时的计算方法亦有所不同。

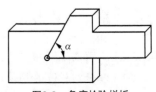

图9-2　角度检验样板

图 9-3（b）所示的测量尺寸 M 与样板的尺寸 B、圆柱直径 d 之间有如下关系。

$$M = B + \frac{d}{2} \cdot \cot\frac{\alpha}{2} + \frac{d}{2}$$

式中，M——测量读数值，mm；

　　　B——样板斜面与槽底的交点至测量面的距离，mm；

　　　d——圆柱量棒的直径尺寸，mm；

　　　α——斜面的角度值。

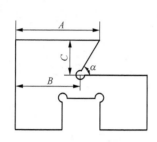 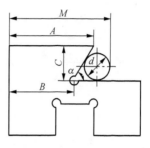

（a）角度样板尺寸测量　　　　　（b）计算图

图9-3　角度样板边角尺寸的测量

当要求尺寸为 B 时，则可按下式计算。

$$B = A - C\cot\alpha \quad 或 \quad B = M - \frac{d}{2}\cot\frac{\alpha}{2} - \frac{d}{2}$$

3. 锉配角度样板的加工过程

图 9-4 所示为工件的加工过程。

（1）在两块材料上分别划出外形加工线。

（2）分别锉削件 1 和件 2 的外形，应使尺寸（40±0.05）mm、（60±0.05）mm 和垂直度、平行度（为保证对称度）达到要求。

（3）根据图样划出件 1 和件 2 的全部加工线。

（4）分别钻出 $3 \times \phi 3$mm 工艺孔。

（5）加工件 1 的凸形面。按线锯去 A 面对应的一角余料。

（6）锉削凸体。在保证从 A 面间接测量 39mm 尺寸（$\frac{1}{2} \times 60$ 的实际尺寸+$\frac{1}{2} \times 18$ 的尺寸）的同时，要保证对称度 0.1mm 的要求，还要从底平面间接测量，保证 $15_{-0.05}^{0}$mm 的尺寸。

（7）按划线锯去另一侧（A 面）垂直角余料。用上述方法控制尺寸 15mm 和直接测量尺寸为 $15_{-0.05}^{0}$mm。

（8）加工件 2 的凹形面。用钻头离划线一段距离钻出排孔。然后粗锉至线条处，留 0.1～0.2mm 精锉余量。

（9）锉削两侧面。先锉削（$\frac{1}{2} \times 60$ 的实际尺寸 $-\frac{1}{2} \times 18$ 凹体实际尺寸的）左（基准）侧面，以保证对称度。然后锉削另一侧面，达到与凸体松紧适当的配合，且配合间隙小于 0.1mm。

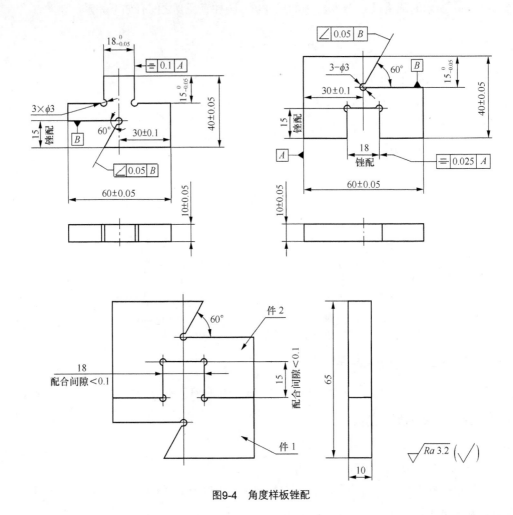

图9-4　角度样板锉配

（10）加工件2的60°角。首先按划线锯去60°角的余料。锉削时要保证$15_{-0.05}^{0}$ mm的尺寸要求。再用60°角度样板检验、锉准60°角，同时控制尺寸（30±0.1）mm。

（11）加工件1，按划线锯去60°角余料。其加工方法与上面相同，但应与件2锉配，达到角配合间隙不大于0.1mm要求，这时可用塞尺检查。

（12）全部锐边倒棱。

4. 锉配样板的注意事项

（1）样板的全部加工过程，都是采用间接测量的方法来保证尺寸要求的，因此对尺寸的计算和测量，一定要做到准确无误，否则不可能保证加工精度。

（2）要保证垂直度准确，必须在选好基准面加工的同时，还要考虑到平行度，否则对称度难以保证。

（3）加工中不能为了省事，把两个角的余料同时锯去，这样就失去了间接测量的手段，无法保证对称度和整个尺寸精度。

（4）已加工好的形面与另一形面锉配时，因加工掌握不好会出现较大间隙，此时不得通过敲打挤压材料进行修整。若一时基准件不能在锉配的件上通过时，不得去修锉已加工好的基准（或样板）形面。

二、对称度的测量及误差修整

1. 对称度的测量

对称度误差，是指被测表面的中心平面与基准表面的中心平面间的最大偏移距离，如图 9-5 中的 Δ。

对称度公差带是距离为公差值 t，且相对基准中心平面对称配置的两平行平面之间的区域。

对称度的测量如图 9-6 所示。要检查尺寸 m 是否对称于尺寸 n 的中心平面，先把样板垂直放置在平板上，用百分表测量 A 表面，得出数值 k_1；然后把另一侧面同样放置在平板上，测量 B 表面，得出数值 k_2。如果两次测量的数值一样，说明尺寸 m 的两表面对称于尺寸 n 的中心平面；如果两次测量的数值不一样，则对称度误差值为：$\dfrac{|k_1 - k_2|}{2}$。

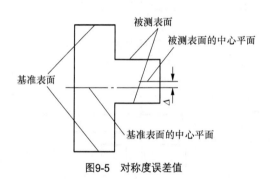

图9-5 对称度误差值

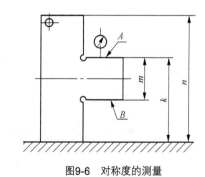

图9-6 对称度的测量

2. 对称度误差修整

对称度误差在凸凹配合件中可通过凸凹体配合进行检查，然后根据检查结果修整，以减小或消除对称度误差，其原理如图 9-7 所示。

在图 9-7 的（a）、（b）、（c）一组中，图（a）为该组凸凹件配合前的情况，图（b）为该组件配合后的情形，图（c）为翻转凸形后的配合情形。修整时，凸形件多的一侧要修去 2Δ，凹形件每侧要修去 Δ。

在图 9-7 的（d）、（e）、（f）一组中，图（d）为配合前的情形，图（f）为翻转凸形件后的配合情形。修整时，凸件、凹件多的一侧都要修去 2Δ。

在图 9-7 的（g）、（h）、（i）一组中，凸件和凹件先按图（h）所示多的一侧修去 $|\Delta_1 - \Delta_2|$，然后翻转凸件，再按图（i）所示多的一侧修去 $\Delta_1 + \Delta_2$。

以上几种情形表明，要修整、减小对称度误差，都要对凸件或凹件的外形基准尺习进行修去，所以在开始锉削外形基准尺寸时，一定要按所给尺寸的上限加工，留有一定的修整余量。这样，即使最后因对称度超差修去一些，外形尺寸仍在公差范围之内。

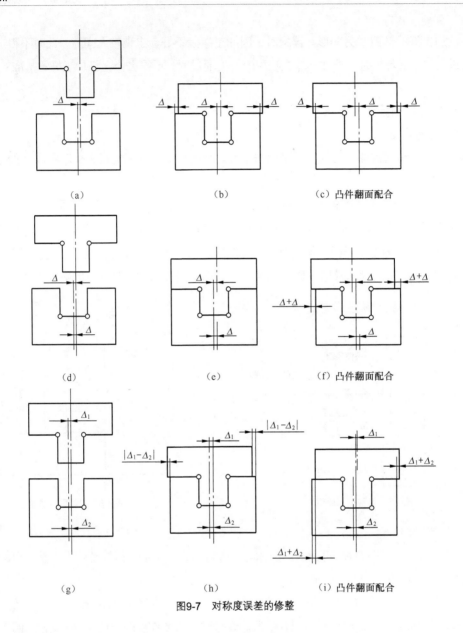

图9-7　对称度误差的修整

任务实施

锉配实例

1. 锉配四方体

锉配的四方体如图 9-8 所示。

（1）操作技术要求。

① 掌握四方体的锉配方法。

② 了解影响锉配精度的因素，并掌握锉配误差的检查和修正方法。

③ 进一步掌握平面锉配技能，了解内表面加工过程及形位精度在加工中的控制方法。

（2）使用的刀具、量具和辅助工具。锉配四方体常用的刀具、量具和工具有：粗锉刀、细锉刀、钢尺、游标卡尺、高度游标尺、千分尺、刀口尺、角尺、塞尺、平板和划针盘。

（3）操作过程。

① 加工件 2。

（a）锉削基准平面 A，并使之达到平面度 0.03mm，表面粗糙度 $Ra6.3\mu m$ 要求。

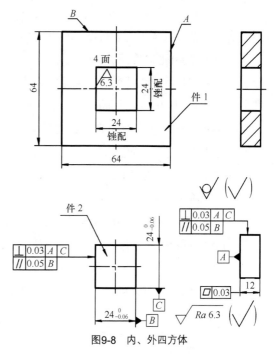

（b）锉削 A 面对应面。以 A 面为基准，在相距 12mm 处划出平面加工线，并使锉削达到尺寸 12mm，平面度 0.03mm，表面粗糙度 $Ra6.3\mu m$ 要求。

（c）锉削基准面 B，并使之达到平面度和垂直度 0.03mm，表面粗糙度 $Ra6.3\mu m$ 要求。

（d）锉削 B 面对应面。以 B 面为基准，在相距 24mm 处划出平面加工线，并使锉削达到尺寸

图9-8　内、外四方体

$24_{-0.06}^{0}$ mm，平面度、垂直度 0.03mm，平行度 0.05mm，表面粗糙度 $Ra6.3\mu m$ 的要求。

（e）锉削基准面 C，并使之达到平面度、垂直度 0.03mm，表面粗糙度 $Ra6.3\mu m$ 的要求。

（f）锉削 C 面的对应面。以 C 面为基准，在相距 24mm 处划出平面加工线，并使锉削达到尺寸 $24_{-0.06}^{0}$ mm，平面度、垂直度 0.03mm，平行度 0.05mm，表面粗糙度 $Ra6.3\mu m$ 的要求。

（g）在棱边上倒棱。

② 加工件 1。

（a）按加工件 2 的方法锉削件 1 左右两大面，使之达到平面度、平行度、表面粗糙度要求。

（b）锉削 A、B 基准面，使之达到平面度、垂直度、表面粗糙度的要求。

（c）以 A、B 面为基准，划内四方体 24mm×24mm 尺寸线，并用已加工四方体校核所划线条的正确性。

（d）钻排孔，粗锉至接近线条并留 0.1～0.2mm 的加工余量。

（e）细锉靠近 A 基准的一侧面，达到与 A 面平行，与大平面垂直。

（f）细锉第一面的对应面，达到与第一面平行。用件 2 试配，使其较紧地塞入。

（g）细锉靠近 B 基准的一侧面，使之达到与 B 面平行，且与大平面及已加工的两侧面垂直。

（h）细锉第四面，使之达到与第三面平行，与两侧面和大平面垂直，达到用件 2 能较紧地塞入。

（i）用件 2 进行转位修正，达到全部精度符合图样要求，最后达到件 2 在内四方体内能自由地推进推出，毫无阻碍。

（j）去毛刺。用厚薄规检查配合精度，达到换位后最大间隙不得超过 0.1mm，最大喇叭口不得超过 0.05mm，塞入深度不得超过 3mm。

（4）注意事项。

① 锉配件的划线必须准确，线条要细而清晰。两面要同时一次划线，以便加工时检查。

② 为达到转位互换时的配合精度，开始试配时其尺寸误差都要控制在最小范围内，亦即配合要达到很紧的程度，以便于对平行度、垂直度和转位配合精度作微量修正。

③ 锉配件的外形基准面 A、B，从图样上看没有垂直度和平行度要求，但在加工内四方体时，外形面 A、B 就自然成为锉配的基准面。因此为保证划线时的准确性和锉配时的测量基准，对外形基准 A、B 的垂直度和与大平面的垂直度，都应控制在小于 0.02mm 以内。

④ 从整体考虑，锉配时的修锉部位要在透光与涂色检查之后进行，这样就可避免仅根据局部试配情况就急于进行修配，而造成最后配合面的过大间隙。

⑤ 在锉配与试配过程中，四方体的对称中心平面必须与锉配件的大平面垂直，否则会出现扭曲状态，不能正确地反映出修正部位，达不到正确的锉配目的。

⑥ 正确选用小于 90° 的光边锉刀，防止锉成圆角或锉坏相邻面。

⑦ 在锉配过程中，只能用手推入四方体，禁止使用榔头或硬金属敲击，以避免将两锉配面咬毛。

⑧ 锉配时应采用顺向锉、不得推锉。

⑨ 加工内四方体时，可先加工一件内角样板。

（5）锉削规律。

① 选择大的平面或长的平面加工作为基准。有了加工基准，使得其他加工表面有一个共同的加工依据。

② 先锉平行面，后锉垂直面。先锉平行面是为了控制尺寸精度，再锉垂直面是为了进行平行度和垂直度这两项误差的测量比较，以减小积累误差。

③ 先锉大平面，后锉小平面。这是因为以大控制小，能使加工方便，测量准确。

2. 锉配 T 形体

锉配的 T 形体，如图9-9 所示。

（1）操作技术要求。

① 掌握具有对称度要求的形体划线方法。

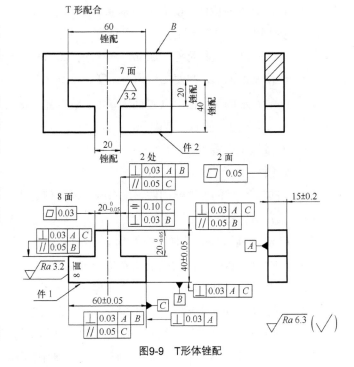

图9-9　T形体锉配

② 掌握具有对称度要求的形体加工和测量方法。

③ 进一步掌握锉配精度要求，使互配零件能正反互换。

（2）操作过程。

① 根据图样要求检查备料尺寸。

② 加工件 1 外形轮廓尺寸。

（a）锉削基准面 A，达到平面度 0.05mm 和表面粗糙度 $Ra6.3$mm 的要求。

（b）锉削 A 面的对应面。以 A 面为基准，在相距 15mm 处划出平面加工线，并使锉削达到尺寸（15±0.2）mm、平面度、与 A 面平行度 0.05mm、表面粗糙度 Ra6.3μm 的要求。

（c）锉削 C 面，达到平面度、与 A 面垂直度 0.03mm，表面粗糙度 Ra3.2μm 的要求。

（d）锉削 B 面，达到平面度与 A 面和 C 面垂直度 0.03mm，表面粗糙度 Ra3.2μm 的要求。

（e）锉削 C 面对应面。以 C 面为基准，在相距 60mm 处划出平面加工线，并锉削达到尺寸（60±0.05）mm 的平面度、与 C 面平行度 0.05mm，与 A 面和 B 面垂直度 0.03 mm 和表面粗糙度 Ra3.2μm 的要求。

（f）加工 B 面对应面。以 B 面为基准，在相距 40mm 处划出平面加工线，并锉削达到尺寸（40±0.05）mm、平面度、与 B 面平行度 0.05 mm、与 A 面和 C 面垂直度 0.03 mm 和表面粗糙度 Ra3.2μm 的要求。

③ 加工件 1 凸形部分。

（a）以 C 面、B 面为基准划出凸形部分的加工线。

（b）按线先锯去图 9-10 中阴影部分余料。

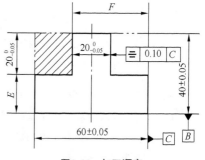

图9-10　加工顺序

（c）首先求出尺寸 E，根据尺寸链关系，可以看出由尺寸（40±0.05）mm、尺寸（$20_{-0.05}^{0}$）mm 和尺寸 E 组成的尺寸链中，尺寸（$20_{-0.05}^{0}$）mm 为封闭环，尺寸（40±0.05）mm 为组成环。这样，组成环公差大于封闭环，无法用尺寸链基本公式计算，因此在成批生产中，这是行不通的。但我们锉配训练，属于单件生产，在实际加工中，此时尺寸（40±0.05）mm 已经加工，（40±0.05）mm 已成定值，那么尺寸 E 即为：

$$E_{max}=40±0.05\text{ 的实际尺寸}-（20-0.05）$$

$$E_{min}=40±0.05\text{ 的实际尺寸}-20$$

（d）求出尺寸 F。从图中可以看出，尺寸 F 和 $\dfrac{60±0.05}{2}$，对称度误差 0.1mm 以及 $\dfrac{20_{-0.05}^{0}}{2}$ 组成一个尺寸链。对称度误差 0.1mm 为封闭环，尺寸（60±0.05）mm 已为定值，代入尺寸链公式得

$$F=\frac{60±0.05\text{的实际尺寸}}{2}+\frac{20-0.05}{2}+0.05$$

$$F=\frac{60±0.05\text{的实际尺寸}}{2}+\frac{20}{2}-0.05$$

$$F=\frac{60±0.05\text{的实际尺寸}}{2}+10_{-0.05}^{+0.025}$$

图 9-11（a）为尺寸 F 的最大和最小的情况。图 9-11（b）为在尺寸 F 的最大的情况下，当尺寸 $20_{-0.05}^{0}$ mm 为最小时，$20_{-0.05}^{0}$ mm 的中心平面相对（60±0.05）mm 的中心平面向左偏移 0.05mm。图 9-11（c）为在尺寸 F 最小的情况下，当尺寸 $20_{-0.05}^{0}$ mm 为最大时，$20_{-0.05}^{0}$ mm 的中心平面相对（60±0.05）mm 的中心平面向右偏移 0.05mm。

（e）通过上述算得的 E、F 尺寸进行测量和锉削，从而保证凸肩中心平面相对（60±0.05）mm 中心平面 0.1mm 的对称要求。同时使锉削达到两平面的平面度分别相对 C 面、B 面平行度 0.05mm

的要求，以及与 A 面、B 面、C 面垂直度 0.03mm，表面粗糙度 $Ra3.2\mu m$ 的要求，并用 90° 内外角度样板检验锉配。

 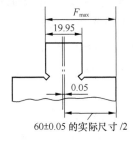 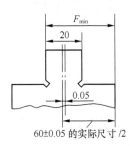

（a）F 最大和最小的情况　　（b）F 最大，尺寸 $20_{-0.05}^{0}$mm 最小　　（c）F 最小，尺寸 $20_{-0.05}^{0}$mm 最大

图9-11　对称度尺寸的计算

（f）按线锯去凸形部分右侧余料。

（g）以加工好的凸形部分左侧为基准加工右侧两侧面，使之达到尺寸 $20_{-0.05}^{0}$mm，平面度、与 B 面和 C 面的平行度 0.05mm，与 A 面、C 面、B 面的垂直度 0.03mm，表面粗糙度 $Ra3.2\mu m$ 的要求。同时用 90° 角度样板和 T 形样板检验锉配。

（h）转位面处清角和棱边倒棱。

④ 加工件 2。

（a）加工件 2 两侧大平面，使之达到平面度、平行度和表面粗糙度的要求。

（b）加工 A、B 基准面，使之达到平面度、垂直度和表面粗糙度的要求。

（c）以 A、B 为基准面，划出内 T 形体尺寸线，并用已加工凸形体校核所划线条的正确性。

（d）钻排孔，粗锉凹槽内五面至接近线条时留出 0.2～0.3mm 的精加工余量。

（e）细锉靠近 B 基准的一侧面，达到与 B 面的平行度和与大平面的垂直度的要求。

（f）细锉第一面对应两平面，达到与第一面平行与大平面垂直的要求。用件 1 试配，使其较紧地塞入。

（g）细锉靠近 A 基准的一侧凹面，使之达到与 B 面平行，与大平面及已加工的两侧面垂直。锉配时应考虑中心平面的对称度。

（h）细锉凹面的对应面，使之达到与凹面平行，与大平面及已加工的两侧面垂直。同时要考虑对称度问题。用件 1 试配使其较紧地塞入。

（i）先粗锉、后细锉与 B 面垂直的两侧面，使之达到与 A 面平行，与大面及已加工的邻面垂直，同时考虑对称度的要求。用件 1 试配使其较紧地塞入。

（j）用件 1 转位修整，达到精度符合图样要求。最后达到件 1 在 T 形槽内能自由地推进推出，毫无阻碍。

（k）粗、细锉 B 面对应的轮廓面，达到凸件装入后，与其顶面同平面的要求。

（l）去毛刺。用厚薄规检查配合精度，达到转位后在平行于对称平面方向的最大间隙不得超过 0.1mm；在垂直于对称平面方向的最大间隙不得超过 0.2mm；最大喇叭口不得超过 0.05mm；塞入深度不得超过 3mm。

（3）注意事项。

① 锉配件划线时必须做到线条细而清晰准确。两面要同时一次划线以便检查。

② 在 T 形体的锉配过程中一些尺寸是采用间接法测量的。为保证加工尺寸的精度和对称度要求，在尺寸测量时，一定要认真细致，以确保锉配的质量。

③ 在加工 $20_{-0.05}^{\ 0}$ mm 凸形体时，只能先去除 C 基准面对应面的余料，以便通过 E、F 尺寸测量，保证锉削的尺寸精度和对称度。

④ 加工垂直面时，只能使用小于 90° 的光边锉刀，以防锉伤另一垂直面。

⑤ 在锉配 T 形体前事先锉配一付 T 形样板和 90° 检验样板。

⑥ 凸凹形体的锉配加工，从基准面开始，都要从严控制平面度、垂直度、平行度和尺寸精度等，才能保证转位误差不超差和单面间隙的精度。

⑦ 在转位锉配时，不得通过修锉凸形体的办法达到转位配合的精度要求。

任务完成结论

掌握了锉配的基本技能。

课堂训练与测评

通过四方形、T 形、燕尾形件的锉配练习，基本掌握模具钳工锉配的技能。

知识拓展

冲模装配技能：装配是模具钳工的基本操作技能，凸模与固定板直接的装配属于过盈连接，通过完成图 9-12 所示凸模与凸模固定板之间的连接，掌握装配过程中如何保证垂直度要求。

一、工量具准备

（1）铜棒，直径约 20mm，1 根。

（2）木榔头，1 把。

（3）直角尺，尺寸 63mm×40mm，1 把。

（4）百分表，规格为 0～50mm，1 块。

（5）细板锉，2000mm，1 把。

（6）油石。

（7）软钳口。

二、工艺步骤

1. 装配准备

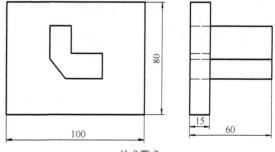

技术要求

1. 凸模各侧面与凸模固定板的垂直度不得超过0.02;

2. 装配后各表面应无夹痕、无毛刺。

图9-12 凸模与凸模固定板的装配图

（1）擦净平板，将凸模固定板的磨削表面朝上放置于平板上。

（2）用油石打磨各工件配合端面刃口部分、去毛刺；在凸模和凸模固定板的配合处涂机油。

2. 装配步骤

（1）将凸模垂直放置在固定板型孔处，用木榔头从上向下轻轻敲击，使其配合端口进入型孔 1～2mm，如图 9-13 所示。

（2）用直角尺检测两件之间各侧面的垂直度，如不符合要求，用木榔头在相反方向轻敲修正。

（3）边检测垂直度，边往下敲击，直至凸模进入型孔，进入的高度约占凸模固定板厚度的 1/3，如图 9-14 所示。

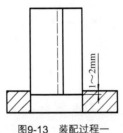
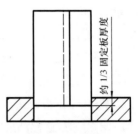

图9-13　装配过程一　　　　　　　图9-14　装配过程二

（4）将凸模及固定板放置在液压机工作台上，将凸模配合部分一次性压入固定板型孔，使凸模端面略高出固定板下端面 0.2～0.5mm，如图 9-15 所示。

（5）用錾子铆开凸模与型孔的配合面，如图 9-16 所示。

（6）磨平凸模与固定板。

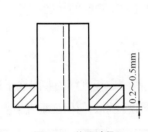
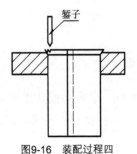

图9-15　装配过程三　　　　　　　图9-16　装配过程四

3. 检查装配后各尺寸是否符合要求

Chapter 10

项目十

| 铣工基础知识 |

【项目描述】

铣削加工是在铣床上利用铣刀对工件进行切削加工的方法。它是机械制造中最常用的切削加工方法之一，因其效率高，加工范围广，在实际生产中广泛使用。铣工技术的学习应从基础知识开始。

【学习目标】

通过本项目的学习，了解铣削加工的基本知识，了解铣床的种类、功用和组成，了解铣床附件的功用，并正确使用。掌握常用表面铣削方法，掌握铣工基本操作技能。

【能力目标】

正确选择和使用铣床及工具、量具、夹具；明确刀具、工件的材料和性能，正确选择刀具和铣削用量。

了解铣床

任务一的主要内容是，通过对 X62W 铣床的结构性能的讲解和说明，使学生了解铣床结构、性能及各部名称，掌握铣床的启动、停止、换向、变速等基本操作。

知识点、能力点

（1）铣床的分类和编号。

（2）X62W 铣床的结构性能。

（3）铣床的使用和维护。

工作情景

铣削加工是在铣床上，利用铣刀的旋转作为主运动，工件的移动作为辅助运动，来完成对毛胚表面的切削加工。一般非回转体类的零件要在铣床上来完成。

任务分析

当一名铣工，首先要会操作铣床。为了正确操作铣床，就应该清楚地了解铣床的构造、性能和必要的调整方法；同时还应当懂得它的维护措施和安全操作规则。

相关知识

一、铣床的加工范围

铣削加工是在铣床上来完成的，由于铣床的型号较多且刀具复杂，故其加工的范围也很广泛（见图 10-1），它可以利用各种不同的铣刀，加工平面、型面和各种形状的沟槽。其经济加工精度为 IT9～IT8，表面粗糙度为 $Ra12.5～Ra1.60$。必要时加工精度可高达 IT5 表面粗糙度可达 $Ra0.20$。一般说铣削是属于粗加工和半精加工的范围。

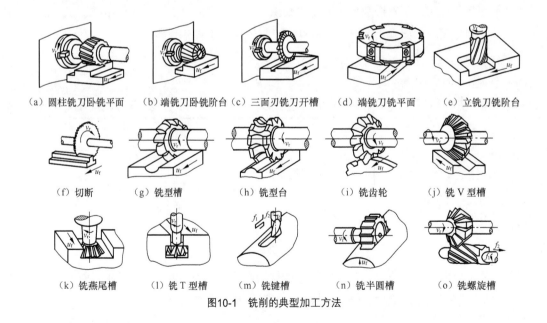

（a）圆柱铣刀卧铣平面	（b）端铣刀卧铣阶台	（c）三面刃铣刀开槽	（d）端铣刀铣平面	（e）立铣刀铣阶台
（f）切断	（g）铣型槽	（h）铣型台	（i）铣齿轮	（j）铣 V 型槽
（k）铣燕尾槽	（l）铣 T 型槽	（m）铣键槽	（n）铣半圆槽	（o）铣螺旋槽

图10-1　铣削的典型加工方法

二、铣床的主要类型

根据结构形式和用途，铣床可分卧式铣床、立式铣床、龙门铣床和专用铣床等很多种类型。图 10-2 所示为卧式铣床，从图可知这种铣床的主轴与工作台平行，成横卧位置，所以叫卧式铣床，简称"卧铣"或"平铣"。这种铣床通常具有可升降的升降台。所以，装在工作台面上的工件除了能做纵、横移动外，还能升降。

为了适应铣削螺旋槽，有的卧铣的工作台还可在水平面内旋转一个角度。这种铣床叫做"卧式万能铣床"，它的用途较广。

图 10-3 所示为立式铣床，简称"立铣"。它与卧铣的区别是它的主轴是直立的，与工作台面垂直。有的立铣为了加工的需要，还能把主轴偏斜一个角度。在立铣上装卸刀具比较方便，操作时易于观察，还能装上较大刀盘进行高速铣削。所以，立铣的用途更为广泛。

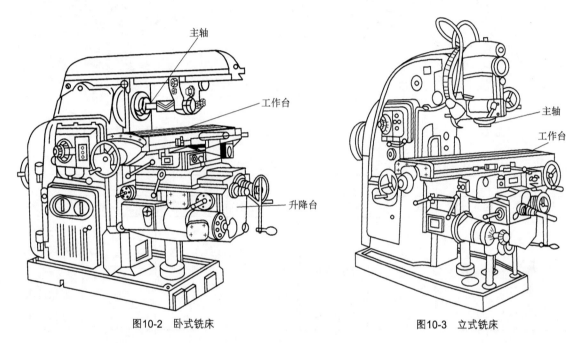

图10-2 卧式铣床　　　　　　　　图10-3 立式铣床

图 10-4 所示为四轴龙门铣床。这种铣床主要用来加工较大工件的平面。根据主轴数目的多少，龙门铣有双轴、三轴、四轴之分。这种铣床床身坚固，允许选用较大的吃刀深度和走刀量，并能进行多刀切削，一次走刀便能同时出两个或三个平面，所以它的生产效率很高。

图 10-5 所示为万能工具铣床，属于专用铣床。这种铣床的特点是操作灵便、精度高，并带有较多的附件。如垂直主轴可以换成水平主轴；水平工作台可以换成万能角度工作台。这样就有可能使外形复杂的零件再一次安装下完成其全部加工。这种铣床常在工具车间里加工刀具、夹具、模具或其他复杂的工件。

图 10-6 所示为立式单轴木工铣床，也属于专用铣床。专用铣床种类很多，不再一一介绍。

三、铣床的编号

随着机械工业的发展，金属切削机床的类型也越来越多。为了便于选用和管理，有必要把各种不同的机床编成不同的型号，这就是机床编号。

机床的编号应该表示出该机床所属的类别、主要规格和特征，在一九五六年底由有关部门首次颁布了我国机床的统一编号法。铣床类内所用代号如表 10-1 所示。

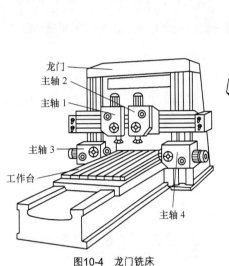

图10-4 龙门铣床

图10-5 万能工具铣床

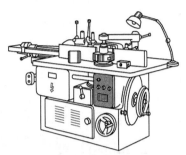

图10-6 立式单轴木工铣床

表 10-1　　　　　　　　　　　铣床编列表

类 别		列 别		类 别		列 别	
代 号	名 称	代 号	名 称	代 号	名 称	代 号	名 称
X	铣床	0	—	X	铣床	5	立式铣床
		1	—			6	卧式铣床
		2	龙门铣床			7	—
		3	—			8	专用铣床
		4	仿形铣床			9	其他铣床

　　卧铣和立铣的主要规格是用工作台的宽度来表示的，在必要时可在型号末尾加注字母以表示机床的某种特性。例如注"W"（此处读"万"）表示"万能"；注"Z"（读"自"）表示"自动"等。

　　现将上述编号方法举例说明如下。

　　例如：

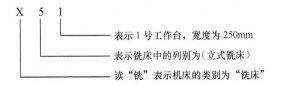

　　X 5 1

　　　　　　表示 1 号工作台，宽度为 250mm
　　　　　　表示铣床中的列别为（立式铣床）
　　　　　　读"铣"表示机床的类别为"铣床"

　　例如：X62W—表示工作台宽度为 320mm 的卧式万能铣床。

　　为了适应我国机床工业迅速发展的趋势，于一九五九年仍由原主管部门对一九五六年颁布的编号法做了一些修改，公布了新的编号法。与以前相比，新编号法更为详细，新编号是由七位阿拉伯数字和汉语拼音字母组成。

　　（1）类别代号。机床的分类用大写的汉语拼音字母表示，共分 12 类，如表 10-2 所示。

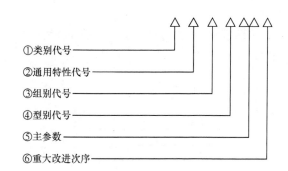

① 类别代号
② 通用特性代号
③ 组别代号
④ 型别代号
⑤ 主参数
⑥ 重大改进次序

表 10-2　　　　　　　　　　　　　　　类别代号

C	Z	T	M	Y	S	X	B	L	D	G	Q
车	钻	镗	磨	齿轮加工	螺纹加工	铣	刨	拉	电加工	切断	其他

（2）通用特性代号。表示通用特性和结构特性，用大写拼音字母表示，如表 10-3 所示。

表 10-3　　　　　　　　　　　　　　　通用特性代号

G	M	Z	B	K	H	F	W	Q	J
高精度	精密	自动	半自动	数控	自动换刀	仿形	万能	轻型	简式

（3）组别代号。同一类机床的不同分组，用阿拉伯数字 0～9 表示，如表 10-4 所示。

表 10-4　　　　　　　　　　　　　　　组别代号

0	1	2	3	4	5	6	7	8	9
仪表铣床	悬臂铣床	龙门铣床	平面铣床	仿型铣床	立式铣床	卧式铣床	床身铣床	工具铣床	其他铣床

注：每个数字对于不同的机床有不同的表述，但大体相同。比如：
车床："0"仪表车床；"2"多轴自动半自动车床。
铣床："0"仪表铣床；"2"龙门铣床。

（4）型别代号。同一组的不同型号，用阿拉伯数字 0～9 表示。机床不同表述的内容不一样，这里以铣床为例，如表 10-5 所示。

表 10-5　　　　　　　　　　　　　　　型别代号

组　别		型　别	
代　号	名　称	代　号	名　称
5	立式铣床	0	立式升降台铣床
		1	无升降台铣床
		2	圆形工作台立式铣床
6	卧式铣床	0	卧式升降台铣床
		1	万能回转头铣床
		2	卧式万能升降台铣床

（5）主要参数：表示机床的加工能力，铣床主参数是工作台宽度的 1/10。常见的有：200mm；

250mm；320mm；400mm；500mm。

（6）机床的重大改进次序：指性能和结构经过重大改进，在原机床型号后加英文字母A，B，C，……新编号方法举例说明如下：

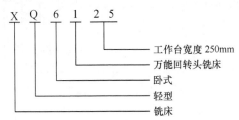

X Q 6 1 2 5

工作台宽度 250mm
万能回转头铣床
卧式
轻型
铣床

如想详细了解机床编号，查阅国家标准《金属切削机床型号编制方法》（GB/T 15375—2008）。对于过去已经定型生产的机床型号暂不改动，如"X51"、"X62W"等型号现仍继续使用。

四、铣床的结构、性能

铣床的类型虽然很多，但各类铣床的基本部件大致相同，都必须具有一套带动铣刀做旋转运动和使工件作直线运动或回转运动的机构。现将 X6132 型万能型铣床的基本部件及其作用作简略介绍，如图10-7所示。

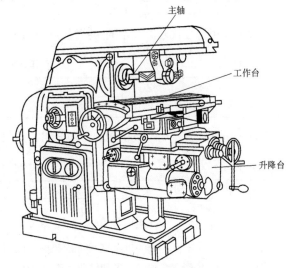

主轴
工作台
升降台

图10-7　X6132型卧式万能铣床

1．结构

（1）主轴。主轴是前端带锥孔的空心轴，锥孔的锥度一般是 7:24，铣刀刀轴就安装在锥孔中。主轴是铣床的主要部件要求旋转时平稳，无跳动和刚性好。所以要用优质结构钢来制造，并需经过热处理和精密加工。

（2）主轴变速机构。该机构安装在床身内，作用是将主轴额定转速通过齿轮变速，变换成18种不同转速，传递给主轴，以适应铣削的需要。

（3）横梁及挂架。横梁安装在床身的顶部，可沿顶部导轨移动，横梁上装有挂架，横梁和挂架的主要作用是支持刀轴的外端，以增加刀轴的刚性。

（4）纵向工作台。纵向工作台是用来安装夹具和工件，并带动工件做纵向移动，其长度为1250mm，宽度为320mm工作台上有三条T形槽，用来安装T形螺钉以固定夹具或工件。

（5）横向工作台。横向工作台在纵向工作台下面用来带动纵向工作台，作横向移动，万能铣床的横向工作台与纵向工作台之间设有回转盘，可供纵向工作台在45°范围内扳转所需要的角度。

（6）升降台。升降台安装在床身前侧的垂直导轨上，中部有丝杠与底座螺母相连接。升降台主要用来支持工作台，并带动工作台上下移动，工作台及进给系统中的电动机、变速机构、操纵机构等都安装在升降台上，因此，升降台的刚性和精度要求都很高，否则铣削过程中会产生很大的振动，影响工件的加工质量。

（7）进给变速机构。该机构安装在升降台内，其作用是将进给电动机的额定转速通过齿轮变速变换成18种转速传递给进给结构，实现工作台移动的各种不同速度，以适应铣削的需要。

（8）底座。底座是整部机床的支承部件，具有足够的刚性和强度。升降丝杠的螺母也安装的底座上，其内腔盛装切削液。

（9）床身。床身是机床的主体，是用来安装和连接机床及其他部件的。其刚性、强度和精度对铣削效率和加工质量影响很大。因此，床身一般用优质灰铸铁做成箱体结构，内壁有肋条，以增加刚性和强度，床身上的导轨和轴承孔是重要部位，必须经过精密加工和时效处理，以保证其精度和耐用度。

2. 性能

X6132型铣床功率大转速高、变速范围大、刚性好、操作方便、加工范围广、对产品的适应性强，能加工中小型平面、特型平面，各种沟槽和小型箱体的孔等，它还具有下列优点。

（1）机床中的进给手柄在操作时所指的方向，就是工作台进给的方向。

（2）机床的前面和左侧各有一组按钮和手柄的复位操纵装置便于在不同位置终端上铣床操作。

（3）采用速度预选机构来改变主轴转速和工作台的进给量，使操作简便明确。

（4）有工作台传动丝杠间隙调整机构，可以进行顺铣。

（5）工作台可以在水平面内回转角度，适合各种螺旋槽铣削。

3. X6132型铣床的主要技术规格

工作台工作面积（宽×长）	320mm×1250mm
工作台最大行程	
纵向（手动/机支动）	700mm/680mm
横向（手动/机动）	260mm/240mm
升降（垂直）（手动/机动）	320mm/300mm
工作台最大回转角度	±45°
主轴锥孔锥度	7:24
主轴中心线至工作台面间的距离	
最大	350mm
最小	30mm
主轴中心线至横梁的距离	155mm
床身垂直导轨至工作台中心的距离	
最大	470mm
最小	215mm
主轴转速（18级）	30～1500r/min
工作台纵向：横向进给量（18级）	23.5～1180mm/min
工作台升降进给量（18级）	8～400mm/min
工作台纵向、横向快速移动速度	2300mm/min
工作台升降快速移动速度	770mm/min
主电动机功率×转速	7.5kW×1450r/min

进给电动机功率×转速	1.5kW×1410r/min
最大载重量	500kg
机床的工作精度：	
加工表面平面度	0.02/150mm
加工表面平行度	0.02/150mm
加工表面垂直度	0.02/150mm

五、铣床附件

1. 平口钳

在铣削时常常用平口钳夹紧工件，由于它结构简单，夹紧牢靠，因此使用频率较高。平口钳有各种不同的类型和尺寸规格。图 10-8 所示为回转式平口钳的外形。

通过底座上的缺口，可用 T 形螺栓把平口钳紧固在工作台上。固定钳口和活动钳口上有钳口护片。利用手柄转动方头时，丝杠便使活动钳口沿轨道向前移动，将放在钳口间的工件夹紧。根据铣削的需要还可将钳口座在水平面内旋转一个角度。

2. 圆形工作台

图 10-9 所示为手动、自动两用的圆形工作台在加工圆弧形表面时常常用到它。

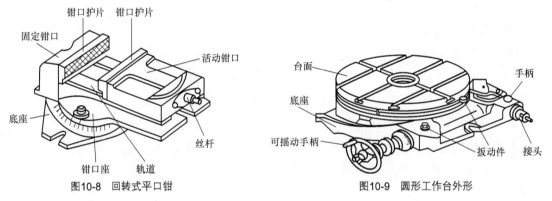

图10-8　回转式平口钳　　　　　　图10-9　圆形工作台外形

底座安装在铣床工作台上，台面安装工件或夹具，并通过台面上的 T 形螺栓将工件或夹具固定，所以转动台面是，工件也随着旋转做圆周进给。

台面的旋转可摇动手柄进行手动，也可利用传动轴与接头连接，由机床带动做自动旋转。手柄用来变换自动进给时圆台的转向。扳动杆可使手柄与圆台的运动联接或脱开，当脱开时，可摇动手柄只能空转。

3. 万能铣头

在卧式铣床上装万能铣头，不仅可以完成各种立式铣床的工作，还可以根据铣削的需要，把铣刀轴扳成任意角度。

图 10-10 所示为万能铣头的外形，其底座用螺栓固定在铣床的垂直导轨上。铣床主轴的运动经过铣头内的两对齿数相同的伞齿轮传到装在铣头主轴上的铣刀。

铣头的壳体可绕铣床主轴轴线偏转任意角度，铣刀主轴壳体，还能在壳体上偏转任意角度。这样，铣刀轴就能在空间安装成所需的任意角度。

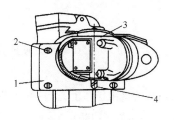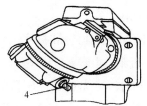

（a）铣刀处于垂直位置　　　　　（b）铣刀处于倾斜位置

图10-10　万能立铣头

1—底座；2—螺栓；3—壳体；4—立铣刀

在铣床附件中除平口钳、圆形工作台和万能洗头还应该包括分度头，但因为这种附件应用广泛，且分度方法又比较复杂，所以在后面章节详细介绍，这里就不再叙述了。

六、铣床的维护

经常细心和正确的维护机床，不仅是每个操作工应该履行的责任，也是爱护国家财产的具体表现。不遵守机床维护的规则，会使机床精度下降，甚至造成损坏机床等严重事故。

在机床的说明书中，已对机床的维护规则作了说明，操作者应该加以熟悉并严格遵守。车间管理人员对此要经常宣传和检查，并建立必要的规章制度。

铣床维护的一般措施有：

1. 清洁铣床

铣床（特别是导轨、工作台台面和主轴锥孔部分）上的灰尘、切屑、污油等赃物必须细心地加以清除。清除时使用毛刷，由上到下把脏物扫尽、然后用抹布或棉纱擦拭干净。擦拭时不要用砂布或金属物件，以免损伤机床表面。

2. 注意润滑

润滑好不好，对于机床的精度、传动效率和使用寿命影响极大。特别在一些关键部位，润滑不良会造成机床事故。所以，一定要认真对待。

首先，操作者必须熟悉机床上各加油部位，并按时加油。凡有油标的地方要看一看是否把油加到了规定的标线。对于自动润滑的地方，在机床启动以后，要观察一下油窗是否有油流动。假如没有，这说明润滑油泵或油路发生了故障，应及时检查修理。

自动润滑系统的油槽中的润滑油，要定期更换，并保持油槽的清洁。对于铣床上的冷却液循环系统，也要保持清洁并及时补充或更换冷却液。

3. 合理操作

应注意下列规则：

（1）开车前，必须先检查机床各部手柄，然后开车低速空转一定时间，看一看有没有异常情况。

（2）变速前先应该停车。变速中禁止开车。变速时要把变速杆扳到规定位置，不要放在两个位置的中间。否则，容易把变速齿轮打坏。

（3）把较重的工件、夹具或附件放上工作台面时，要特别注意轻放，严禁敲打与冲击。

（4）注意开车对刀，以免损坏刀具和工件。

（5）不要再铣刀切入工件的情况下停车或开车。停车前应将铣刀从工件中退出。开车后才能将工件引向铣刀逐渐进入切削。

（6）当铣床工作台做自动快速进给时，在工件离铣刀约 30～50 毫米处便应停止，再用手动进给，使工件慢慢接近铣刀。否则，很容易发生事故。

（7）铣床工作台移动时，其纵向横向和升降的行程的极限位置上，均装有相应的限位螺钉。所以，行程挡铁只能在限位螺钉的范围内进行调整，更不应任意拆卸，以防止工作台移出极限位置而损坏丝杠。

任务实施

一、手动进给操作练习步骤

（1）熟悉铣床结构，检查各部状况 。

（2）熟悉注油位置对铣床注油润滑。

（3）熟悉各进给方向刻度盘。

二、铣床主轴的空运转操作练习步骤

（1）将电源开关转至："通"。

（2）练习变换主轴转速 1～3 次。

（3）按"起动"按钮，使主轴旋转 3～5min。

（4）检查油窗是否甩油。

（5）停止主轴旋转重复以上练习 。

三、工作台进给机构操作练习步骤

（1）检查各进给方向紧固手柄是否松开。

（2）检查各进给方向机动进给停止挡铁是否在限位范围内。

（3）使工作台在各进给方向处于中间位置。

（4）变换进给速度。

（5）按主轴起动"按钮"使主轴旋转。

（6）使工作台做机动进给，先纵向、后横向、再垂直方向。

（7）检查进给箱油窗是否甩油。

（8）停止工作台进给，再停止主轴旋转。

（9）重复以上练习。

任务完成结论

经过上述训练已对铣床的结构有了基本的认识，但还应该对操作过程中的安全问题引起高度注意，严格遵守操作规程，杜绝一切事故的发生。否则，一旦出现事故，不但给国家财产造成损失，而且也给个人带来许多痛苦。

为此，应懂得下列安全操作规则：

（1）穿好工作服，女工必须带工作帽。严防衣角、带子或头发被卷进机床的运动部分中去。

（2）高速铣削是必须装防护挡板。操作者应带护目镜，防止切屑伤人。

（3）严禁下述危险操作。

① 在切削的情况下用手去清除铣刀下面的切屑或检查工作表面。

② 用手抚摸或用棉纱去擦拭正在旋转的铣刀。

③ 在铣削中去测量工件尺寸。

（4）在铣床上装卸工件、紧固螺钉或调整部件时，必须停车。

（5）工件、刀具或夹具都应牢固夹紧，不得有松动现象，以防止在切削时突然飞出伤人。

（6）所用扳手，必须符合规格。用扳手紧固主轴上的螺帽后，应立即取下，以防开车时甩出。

（7）不准任意拆卸电气装备，遇到问题，应该请电工解决。

（8）操作时精神要集中，注意机床的运转和切削是否正常。如要离开，必须停车。

机床的维护和安全，不是单纯依靠定几条规则所能做好的。俗话说："事在人为"，重要的还在于操作者必须引起高度重视，自觉地、严格地遵守操作规则。只有这样，机床维护和安全工作才能做好。

课堂训练与测评

（1）说明铣床各主要部件的名称与公用。

（2）铣床的主要附件有哪些，说明其应用的场合。

（3）双手联合进给"〰"曲线外形。

在铣床主轴上，用润滑油脂粘一个指针，在白纸上画一个"〰"形状，放在工作台上，调整垂直升降台使白纸接近指针，双手操纵横、纵工作台手柄，让工作台沿"〰"曲线运动，指针不能偏离太远。

要求：双手配合协调；工作台运动平稳、连续指针不得偏出"〰"轨迹3mm。

知识拓展

若发现铣床的加工精度显著下降时，应进行精度检查，以便及时发现问题并加以解决。

检查的方法有：

1. 检查主轴轴线的径向摆差

如图10-11所示，将制造得很精确的试棒的锥柄紧紧地装在主轴的锥孔内，并由百分表分别在点 b 和 a 处（相距300mm）检查试棒的摆差。检查时，应慢慢转动主轴一周，百分表上的最大与最小读数差即为主轴轴线的径向摆差。摆差的容许值在点 a 处为0.015mm；在点 b 处为0.030mm。

2. 检查主轴的轴向窜动

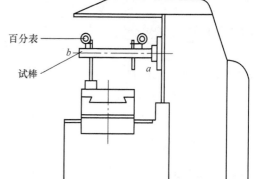

图10-11　检查主轴轴线的径向摆差

如图10-12所示，使百分表的触头沿轴向与主轴端面接触，然后慢慢的让主轴转过一转，这时，从百分表上读出的最大读数与最小读数之差便是轴向窜动量。容许的最大窜动量为0.02mm。

3. 检查纵向工作台台面对纵向导轨的平行度

如图 10-13 所示，将两块等高的块规分别放在台面的两端，将标准直尺放在块规上，百分表的触头与直尺表面接触。然后，纵向移动工作台，这是即可从百分表上读出平行度偏差。按规定，在 500mm 长度上容许偏差为 0.02mm。铣床的精度检查项目还有很多，但其方法大致相似，这里就不一一列举了。

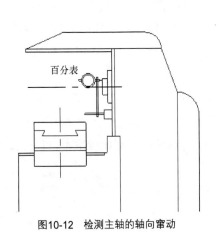

图10-12　检测主轴的轴向窜动　　　　图10-13　检查台面对导轨的平行度

任务二　认识铣刀

任务二的具体内容是，了解铣刀的分类、用途，明确铣刀的材料及切削部分的角度，掌握铣刀的安装及刃磨。

▍知识点、能力点

（1）常用铣刀的材料。

（2）铣刀的分类、用途。

（3）铣刀的安装使用。

（4）端铣刀刀头的刃磨。

▍工作情景

铣刀是切削加工中使用很广泛的基本刀具之一，它的种类很多，结构不一，应用范围也相当广泛，他可以加工各种平面、沟槽、斜面和成型表面等。

任务分析

铣刀的选择是铣削工作的重要环节，必须充分认识各种铣刀的功用，以便在工作中针对不同材料和形状的工件，选择铣刀。

相关知识

一、铣刀切削部分材料的要求

铣刀材料选择的是否合理，对于铣刀的生产率和切削是否顺利，均有很大的影响。所以我们必须切实掌握各种刀具材料的性能，以便合理选择。

作为刀具材料，应具备以下三种基本性能：

（1）冷硬性：刀具材料在常温下所具有的硬度，也可以理解为耐磨性。

（2）热硬性：刀具材料在高温下仍能保持切削所需要的硬度，也叫"红硬性"。

（3）韧性：刀具材料能承受振动和冲击的能力。

刀具材料的这"三性"不是孤立的，而是相互联系，互相制约的，如冷硬性和热硬性较高的材料，其韧性往往较差。在具体选用时，只要根据工件材料的性能和切削要求，突出"三性"中的某一特性就可以了。

二、铣刀常用材料

1. 高速钢（俗称锋钢、白钢或风钢）

这是一种含有高成分钨、铬、钒等元素的合金钢。高速钢刀具制造简单，刃磨方便，容易磨得锋利，韧性较好，能承受较大的冲击力，但高速钢的热硬性较差（约能耐 500℃～600℃的温度），不宜与高速切削。高速钢刀具常用的有 W18Cr4V 和 W9Cr4V2 两种牌号。

2. 硬质合金

硬质合金是金属碳化物碳化钨、碳化钛和以钴为主的金属黏结剂经过粉末冶金工艺制造成的，其主要特点如下：

（1）耐高温，在 800℃～1 000℃左右仍能保持良好的切削性能，切削时可选用比高速钢高 4～8 倍的切削速度 。

（2）常温硬度高、耐磨性好。

（3）抗弯强度低，冲击韧性差，刀刃不易刃磨得的很锋利。

3. 常用硬质合金分类

（1）钨钴类（YG）。它由硬质相碳化钨和金属粘结剂钴组成。常用的牌号有 YG3、YG6、YG8 等。数字表示钴的百分含量。含钴量越多，韧性越好，越耐冲击和振动，但会降低硬度和耐磨性，适用于粗加工。

应用范围：切削铸铁、有色金属及其合金，以及非金属材料等还可用来切削冲击性较大的毛坯和不锈钢材料工件。

（2）钨估钛类（YT）。它由硬质相碳化钨，碳化钛和金属黏结剂钴组成。

常用牌号：YT15、YT5、YT30 等。数字表示碳化钛的百分含量。特点：硬度和耐磨性较高，抗弯强度和韧性较差。

应用范围：一般钢材。粗加工应选含 T 成分较少的，精加工可选 T 含量较高的。

（3）通用硬质合金（YW）。在上述两种合金中加入适量的稀有金属的碳化物，如：碳化钽和碳化铌等，能使硬质合金的晶粒细化，提高常温硬度和高温硬度、耐磨性、黏结温度和搞氧化性，能使合金的韧性增加。具有较好的综合切削性能和通用性。

应用范围：由于其价格较贵，所以主要用于切削难加工的材料，如高强度钢、耐热钢和不锈钢等。

三、铣刀的种类

铣刀的种类很多，其分类的方法也较多，通常有以下几种方法：

1. 按铣切削部分材料分类

（1）高速钢铣刀：这类铣刀有整体和镶齿两种，是目前最常用的铣刀，一般形状较复杂的铣刀都是高速钢铣刀。

（2）硬质合金铣刀：这类铣刀大都不是整体，硬质合金刀片以焊接或机械夹固的方式镶装在铣刀刀体上。

2. 按铣刀刀齿的构造分类

（1）尖齿铣刀。这种铣刀在刀齿截面上，齿背是由一条或几条直线组成的，如图 10-14（a）所示，由于齿背是直线形的，故制造刃磨方便；刀刃锋利，因此生产中常用的铣刀大都是尖齿铣刀。如圆柱铣刀、三面刃铣刀、端铣刀和立铣刀等。

（2）铲齿铣刀。其刀齿如图 10-14（b）所示。这种铣刀在刀齿截面上，齿背是一条特殊曲线，一般为平面螺旋线（即阿基米德螺线）。它是在铲齿机床上铲出来的，这种铣刀的优点是刀齿在刃磨后齿形可不变；缺点是制造费用大，切削性能较差，故只用于制造成形铣刀。

3. 按铣刀用途分类

（1）加工平面的铣刀。主要有圆柱铣刀和端面铣刀，如图 10-15 所示，对较小的平面，也可用立铣刀和三面刀垂铣刀加工。

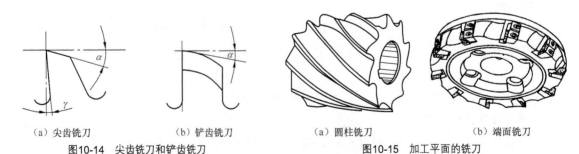

（a）尖齿铣刀　　　　　（b）铲齿铣刀　　　　　　　（a）圆柱铣刀　　　　　　　（b）端面铣刀

图10-14　尖齿铣刀和铲齿铣刀　　　　　　　图10-15　加工平面的铣刀

（2）加工直角槽的铣刀。主要有立铣刀、三面刃盘铣刀、键槽铣刀等多种如图 10-16 所示。

（3）加工键槽用的铣刀。有键槽铣刀和盘形槽铣刀等。尺寸大的键槽，也可用立铣刀和三面刃盘铣刀加工。

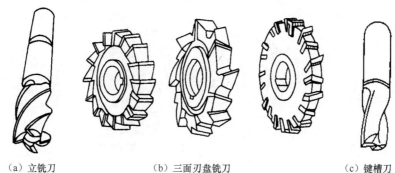

（a）立铣刀　　　　　　（b）三面刃盘铣刀　　　　　　（c）键槽刀

图10-16　加工直角槽的铣刀

（4）加工特种沟槽用的铣刀。有 T 形槽铣刀、燕尾槽铣刀、和角度铣刀等，如图 10-17 所示。

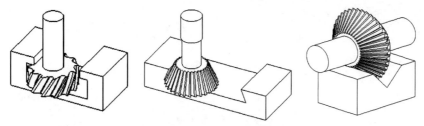

图10-17　加工特种沟槽的铣刀

（5）加工特形面用的铣刀。如图 10-18 所示，有半圆形铣刀等各种成形铣刀，这种铣刀一般都是铲齿成形铣刀。模数刀是成型刀具的一种如图 10-19 所示的刀具，专门用于加工齿轮，模数刀型号很多，不同的齿数、模数应选择不同的型号。

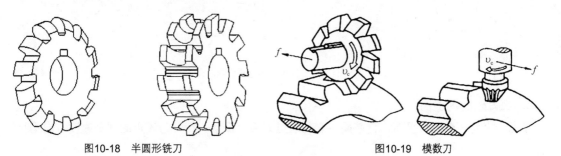

图10-18　半圆形铣刀　　　　　　　　　　图10-19　模数刀

（6）切断用的铣刀。图 10-20 所示为锯片铣刀，也可用作开窄槽。

4. 按铣刀结构分类

（1）整体铣刀。铣刀齿和铣刀体是一整体的。这类铣刀的体积一般都较小，如直径不大的三面刃铣刀、立铣刀、锯片铣刀等。

（2）镶齿铣刀。为了节省贵重的材料，用好的材料做刀齿，一般的材料做刀体，然后镶合而成，其结构如图 10-21 所示。直径大的铣刀和端铣刀大都采用这种结构。

四、铣刀的主要几何参数及作用

铣刀是多刃刀具，每一个刀齿相当于一个单刃的刀具，如图 10-22（a）所示。铣刀的各部分名称，如图 10-22（b）和图 10-22（c）所示。

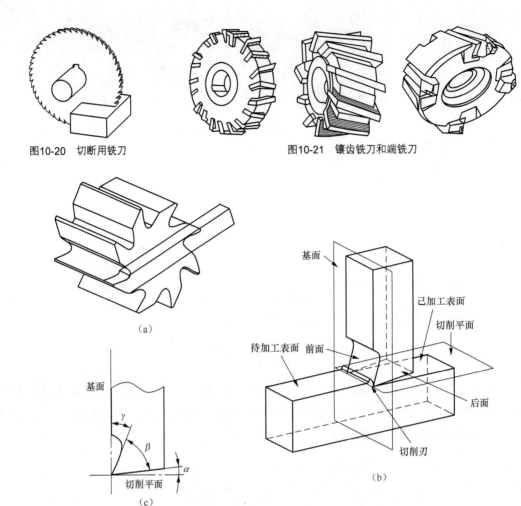

图10-20　切断用铣刀　　　　　图10-21　镶齿铣刀和端铣刀

（a）

（b）

（c）

图10-22　铣刀的各部分名称

1. 铣刀静止参考平面

基面：它是一个假想平面，称基面。它是通过刀刃上任意一点并与该点的切削速度方向垂直的平面。

切削平面：它也是一个假想平面，称切削平面。它是通过刀刃并与基面垂直的平面。

2. 圆柱铣刀的主要几何角度及作用

（1）前角 r_0。前刀面与基面之间的夹角叫前角。其主要作用是使刀刃锋利，切削时金属变形减小，切屑容易排出，从而使切削时省力。

（2）后角 α_0。后刀面与切削平面之间的夹角，其主要作用是减少后刀面与切削平面之间的摩擦，减小工件的表面粗糙度。

（3）螺旋角 ω。螺旋角是螺旋刀刃展开形成直线后与铣刀轴线（基面）之间的夹角。其作用是使刀齿逐渐切入和切离工件，提高铣削的平稳性，如图 10-23 所示。增大螺旋角，能使螺旋形切屑沿螺旋形屑槽排出使切削顺利。

细圆柱铣刀的螺旋角 ω=30° ～50°，粗齿圆柱铣刀的螺旋角 ω=40° ～45°。

3. 端铣刀主要几何角度和作用

端铣刀的刀齿除了主切削刃外，在端面上还有副切削刃，因此，端铣刀的主要几何角度除了前角，后角外，还有主偏角和副偏角如图 10-24 所示。

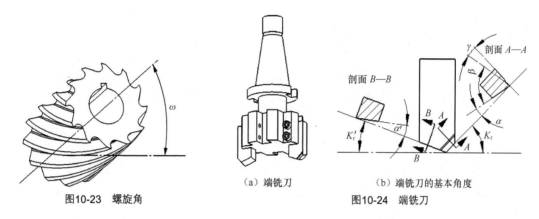

图10-23　螺旋角

（a）端铣刀　　（b）端铣刀的基本角度

图10-24　端铣刀

（1）主偏角 k_r。主切削刃与已加工表面之间的夹角称主偏角。其变化影响主切削刃参加切削的长度，并能改变切屑的宽度和厚度。

（2）副偏角 K_r'。副切削刃与已加工表面之间的夹角叫副偏角。其主要作用只减少副切削刃与已加工表面的磨擦，并影响副切削刃对已加工表面的修光作用。

五、铣刀的保养

铣刀是一种较贵重的刀具，在使用过程中，必须很好地保养和维护，才能保持良好的切削性能，不致过早损坏。因此在使用过程中应注意下列几点。

（1）使用前必须用刷子、棉纱把铣刀擦干净，尤其在铣刀柄部（或内孔中）和两则凸缘处，不应有切屑、毛刺和杂物，以免损坏铣刀。

（2）取用铣刀时，必须小心轻放，以免损坏。

（3）拿铣刀时，应特别小心，以免刀刃割伤手指。

（4）铣刀用过后，应将铣刀擦干净，尤其是水渍和手汗一定要擦掉，并涂上一层防锈油，再放入专用刀具框中，而且不得使刀刃互相碰撞。

（5）在刃磨铣刀的时候，必须严格按照规定的方法在刀具磨床上刃磨，不得草率从事。

（6）在使用的整个过程中，绝对禁止使用钢铁等硬物敲打和撞击铣刀。

任务实施

铣刀的安装和使用练习

1. 圆柱铣刀、三面刃铣刀等带孔铣刀的安装

带孔铣刀须借助于刀轴安装在铣床上（见图 10-25），根据铣刀孔径的大小，常用的刀轴直径有22mm、27mm、32mm 三种。刀轴上配有垫圈和紧刀螺母，刀轴左端是 7:24 的锥度，与铣床主轴锥

孔配合，锥度的尾端有内螺纹孔，通过拉紧螺杆，将刀轴拉紧在主轴锥孔内，刀轴锥度的前端的一凸缘，上面有二个缺口，与主轴的凸缝配合，刀轴的中部是光轴，安装铣刀的垫圈，轴上还带有健槽，用来安装定位健将扭矩传给铣刀，刀轴右端是螺纹和轴颈，螺纹用来安装紧固螺母，轴颈用来与挂架轴承孔配合，支撑铣刀刀轴。

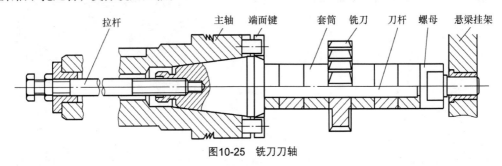

图10-25　铣刀刀轴

将拉紧螺杆穿过主轴内孔旋入刀轴或铣刀左端螺纹孔内，与之联在一起，旋紧背紧螺母将铣刀或刀轴拉紧在铣床主轴锥孔内。安装和拆卸的步骤如下。

（1）根据铣刀孔径选择刀轴。

（2）调整横梁伸出长度，松开横梁紧固螺母适当调整横梁伸出长度，使其与刀轴长度相适应，然后紧固横梁。

（3）擦净主轴锥孔和刀轴锥柄，安装刀轴前应擦净主轴锥孔、刀轴锥孔和刀轴锥柄以免因脏物影响刀轴的安装精度。

（4）安装刀轴，将主轴转速调至最低或锁紧主轴，右手转刀轴，将刀轴的锥柄装入主轴锥孔，装刀时刀轴凸缘上的槽应对准主轴端部的凸键，从主轴后观察用左手顺时针转动拉紧螺杆，使拉紧螺杆的螺纹部分旋入刀轴螺孔6～7转，然后用搬手旋紧拉紧螺杆的背紧螺母将刀轴拉紧在主轴锥孔内。

（5）安装垫圈和铣刀，安装时先擦净刀轴、垫圈和铣刀，再确定铣刀在刀轴上的位置。装上垫圈和铣刀，用手顺时针旋紧刀螺母，安装时注意刀轴配合轴颈与挂架轴承孔应有足够的配合长度。

（6）安装并紧固挂架，擦净挂架轴承孔和刀轴配合轴颈，适当注入润滑油，调整挂架轴承双手将挂架装在横梁导轨上，适当调整挂架轴承孔和刀轴配合轴颈的配合间隙，使用小挂架时，用双头扳手调整，使用大挂架时，用开槽圆螺母扳手调整，然后用双头扳手紧固挂架。

（7）紧固铣刀，紧固挂架后再紧固铣刀，紧固铣刀时，由挂架前面观察用扳手按顺时针方向旋紧刀轴紧刀螺母，通过垫圈将铣刀夹紧在刀轴上。

（8）卸下铣刀时，先将主轴转速调到最低或锁紧主轴，从挂架前面观察，用扳手按逆时针方向旋转刀轴紧刀螺母松开铣刀。

（9）松开并卸下挂架，松开铣刀后，调整挂架轴承，再松开挂架，然后取下挂架。

（10）取下垫圈和铣刀卸下挂架后，按逆时针方向旋下刀轴紧刀螺母取下垫圈和铣刀。

（11）卸下刀轴，从主轴后端观察，用扳手按逆时针方向旋松拉紧螺杆的背紧螺母，然后用手锤轻击拉紧螺杆的端部，再用左手旋出拉紧螺杆，右手握刀轴取下刀轴。

（12）铣刀的放置。刀轴卸下后，应垂直放置在专用的支架上，以免因放置不当而引起刀轴弯曲变形。

2. 端铣刀的安装

安装端铣刀的刀轴如图 10-26 所示。是在圆柱面上带有键槽的刀轴，它的结构与前面介绍的刀轴相似，只是轴端没有轴颈，螺纹改成螺孔，用螺钉来紧固铣刀。其他结构与前面基本相同，这种刀轴目前用的最多，在铣床上安装端铣刀的方法和安装圆柱形带孔铣刀基本相同，其安装步骤如下：

（1）用棉纱或布擦干净端铣刀的内孔、端面键槽和刀轴，利用键和螺钉把铣刀紧固在刀轴上。

（2）把刀轴连同端铣刀一起安装到铣床主轴上。安装铣刀时，也可先把刀轴安装到铣床主轴上，然后再把端铣刀安装在刀轴上，利用哪一种方法比较方便，要根据具体的条件和场合而定。

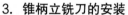

图10-26　端铣刀的安装

3. 锥柄立铣刀的安装

锥柄立铣刀的柄部锥度，大部分是采用"莫氏"锥度，也有采用"公制"锥度，只是用的很少，安装方法根据机床主轴锥孔的锥度不同可分为：

铣床主轴锥孔的锥度与立铣刀柄部的锥度相同，只要把铣刀锥柄擦干净后，可把立铣刀直接装在主轴上，后面用拉紧螺杆把立铣刀固定即可。但目前国产铣床的主轴孔锥度都采用 7:24 的，所以当铣床主轴的锥孔与主铣刀柄部锥度不相同时，则要用变锥套来进行安装。变锥套的构造如图 10-27 所示。安装的方法和步骤与上面介绍的完全相同，只是中间多了一个变锥套。另外若变锥套的内孔锥度与立铣刀的锥柄锥度不同时，中间应再放一个小的中间套筒，这只套筒的外圆锥与变锥套的锥孔相同，而套筒的锥孔应与铣刀锥柄同号。

4. 圆柱柄铣刀的安装

圆柱柄铣刀又称直柄铣刀，这类铣刀的柄部直径都比较小，一般利用弹簧夹头来进行安装。弹簧夹头的种类很多，但结构都大同小异，常见结构如图 10-28 所示。主要是由一个在中间有圆柱孔外部做成锥体，用围开三条槽的内套和一个带有锥孔的套筒及内孔带有锥孔的螺母组成，套筒可直接装在主轴上，铣刀柄放在内套的孔中，把螺母旋紧，使内套的外锥体受压而直径缩小，内套收缩后把铣刀夹紧。

图10-27　锥柄立铣刀的安装

图10-28　圆柱柄立铣刀的安装

任务完成结论

铣刀安装后的检查

所有的铣刀安装好后，都必须进行检查。先检查各螺母是否紧固，铣刀旋转方向是否正确，再检查铣刀的径向跳动和端面跳动是否符合要求，在通常加工情况下对铣刀的跳动量要求不高，只要在铣床开动后，看不出铣刀有明显的跳动即可。若跳动太大则应拆下来重新安装，并检查不符合要求的原因；造成铣刀跳动过大的原因主要有：

安装时主要部分不清洁，安装过程中在几个配合面和接触面之间留有杂物是造成铣刀跳动的重要原因之一，因此当发现铣刀的跳动超过要求时，首先应把铣刀和刀轴等全部拆下，经过逐件擦清，再一步步细心地装上去。

刀轴弯曲，在排除了由于杂物引起铣刀产生跳动的因素后若发现铣刀仍有跳动，应对刀轴进行检查，因为刀轴弯曲也是造成铣刀跳动的常见现象，检查刀轴弯曲的方法是：把刀轴上的铣刀和垫圈会部拆卸下来，直接对刀轴进行检查，看是否有跳动，若有跳动，则应把刀轴拆下来进行校直或更换刀轴。

铣刀各刀刃不在一个圆周上或铣刀的刀刃与铣刀中心不同心，在这种情况下，必须把铣刀重新磨准。

主轴孔拉毛：在装铣刀前，把主轴孔擦净时，若发现主轴孔有拉毛现象，则必须请机修工进行细致的修复，因为拉毛的主轴孔也会造成铣刀产生跳动，主轴孔是重要部位，不能轻易用锉刀或砂布草率地锉光和打光。

课堂训练与测评

（1）常用铣刀有哪几种，如何安装？

（2）成型刀和其他铣刀在构造上有什么区别？

（3）端铣刀刀头的刃磨练习（刀具的刃磨在车工实训中详细介绍，这里简略着重实际训练）。

（4）砂轮的选用：高速钢刀具——氧化铝（白色）

　　　　　　　　硬质合金刀具——碳化硅（绿色）

（5）刃磨要求：刃要直、面要平，几何角度要准确，不能有崩刃现象。

（6）冷却：高速钢刀具可以用水冷却，硬质合金刀具不能用水冷却，自然冷却。

（7）修光：刃磨后用油石把刃、面修光滑，提高刀具的耐用度和工件的表面质量。

（8）端铣刀用 YT15 硬质合金刀头刃磨练习，刃磨角度如图 10-29 所示。

知识拓展

铣刀的标记

铣刀的标记是为了便于辨别铣刀的规格、材料、制造单位等刻制的。其主要内容包括以下几个方面：

（1）制造厂的商标，如"上工"表示上海工具厂制造。

（2）制造铣刀的材料，一般上匀用材料的牌号表示。如 W18 Cr4V（牌号用 L18）表示刀具材料为高速钢。

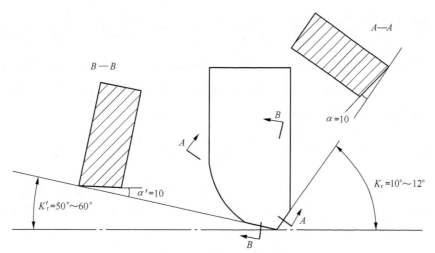

图10-29　硬质合金刀头的刃磨角

（3）铣刀尺寸规格的标记：随铣刀形状不同而略有区别。

圆柱铣刀，三面刀铣刀和锯片铣刀等均以外圆直径×宽度×内孔表示。如圆柱柱铁刀上标有 $80 \times 100 \times 32$。

立铣刀和键槽铣刀等一般只注外圆直径。

角度铣刀和半圆铣刀，一般以外圆直径×宽度×内孔尺寸×角度（或半径）来表示。如 $60 \times 16 \times 22 \times 550$ 或 $75 \times 16 \times 27 \times 8R$ 等。

注：铣刀上所标的尺寸，均为基本尺寸，使用和刃磨后，往往会产生变化 。

铣削的基本知识

本任务的关键在于铣削用量的选择和铣削方式的选择，认真完成此任务，对今后的学习，具有重要意义。

▍知识点、能力点

（1）铣削的基本运动。

（2）铣削用量及其选择。

（3）铣削方式及其选择。

（4）铣削液的选用。

（5）相关的工艺知识。

工作情景

在铣削过程中，我们可以观察到许多现象。如，在铣刀的作用下金属要发生弹性变形和塑性变形，在切屑形成的过程中，有摩擦、力和热。这些现象，对工件的加工精度和表面质量，以及机床、刀具、夹具的使用寿命都发生重大影响。

任务分析

铣削加工就是利用铣刀在铣床上切去金属毛坯余量，获得一定的尺寸精度、表面形状和位置精度、表面粗糙度要求的零件的加工。因此，必须了解铣削运动和铣削力，掌握铣削要素的概念，合理使用铣削用量和铣削方式，熟练运用相关的工艺知识。

相关知识

一、铣削的基本运动

切削时，工件与刀具的相对运动按其所起的作用可分为下面 3 种。

（1）主运动。把切屑切下来所具有的基本运动，是切削运动中速度最高、消耗机床动力最多的运动，这种运动称为主运动。在铣床上铣刀的旋转运动就是主运动，铣刀是由铣床主轴带动的，是以主轴每分钟的转速来表示的。

（2）进给运动。使工件上新的金属层继续投入切削的运动叫做进给运动，如铣床工作台的运动就是进给运动，用工作台每分钟的移动量来表示。

（3）辅助运动。除主运动和进给运动以外的所有运动都是辅助运动。如在铣床上刀具的退回，对刀的调整等都是辅助运动。

二、铣削用量

在铣削过程中所选用的切削用量称为铣削用量。铣削用量包括铣削层宽度 a_e、铣削层深度 a_p、铣削速度 v 和进给量 f。如图 10-30 所示，铣削用量的选择，对提高生产效率、改善工件表面粗糙度和加工精度都有密切的关系。

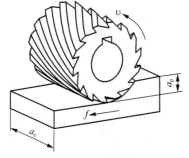
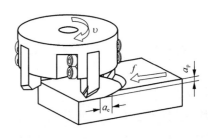

图10-30　铣削用量

（1）铣削宽度：铣刀在一次进给中所切削工件表层的宽度叫铣削宽度，用符号 a_e 表示，单位为毫米；对不太宽的表面，铣削宽度一般就是工件加工面的宽度。

（2）铣削深度：铣刀在一次进给中所切掉工件表层的厚度叫铣削深度，也就是指工件的已加工表面和待加工表面的垂直距离，用 a_p 表示，单位为毫米。铣削深度大小是根据加工余量、铣床功率和对工件加工面的表面粗造度要求等用来确定的。如在加工余量不太多时，铣削深度往往就等于加工余量。

（3）铣削速度：主运动的线速度叫做铣削速度，也就是铣刀刀刃上离中心最远的一点，在1分钟内所转过的长度，用符号 V 表示，单位米/分。根据定义铣刀的转速越高，直径越大，铣削速度 V 就越大。在实际工作中一般是根据铣刀需要每分钟转数来调整铣床的主轴转速，对不同直径的铣刀，其转速虽相同，但线速度是不同的；而在切削时影响铣刀使用时间长度的因素中，考虑的主要因素是铣削速度而不是转速。因此应该先选择好合适的铣削速度，再根据铣削速度来计算转速，它们的相互关系为

$$V=\frac{\pi D n}{1\,000}\ (\text{mm/min}),\quad n=\frac{1\,000V}{\pi D}\ (\text{mm/min})$$

式中，D——铣刀直径，mm；

$\quad\quad n$——铣刀转速，r/min。

例 10-1　用一把直径为 100mm 的铣刀，以 28m/min 的铣削速度进行铣削，问铣床主轴转速应该调整到多小？

解：已知　$D=100$mm，$V=28$m/min，代入公式：

$$n=\frac{1\,000\times28}{3.14\times100}=89\ (\text{r/min})$$

根据主轴转速表上的数值 95 转/分与 89 转/分非常接近，所以应该把主轴转速调整到 95r/min；应当注意，当计算出的数值处在转速表上两个数值的中间（或接近中间），应采用较小的数值比较适宜。

（4）进给量：在铣削过程中，工件相对铣刀的进给速度称为进给量，表示进给量的方法有：

① 每齿进给量（$S_{齿}$）：就是在铣刀转过一个刀齿（即后一个刀齿转到前一个刀齿的位置的时间内，工件沿着进给方向所移动的距离，单位：mm/Z。

② 每转进给量（$S_{转}$）：就是在铣刀转过一整转的时间内，工件沿进给方向所移动的距离，单位为 mm/r。若铣刀的齿数是 Z，则每转进给量与每齿进给量的关系是：$S_{转}=S_{齿}\cdot Z$（mm/r）。

③ 每分钟进给量（S）：就是在 1 分钟的时间内，工件沿进给方向所移动的距离。用符号 S 表示，单位为（mm/min）。

若铣刀每分钟的转速是 n，则每分钟进给量与每转进给量之间的关系为

$$S=S_{转}\cdot n\ (\text{mm/min}),\ S=S_{齿}\cdot Zn\ (\text{mm/min})$$

在实际工作中，按每分钟进给量来调整机床进给量的大小。

例 10-2　用一把直径 100mm，齿数为 16 齿的铣刀，转速采用 75r/min，进给量采用 0.08mm/Z，问机床进给量应调整到多少？

解：已知 $S_{齿}=0.08$mm/Z，$n=75$ r/min，$Z=16$ 齿

$$S=S_{齿}\cdot Zn=0.08\times16\times75=96\text{mm/min}$$

三、铣削用量的选择

选择铣削用量是在保证铣削加工质量和工艺系统刚性所允许的前提下进行的，首先选用较大的铣削宽度和铣削层深度，再选用较大的每齿进给量，最后确定铣削速度。

1. 铣削层深度 a_p 和铣削层宽度 a_e 的选择。

铣削层深度 a_p 主要根据工件的加工余量和表面的加精度来确定的，当加工余量不大时，应尽量一次进给铣去全部加工余量，只有当工件的加工精度要求较高或加工表面精度小于 $Ra6.3$ 时才分粗精铣两次进给。在铣削过程中，铣削层宽度一般可根据加工面宽度决定，尽量一次铣出。

2. 进给量 S 齿的选择

粗铣时，限制进给量提高的主要因素是切削力。进给量主要根据铣床进给机构的强度、刀轴尺寸、刀齿强度以及机床、夹具等工艺系统的刚性来确定。在强度、刚性许可的条件下，进给量应尽量取得大些。精铣时，限制进给量提高的主要因素是表面粗糙度。为了减小工艺系统的弹性变形，减小已加工表面的残留面积高度，一般须用较小的进给量。

3. 铣削速度的选择

在铣削层深度 a_p、铣削层宽度 a_e、进给量 S 齿确定后，可在保证合理的刀具耐用度的前提下确定铣削速度 V。

粗铣时，确定铣削速度必须考虑到铣床功率的限制。

精铣时，一方面考虑提高工件的表面质量、另一方面要从提高铣刀耐用度的角度来考虑选择。具体可参照表 10-6 常用铣削用量。

表 10-6　　　　　　　　　　　　　常用铣削用量

铣刀种类	铣刀直径	铣削深度	铣削宽度	加工材料					
				铸　铁		有色金属		中碳钢	
				n/ (r·min⁻¹)	s/ (mm·min⁻¹)	n/ (r·min⁻¹)	s/ (mm·min⁻¹)	n/ (r·min⁻¹)	s/ (mm·min⁻¹)
立铣刀	4～6	0.3～0.6	3～4	600～950	30～60	750～1180	47.5～75	475～750	30～47.5
	8～10	1～2	5～6	600～750	37.5～75	600～950	60～95	375～475	37.5～60
	12～16	2～3	8～10	375～600	37.5～60	475～750	47.5～60	300～375	30～47.5
	18～22	5～6	20～25	235～375	47.5～75	375～475	60～95	235～300	37.5～60
	24～28	4～5	30～35	190～300	37.5～47.5	235～375	37.5～60	190～300	30～37.5
	30～35	6～8	35～40	150～235	23.5～37.5	190～300	30～47.5	150～235	23.5～30
	40	10～12	45～50	118～190	23.5～30	150～235	30～37.5	118～190	19～23.5
三面刃铣刀	63	1～1.5	6～12	118～150	37.5～75	118～190	60～95	95～118	37.5～60
	80	2～3	8～16	95～118	37.5～60	118～190	60～95	75～118	37.5～47.5
	100	4～6	10～20	75～118	37.5～47.5	118～150	47.5～75	75～95	30～37.5
	125	6～8	4～6	60～95	47.5～75	75～118	60～118	60～75	47.5～60
	160	8～10	5～8	47.5～75	47.5～60	60～95	60～95	47.5～60	37.5～60
	200	12～14	6～10	37.5～60	37.5～47.5	47.5～75	47.8～75	30～60	19～30
锯片铣刀	63	1～2	1～2.5	95～150	47.5～75	118～190	60～118	95～118	47.5～60
	80	3～4	1～3	95～118	47.5～60	95～150	60～95	75～95	37.5～60
	100	5～6	1.6～3	75～118	47.5～60	95～150	60～95	60～95	37.5～47.5
	125	6～10	2～4	60～95	37.5～60	75～118	47.5～75	60～75	30～47.5
	160	10～15	2～4.5	47.5～75	23.5～37.5	60～95	37.5～47.5	37.5～60	23.5～30
	200	16～20	3～5	37.5～60	23.5～30	47.5～75	30～47.5	30～47.5	19～23.5

四、铣削方式的选择

1. 顺铣和逆铣

根据铣刀在切削时对工件作用力的方向与工件移动方向的区别而分顺铣和逆铣。图 10-31 所示为用圆柱铣刀铣削时的顺铣和逆铣。

（1）逆铣（见图 10-31（a））。铣刀旋转方向与工件进给方向相反时的铣削，即铣刀刀齿作用在工件上的力，这个作用力在进给方向上的分力与工件的进给方向相反时称为逆铣，由于逆铣时的铣削力与工作台运动相反，所以不会拉动工作台。那么象顺铣时的不利现象就不会出现，所以在铣床上通常都采用逆铣来进行加工。

（2）顺铣（见图 10-31（b））。铣刀旋转方向与工件进给方向相同时的铣削，即铣刀刀齿作用在工件上的力，这个作用力在进给方向上的分力与工件的进给方向相同称为顺铣，根据纵杠螺母间隙的分析可知，在顺铣时的铣削力与工作台运动方向一致，所以会拉动工作台，拉动的距离等于丝杠与螺线之间的间隙。当工件在进给方向上突然增加这个移动量后，使后一个刀齿的切削量突然增加，一般要比原来的进给量增加几倍甚至几十倍，这样往往由于刀齿的切削量过多而使刀齿折断或刀轴弯曲，甚至使工件和夹具产生位移而使工件、夹具以至机床遭到破坏，所以在没有消除丝杠与螺母之间的间隙之前不能用顺铣加工。

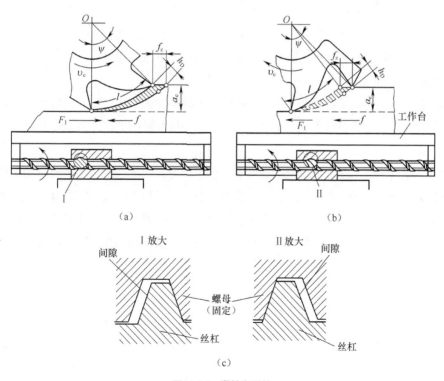

图10-31 顺铣和逆铣

（3）顺铣与逆铣的比较。虽然顺铣由于工作台传动丝杠与螺母之间存在间隙的缘故，在实际使用中受到限制；但要把间隙减少到极小，如果不超过 0.03mm 时，还是可以采用顺铣来进行铣削的，因为顺铣也有许多优点：

① 逆铣时，铣削力作用在工件上的垂直分力是向上的，尤其在刚切到工件时更为显著，这个力有把工件从夹具中挑出来的倾向，顺铣时，这个垂直力是向下的，有压住工件的作用，因而这个力是有利的，尤其在加工不易夹紧的工件和长而薄的工件时，顺铣的这个优点就更加显著。

② 逆铣时切屑由薄到厚，刀刃开始切到工件时的铣削厚度接近于零，所以切不进去，要滑动一小段距离后才切入工件，刀太容易磨损。顺铣时刀刃一开始就切入工件，切削由厚到薄，故刀刃比较逆铣时磨损小，铣刀耐用度高。

③ 逆铣时，刀刃在开始滑动阶段时工件对铣刀的作用力是向上的，刀刃切入工件后，工件对铣刀的作用力是向下的，由于作用力在方向上的变化，铣刀往往产生较大的周期性振动，影响加工表面的粗糙度；另外加工表面由于受到刀刃的冷挤压作用，表面质量也受到影响。顺铣时，就没有上述情况，只是由于切屑厚薄的变化而使铣削力在大小上有所改变，但是当同时参加切削的刀刃有两个或两个以上时，切削力的变化就很小，因此铣刀产生的振动小，加工出的表面质量也好。

④ 逆铣时，进给运动的力要克服铣削力在进给方向上的分力和摩擦阻力，所以消耗的动力也大，顺铣时进给方向的分力与进给方向一致，故需要的力和消耗的动力均小。顺铣较逆铣有许多优点，不过由于顺铣时刀齿一开始就切到工件的表面，因此对表面有硬皮的毛坯工件，用顺铣就不舒适；综上所述：对不易夹牢的工件和薄而长的工件应采用顺铣，另外当铣削力的水平分力小于工作台的摩擦阻力时，如铣削量极小的精加工和要切断薄型工件时也可采用顺铣。

2. 对称铣和非对称铣

（1）非对称切削。在用端铣刀和立铣刀铣削时，工件偏在铣刀的一边，称为非对称切削，在做非对称切削时也有顺铣和逆铣的区别，如图 10-32 所示的情况铣削力在进给方向上的分力与进给方向上的相反，所以是逆铣。

在用端铣刀做逆铣时，工件并没有受到向上的垂直分力；而顺铣时，工件也并没有受到向下的力，此外当铣刀的直径大于工件的宽度时，刀齿也不会产生滑移的现象，所以用端铣刀做逆铣时，就没有像用圆柱铣刀进行逆铣时那样会产生各种不良现象。但是用端铣刀做顺铣时（见图 10-33）同样会拉动工作台，而使铣刀、工件以致夹具等遭到破坏，所以用端铣刀进行铣削时，都采用逆铣的方式。

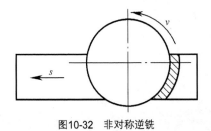
图10-32　非对称逆铣

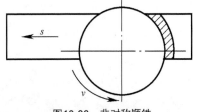
图10-33　非对称顺铣

（2）对称切削。在切削时，工件处在铣刀的中间，如图 10-34 所示，端铣刀在做对称切削时刀齿对工件的作用力在前半边是与进给方向是相反的，在后半边时与进给方向是一致的，其平均值是垂直工件的，对窄长的工件在受到这个垂直力后，会产生很大的振动，甚至会使工件产生变形和弯曲。另外，由于铣削力方向的不断改变，对于刀齿小的端铣刀切削时，也有可能拉动工作台，所以在用端铣刀进行铣削时，只在工件的宽度很宽，而且接近铣刀直径的情况下才用对称切削，否则尽量不用。

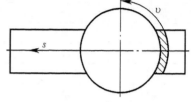

图10-34　对称铣削

五、切削液的作用及选用

在铣削过程中变形与磨擦所消耗的功绝大部分转变为热能，致使刀尖上的温度升得很高，铣刀在高温下铣削，刀刃会很快磨钝和损坏，在强烈的摩擦下，加工出的工件质量也不好，为了降低切削温度，常采用的方法是切削时冲注切削液。

1. 切削液的作用

（1）冷却作用。切削液能吸收和带走热量，在切削过程中会产生大量的热量，充分浇注切削液，能带走大量热量和降低温度，有利于提高生产效率和产品质量。

（2）润滑作用。切削液可以减小切削过程中的磨擦，减小切削阻力，显著提高表面质量和刀具耐用度。

（3）防锈作用。切削液能使机床、工件、刀具不受周围介质的腐蚀。

（4）冲洗作用。在浇注切削液时，能把铣刀齿槽和工件上的切屑冲去，尤其在铣削沟槽等切屑不易排出的地方，较大流量的切削液能把切削冲出来，使铣刀不因切屑阻塞而影响铣削和表面质量。

2. 切削液的种类

切削液的种类很多，有些切削液的吸热量很大，但润滑性较差，有些切削液的吸热量较小，但润滑性很好。根据其性质的不同可分为下面几种。

（1）水溶液。水溶液主要成分是水，冷却性能很好，使用时，一般加入一定量的水溶性的防锈添加剂，由于水溶液比热容大、流动性好、价格低廉，所以应用广泛。

（2）乳化液。乳化液是将乳化油用水稀释而成的，这种切削液具有良好的冷却性能，但润滑、防锈性能较差，使用时，常加入一定量的防锈添加剂和极压添加剂（含硫、磷、氯等元素）。

（3）切削油。切削油的主要成份是矿物油（柴油和机油等），也可以用植物油（菜油和豆油等 ）、硫化油和其他混合油等。这类切削液的比热容低，流动性差，是一种以润滑为主的切削液，使用时，亦可加入油性防锈添加剂，以提高其防锈和润滑性能。

3. 切削液的选用

切削液根据工件材料、刀具材料和加工工艺等条件来选用。

（1）粗加工时，由于切削量大、产生的热量多、温度高，而对表面质量的要求并不高，所以，应采用以冷却为主的切削液。

（2）精加工时，对工件的表面质量要求高，并希望铣刀的耐用度高，希望用有良好润滑作用的切削液。精加工时切削量少，产生的热量也少，所以对冷却的要求不高，应选用以润滑为主，并具有一定冷却作用的切削液，如表10-7所示。

表 10-7　　　　　　　　　　铣削中冷却润滑液的选用

种　　类	散 热 性	润 滑 性	用　　途
乳化液	好	差	适用于加工各种钢材及有色金属
煤油	较好	较好	适用于加工有色金属及铸铁的粗加工
柴油	较好	较好	适用于加工各种钢材
机油	差	好	适用于加工各种钢材的精铣和镗孔
豆油	差	好	适用于各种钢材的镗孔或加工表面表质量要求高的零件

（3）在铣削铸铁等脆性金属时，因为它们的切屑呈细小颗粒状和切削液混在一起，容易黏结而阻塞铣刀、工件、工作台导轨和管道，从而影响铣刀的切削性能和工件表面的加工质量，所以一般不用切削液，在用硬质合金铣刀进行高速切削时，由于刀具耐热性能好，一般也不用切削液，必要时可用乳化液。

在使用冷却润滑液时，为了得到良好的效果，应注意几点。

① 要有充分的冷却润滑液，使铣刀充分冷却，尤其在铣削速度较高和粗加工时更加重要。

② 工作一开始就应立即加冷却润滑液，不要等铣刀发热后再加，否则会使铣刀产生裂纹。

③ 冷却润滑液应加在切屑从工件上分离下来的地方，即应浇在热量最大、温度最高的地方。

六、工件的定位

在进行铣削加工时，必须把工件安装在铣床上，使它占有某一个正确位置，这就称为定位。

1. 工件的定位基准

基准分设计基准和工艺基准两大类。

（1）设计基准。零件（或产品）在设计图样上，用来确定其他点、线或面的位置的点、线、面称为设计基准。设计基准一般是零件图样上标注尺寸的起点或对称点，如齿轮的轴线或孔的中心线等。矩形零件和箱体零件，则多数以底面为设计基准。

（2）工艺基准。在机械制造过程中采用的各种基准，其中包括：定位基准、测量基准、装配基准和工序基准。

① 定位基准。工件在机床上或夹具中定位时，用以确定加工表面对刀具切削位置之间相互关系和基准。

② 测量基准。用以测量工件各表面的相互位置、形状尺寸的基准，测量基准往往就是设计基准。

③ 装配基准。在装配中用以确定工件本身位置的基准。

④ 工序基准。在工艺文件上用以标定加工表面的基准。

2. 定位基准的选择原则

选择定位基准是加工前的一个重要问题。定位基准选择得正确与否，对加工质量和加工时的难易程度有很大的影响，这也必然会影响到产品的加工成本。所以选择定位基准时，主要应掌握两个原则，即保证加工精度和使装夹方便。

（1）粗基准的选择原则。以毛坯上未经加工过的表面做基准，这种定位基准称为粗基准。粗基准的选择原则如下。

① 当零件上所有表面都需要加工时，应选择加工余量最小的表面做粗基准。

② 若工件必须首先保证其重要表面的加工余量均匀，则应选择该表面为粗基准。如车床本身的导轨面等，在以导轨面为粗基准时，会使导轨的加工余量均匀而较小，使表面的金相组织一致。

③ 工件上有不需要加工的表面时，应以不加工的面做基准。

④ 尽量选择平整的表面做粗基准，以便定位准确，装夹可靠。

⑤ 粗基准只能使用一次，尽量避免重复使用。因粗基准的表面粗糙度和精度都很差，重复使用时，即使安装的条件相同，也不易使工件精确地处在原来的位置，因此必然会产生定位误差。

（2）精基准的选择原则。以已加工过的表面为定位的基准，称为精基准，精基准的选择如下。

① 基准重合原则。就是尽量采用设计基准、装配基准和测量基准做为定位基准。如齿轮孔的中心线是设计基准，在加工时须采用孔来定位，又是定位基准，即是设计基准与定位基准重合，同时也是装配基准。这是因为这些基准有一个共同的作用就是满足零件的用途要求。

② 基准统一的原则。当零件上有几个相互位置精度要求高，关系比较复杂的表面，而且这些表面不能在同一次安装中加工出来时，那么，在加工过程的各次安装中应该采用同一个定位基准。

③ 自为基准原则。以加工表面做为基准，称为自为基准。如找正加工面后面加工。

④ 互为基准原则。以加工表面和定位表面互相定位加工，从而保证相互位置精度。

⑤ 定位基准应能保证工件在定位时具有良好的稳定性，以及尽量使夹具的结构简单。

⑥ 定位基准应保证工件在受夹紧力和铣削力等外力作用时引起的变形最小。

在实际选择定位基准时，上面的几项原则有时会产生矛盾，因引必须根据具体情况，作仔细分析比较，选择最合理的定位基准。

七、工件的安装

工件只是定位还不能进行加工，因为铣削时在铣削力的作用下它的位置还会移动，为了使工件在加工过程中能保持此定位位置，还必须把工件夹牢，这就称为夹紧。工件从定位到夹紧的整个过程，成为安装。在铣床上安装工件一般要使用机床夹具。

1. 夹具的作用

（1）能保证工件的加工精度。

（2）减少辅助时间，提高生产效率。

（3）扩大通用机床的使用范围。

（4）能使低等级技术工人完成复杂的加工任务。

（5）减轻了操作者的劳动强度，并有利于安全生产。

2. 夹具的种类

（1）通用夹具。这类夹具通用性强，由专门厂家生产并经标准化，其中有的作为机床附件随机床配套，如平口钳、分度头等。

（2）专用夹具。专用夹具是为了适应某一工件的某一个工序加工要求而专门设计制造的。

3. 用平口钳装夹工件

平口钳是铣床上常用的装夹工件的夹具，铣削一般的长方体零件的平面、价台、斜面、轴类零件的槽等都可以用平口钳装夹。

（1）平口钳的校正。安装平口钳时应擦净钳座底面和铣床工作台面，平口钳在工作台面上的位置应处在工作台长度的中心线偏左。安装平口钳时应根据加工件的具体要求，使固定钳口与铣床主轴心线垂直或平行，平口钳安装后要进行校正方法有：

① 用平口钳定位键。定位安装一般工件加工时，可将平口钳底座上的定位键，放入工作台中央 T 形槽内，双手推动钳体，使二块定位键的同一个侧面，靠向 T 形槽的同一侧，将平口钳紧固在工作台面上，再通过底座上的刻线和钳体零线配合，转动钳体，使固定钳口与铣床主轴轴心线垂直或平行。

② 用划针校正平口钳。固定钳口与铣床主轴轴心线垂直，加工较长工件时，平口钳固定钳口应与主轴轴线垂直安装，用划针校正（见图 10-35）校正时将划针固定在立铣刀上或夹持在刀轴垫圈间，把平口钳底座紧固在工作台面上，松开钳体紧固螺母，使划针的针尖靠近固定钳口铁平面，移动纵向工作台，用肉眼观察划针尖与固定钳口铁平面间的缝隙，若在钳口全长范围内一致，固定钳口就与铣床主轴轴心线垂直，然后紧固钳体。

③ 用角尺校正固定钳口与铣床主轴轴心线平行加工的工件长度较短、铣刀能在一次进给中切削出整个平面，若加工部位要求与基准面垂直时，应使平口钳的固定钳口与铣床主轴轴心线平行安装，这时用角尺对固定钳口进行校正，如图 10-36 所示。校正时松开钳体紧固螺母，右手握角尺座，将尺座靠向床身的垂直导轨平面，移动角尺，使角尺长边的外侧面靠向平口钳的固定钳口平面，并与钳口平面在钳口全长范围内密合，紧固钳体，再复检一次，位置不变即可。

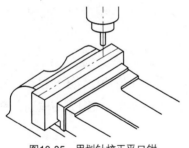

图10-35　用划针校正平口钳

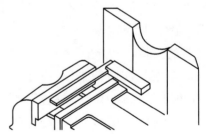

图10-36　用直角尺校正平口钳

④ 用百分表校正固定钳口与铣床主轴轴心线平行或垂直。加工工件的精度要求较高时，可用百分表对固定钳口进行校正，将磁性表座吸在横梁导轨平面上，然后安装百分表，使表的测量杆与固定钳口铁平面垂直，表的测量触头触到钳口铁表面上，测量杆压缩 0.3～0.4mm 来回移动纵向工作台，观察表的读数在钳口全长范围内一致，固定钳口就与铣床主轴轴心线垂直，如图 10-37 所示。

（2）工件在平口虎钳上装夹。

① 毛坯件的装夹，毛件装夹时，应选择一个平整的毛坯面作为粗基准，靠向固定钳口。

② 已经粗加工表面件的装夹，使工件的基准面靠向固定钳口时，可在活动钳口工件之间放置一根圆棒，通过圆棒将工件夹紧，以保证工件基准面与固定钳口贴合，如图 10-38 所示。

工件的基准面靠向钳体导轨面时，要在工件和导轨之间要垫一对平行垫铁，为了使工件的基准面与导轨平行，夹好后可用铜锤或木锤头轻敲工件，以紧贴垫铁，如图 10-39 所示。

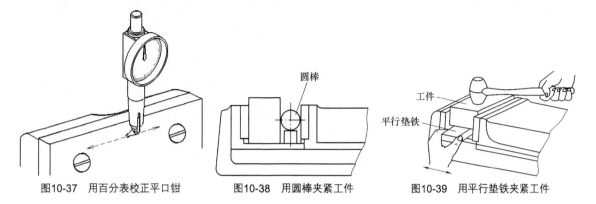

图10-37　用百分表校正平口钳　　　　图10-38　用圆棒夹紧工件　　　　图10-39　用平行垫铁夹紧工件

（3）工件在平口虎钳上装夹时的注意事项。

① 安装平口钳时，应擦净工作台面和钳底平面。安装工件时，应擦净钳口平面、钳体导轨面、工件表面。

② 工件在平口钳上安装后，铣去的余量层应高出钳口上平面，高出的尺寸以铣刀不铣伤钳口上平面为宜。

③ 工件在平口虎钳上装夹时，放置的位置适当，夹紧工件后，钳口受力应均匀。

④ 平口虎钳安装：首先将底座固定在铣床工件台上，根据需要让钳体零线与刻度盘 0° 线成 90° 线对齐，然后用划针或百分表校正固定钳口与铣床主轴轴心线平行（或垂直），然后紧固螺栓。

4. 用压板装夹工件（见图 10-40）

形状较大或不便于用平口钳夹紧的工件，可用压板夹紧在台面上进行加工。

（1）用压板夹紧工件的方法。压板通过 T 形螺栓、螺母、垫铁将工件夹紧在工作台面上，使用压板夹紧工作时，应选择二块以上的压板，压板的一端搭在工件上，另一端搭在垫铁上，垫铁的高度应等于或略高于工件被夹紧部位

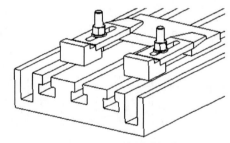

图10.40　用压板装夹工件

的高度，螺栓到工件间的距离，应略小于螺栓到垫铁间的距离。使用压板时，螺母和压板平面间应有垫圈。

（2）使用压板夹紧工件时的注意事项。

① 压板的位置放置应正确，垫铁的高度应适当，压板与工件的接触应良好，夹紧可靠，以免铣削时工件移动。

② 工件夹紧处不能有悬空现象，如有应将工件垫实。

③ 夹紧毛坯面时，应在工件和工作台面间垫铜皮；夹紧已加工表面时，应在压板和工件表面间垫铜皮，以免压伤工作台面和工件已加工面。

④ 用端铣刀铣削工件时，压板可以调一个角度安装，但必须迎着铣削时的作用力。

任务实施

矩形工件的铣削

（1）定位基准面的确定。在加工如图 10-41 所示的矩形工件时要求铣出的平面 B 与平面 A 垂直，平面 D 与平面 A 平行，那么在加工过程中应以平面 A 来定位，故平面 A 是加工该零件时的定位基准面。铣垂直面或平行面，就是要求铣出的平面与基准面垂直或平行，因而产生垂直度和平行度误差的根本原因是刀刃形成的平面或刀具轨迹形成的平面与基准面不垂直或不平行。

（2）矩形工件的铣削过程（见图 10-42）。

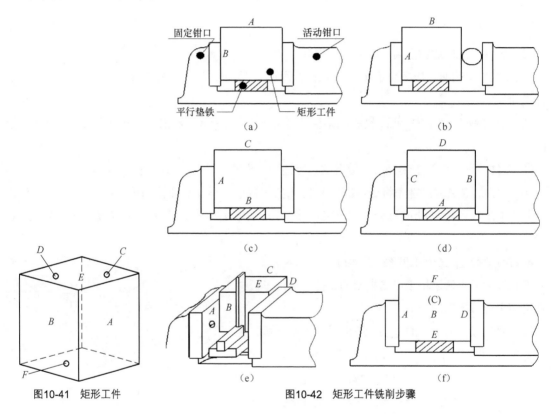

图10-41　矩形工件　　　　　图10-42　矩形工件铣削步骤

① 看懂零件图，了解图纸上有关加工的尺寸及其精度要求，各个加工表的形状、位置精度要求，各个加工表面的表面粗糙度要求及其他技术要求。

② 检查毛坯，对照工件图样检查毛坯尺寸、形状及毛坯余量的大小算出加工余量，从而确定粗加工和精加工的铣削深度。

③ 选择铣床、刀具、夹具。

④ 确定定位基准面和加工顺序，选择平面 A 作为定位基准面，其加工顺序如下：铣面 A 以面 B 为粗基准，靠向平口钳的固定钳口装夹工件（见图 10-42（a））；铣面 B 以面 A 为基准靠向平口钳的固定钳口，在活动钳口和工件间置圆棒装夹工件（见图 10-42（b））；铣面 C 仍以面 A 为基准装夹工

件（见图 10-42（c））；铣面 D 平面 A 靠向平行垫铁，面 C 靠向固定钳口装夹工件（见图 10-42（d））；铣面 E 调整平口钳的固定钳口与铣床主轴轴心线平行，面 A 靠向固定钳口用角尺校正面 B 与钳体导轨面垂直装夹工件（见图 10-42（e））；铣面 F 面 A 靠向固定钳口，面 E 靠向平口钳导轨面装夹工件（见图 10-42（f））。

⑤ 选择铣削用量、铣削方式和铣削液，注意变速时必须停车。

⑥ 铣削。注意开车对刀，刀具完全退出工件表面方可停车。

⑦ 正确使用量具，注意尺寸检测。

任务完成结论

铣削过程中易产生的问题和注意事项。

（1）平面的表面的粗糙度不符合要求原因。

① 铣刀刃口不锋利，铣刀刀齿圆跳动过大，进给过快。

② 不使用的进给机构没有紧固，挂架轴承间隙过大，切削时产生振动，加工表面出现波纹。

③ 进给时中途停止主轴旋转，停止工作台自动进给造成加工表面出现刀痕。

④ 没有降落工作台，铣刀在旋转情况下退刀，啃伤工件加工表面。

⑤ 铣削液选择和使用不当。

（2）平面的平面度不符合要求原因。

① 圆柱铣刀的圆柱度不好，使铣出的平面不平整。

② 立铣时，立铣头零位不准，端铣时，工作台零位不准，铣出凹面。

（3）操作中的操作事项。

① 调整切削深度时，若手柄摇过头应注意丝杠和螺母间隙对移动尺寸的影响。

② 铣削中不能停止铣刀旋转和工作台自动进给以免损坏刀具、啃伤工件，若因故必须停机时，应先降落工作台，再停止工作台进给和铣刀旋转。

③ 铣削中不准用手摸工件和铣刀，不准测量工件，不准变换工作台进给量。

④ 进给结束后工件不能立即在铣刀旋转的情况退回，应先降落工作台，再退刀。

⑤ 不使用的进给机构应紧固，工作完毕后应松开。

⑥ 用平口钳夹紧工件后，将平口钳扳手取下。

课堂训练与测评

（1）简述铣削用量如何选择。

（2）试述顺铣和逆铣的主要区别和应用。

（3）粗基准和精基准的选择原则是什么？

（4）在铣床上平口钳如何找正，工件在平口钳上安装的注意事项。

（5）综合练习：铣削六面体，如图 10-43 所示。

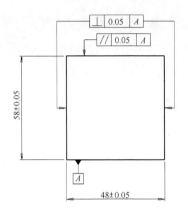
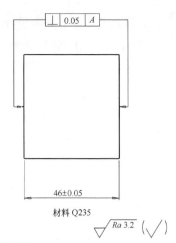

材料 Q235

图10-43　六面体铣削练习

表 10-8　　　　　　　　　　　评分标准

项　　目		分　　值	得　　分
尺寸精度	48 ± 0.05	20分	超差 0.05 以内扣 10 分，0.05 以上全扣。
	46 ± 0.05	20分	
	58 ± 0.05	20分	
形位精度	⊥0.05A	每面 5 分，4 面共 20 分	超差全扣
	//0.05A	8分	
表面粗糙度 Ra=3.2		每面 2 分，6 面共 12 分	超差全扣

知识拓展

铣垂直面和平行面的其他方法：

有些工件由于形状较大或形体较复杂，不能全部用平口钳装夹加工出与基准面垂直或平行的平面，这时可采用以下方法加工。

（1）压板将工件夹紧在工作台台面铣平行面，形体较大的工件应先加工出一个基准面，然后将这个基准面靠向工作台面，用压板夹紧，用圆柱铣刀或端铣刀铣出与基准面平行的平面。

（2）在 T 形槽内安装定位键，用端铣刀铣平行面，工件的两侧面平行度要求较高时，可先在立式铣床上铣出一个大的平面，以这个平面为基准靠向工作台面在 T 形槽内安装定位键用两侧面分别定位，用端铣刀铣出两个平行的侧面。

（3）利用靠铁定位安装工件铣垂直面，工件铣出两个平行的侧面后，加工两端面时先在工作台面上安装定位靠铁，用百分表校正靠铁的定位面与工作台横向进给方向平行，使铣好的工件侧面靠向靠铁的定位面用压板将工作夹紧，用端铣刀铣出与工件底面和侧面都垂直的端面。

（4）工件在一次装夹中，用纵横进给铣出相互垂直的平面，加工薄板零件时，校正工件毛坯面用压板将工件夹紧在工作台面上，使用立铣刀，用纵、横进给，在一次装夹中铣出相互垂直的两个侧面。

（5）在平口钳上装夹工作，用端铣刀或三面刃盘铣刀铣出端面，加工窄长工件的两端面时，在各大平面加工完成后，可以用平口钳装夹工件，用三面刃铣刀或端铣刀铣出两个端面。

Chapter 11

项目十一

| 铣床的加工方法 |

【项目描述】

铣床的工作方式多样，加工范围很广。铣刀的种类繁多，要成为一名合格的铣工，就必须对整个加工系统，有一个清楚的了解。掌握各种铣刀的使用方法和工件的基本加工方法。

【学习目标】

在项目一的基础上深入学习铣床的各种加工方法，正确使用机床、刀具、夹具，正确装夹工件，合理选用铣削用量和冷却润滑液。

【能力目标】

能够独立、熟练操作铣床，加工简单零件。了解典型零件的加工方法和工艺步骤。

 零件的基本加工方法

零件的基本加工方法很多，本任务着重介绍平面和斜面的铣削方法；阶台的铣削方法；简单直槽和特型槽的铣削方法以及材料的切断。

| 知识点、能力点 |

（1）平面与斜面的铣削方法。

（2）阶台的铣削方法。

（3）铣削槽与切断。

工作情景

在对铣床、铣刀、附件、铣削过程及工艺有了认识以后，就应该运用这些知识继续学习如何在铣床上加工零件的方法。

任务分析

平面、斜面、阶台、沟槽总的来说都是在铣大小方位不同的平面，带有平面的零件很多，如铣床的工作台、平口钳的钳口等，平面铣削的方法很多，如何针对零件的形状，采取必要的方法，是非常重要的。

相关知识

零件的加工是综合性的技能学习，需要的相关的知识很多，包括机械制图的相关知识；公差配合的相关知识；铣床与铣刀的相关知识；量具使用的相关知识；铣削用量与铣削方式的相关知识；与铣工相关的工艺知识等。这些在前面章节已详细阐述，应充分消化吸收。

任务实施

一、铣削简单平面

平面是工件加工面中最常见的，铣削平面具有较高的加工质量和效率，是平面的主要加工方法之一。按照工件平面的位置可分为水平面（简称平面）、垂直面、平行面、斜面和阶面。常选用圆柱铣刀、三面刃铣刀和卧式铣床或立式铣床上铣削。

1. 用圆柱铣刀铣削平面

如图 11-1 所示，加工前，首先认真阅读零件图样，了解工件的材料、铣削加工要求，并检查毛坯尺寸，然后确定铣削步骤。

铣平面的步骤如下：

（1）选择和安装铣刀。铣削平面时，多选用螺旋齿圆柱高速钢铣刀。铣刀宽度应大于工件宽度。根据铣刀内孔直径选择适当的刀杆，把铣刀安装好。

（2）装夹工件。工件可以在普通平口虎钳上或工作台面上直接装夹，铣削圆柱体上的平面时，还可用 V 形铁装夹。

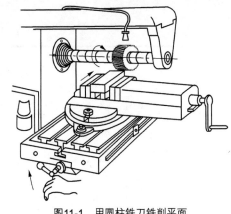

图11-1　用圆柱铣刀铣削平面

（3）合理的选择铣削用量。

（4）调整工作台纵向自动停止挡铁，把工作台前面 T 形槽内的两块挡铁固定在与工作行程起止相应的位置，可实现工作台自动停止进给。

（5）开始铣削。铣削平面时，应根据工件加工要求和余量大小分粗铣和精铣两阶段进行。铣削时，应注意以下几个问题：

① 正确使用刻度盘。先搞清楚刻度盘每转一格工作台进给的距离，再根据要求的移动距离计算应转过的格数。转动手柄前，先把刻度盘零线与不动指示线对齐并固紧，再转动手柄至需要刻度。如果多转几格，应把手柄倒转一圈后再转到需要刻度，以消除丝杠与螺母配合间隙对移动距离的影响。

② 吃刀量大时，必须先用手动进给，慢慢切入后，再用自动进给，以避免因铣削力突然增加而损坏铣刀或使工件松动。

③ 铣削进行中途不能停止工作台进给。因为铣削时，铣削力将铣刀杆向上抬起，停止进给后，铣削力很快消失，刀杆弯曲变形恢复，工件会被铣刀切出一个凹痕。当铣削途中必须停止进给时，应先将工作台下降，使工件脱离铣刀后，再停止进给。

④ 进给结束，工作台快速返回时，先要降下工作台，防止铣刀返回时划伤已加工面。

⑤ 铣削时，根据需要决定是否使用冷却润滑液。

用圆柱铣刀铣削平面在生产效率、加工表面粗糙度以及运用高速铣削等方面都不如端铣刀铣削平面。因此，实际生产中广泛采用端铣刀铣削平面。

2. 用端铣刀铣削平面

用端铣刀铣削平面可以在卧式铣床上进行，铣削出的平面与工作台台面垂直，常用压板将工件直接压紧在工作台上，如图 11-2 所示。铣削尺寸小的工件时，也可用台虎钳。在立式铣床上用端铣床铣削平面，铣出的平面与工作台台面平行，工件多用台虎钳装夹，如图 11-3 所示。

为了避免接刀，铣刀外径应比工件被加工面宽度大一些。铣削时，铣刀轴线应垂直于工作台进给方向，否则加工就会出现凹面，因此，应将卧式万能铣床的回转台扳到零位，将立式铣床的立铣头（可转动的）扳到零位。对加工精度要求较高时，还应精确调整，调整方向如图 11-4 所示。将百分表用磁力架固定在立铣头主轴上，上升工作台使百分表测量头压在工作台台面上，记下指针读数，用手扳动主轴使百分表转过180，如果指针读数不变，立铣头主轴中心线即与工作台进给方向垂直。在卧式铣床上的调整与此相似。

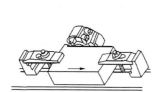 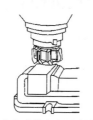 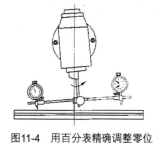

图11-2 在卧式铣床上用端铣刀铣削平面　　图11-3 在立式铣床上用端铣刀铣削平面　　图11-4 用百分表精确调整零位

3. 铣削平面时出现废品的原因见表 11-1

铣削平面时出现废品的原因和防止方法如表 11-1 所示。

表 11-1　　　　　　　　铣削平面时产生废品的原因和防止方法

废 品 种 类	产生废品的原因	防 止 方 法
表面粗糙度不好	进给量太大	减少每齿进给量
	振动大	减少铣削用量及调整工作台的楔铁，使工作台无松动现象

续表

废品种类	产生废品的原因	防止方法
表面粗糙度不好	表面有深啃现象	中途不能停止进给,若已出现深啃现象,而工件还有余量,可再切一次,消除深啃现象
	铣刀不锋利	刃磨铣刀
	进给不均匀	手转时要均匀或改用机动进给
	铣刀摆差太大	减少每转进给量或重磨、重装铣刀
尺寸与图样要求不符合	刻度盘没有对准,或没有将进给丝杠螺母间隙消除	应仔细转手柄,使刻度盘对准,若转错刻度盘而工件还有余量,可重新对准刻度,再铣至规定尺寸
	工件松动	将工件夹牢固
	测量不准确	正确的测量

二、铣削垂直面和平行面

铣削垂直面和平行面时,最重要的是使工件的基准平面处在工作台正确的位置上,如表11-2所示。

表 11-2 垂直面和平行面铣削时工件基准平面的位置

类 别	卧式铣床加工		立式铣床加工	
	圆周铣削	端铣削	圆周铣削	端铣削
平行面	平行于工作台台面	垂直于工作台台面及主轴	垂直于工作台台面并平行于进给方向	平行于工作台台面
垂直面	垂直于工作台台面	平行于工作台台面并平行于主轴	平行于工作台台面	垂直于工作台台面

1. 铣削垂直面的方法

工件上相互垂直的平面时,常用台虎钳或角铁装夹。

在台虎钳上装夹工件时必须使工件基准面与固定钳口贴紧,以保证铣削面与基准面垂直。否则在基准面的对面为毛面(或不平行)时,便会出现图11-5所示的情况,将影响加工面的垂直度。

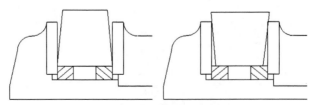

图11-5 与基准不平行或不垂直

2. 铣削平行面的方法

平行面可以在卧式铣床上用圆柱铣刀铣削,也可用在立式铣床上用端铣刀铣削。铣削时应使工件的基准面与工作台台面平行或直接贴合,其装夹方法如下:

(1)利用平行垫铁装夹。在工件基准面下垫平行垫铁,垫铁应与台虎钳导轨顶面贴紧,装夹时,如发现垫铁有松动现象,可用铜锤轻轻敲击,直到无松动为止。如果工件厚度较大,可将基准面直接放在台虎钳导轨顶面上。

（2）利用划线盘和百分表校正基准面。如图11-6所示的方法适合加工长度稍大于钳口长度的工件。校正时，先把划线盘调整到距工件基准面只有很小间隙的位置，然后移动划线盘，检查基准面四角与划针间的空隙是否一致，若间隙不均匀，则可用铜锤轻轻敲击间隙较大的部位，直到四角间隙均匀为止。对于平行度要求很高的工件应用百分表校正基准面。

在卧式铣床上用端铣刀铣削平行面如图11-7所示。首先在梯形台中间的T形槽装好定位键，再将工件基准面与定位键的侧面靠齐，并用压板将工件压紧。如果不用定位键，则必须用划线盘或百分表对基准面进行校正，以保证它与工作台进给方向平行。

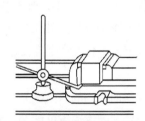

图11-6 用划线盘校正工件基准面

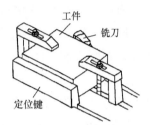

图11-7 在卧式铣床上用端铣刀铣削平行面

3. 铣削垂直面和平行面时出现废品的原因

铣削垂直面和平行面时出现废品的原因和防止方法见表11-3。

表 11-3 铣削垂直面、平行面是产生废品的原因和防止方法

废 品 种 类	产生废品的原因	防 止 方 法
不平行和不垂直	台虎钳口和角铁不正	把工件垫正或修整夹具
	台虎钳与基准面之间有污物	应仔细清除污物
	工作台台面或台虎钳导轨上有污物	应仔细清除污物，使工件和台虎钳底面清洁
	工件松动	将工件夹牢固
	铣刀不精确	重新刃磨铣刀

三、铣削斜面

所谓斜面，是指工件上与基准面倾斜的平面，它与基准面可以相交成任意角度。在零件图上有两种表示方法。倾斜度大的斜面，多用斜面与基准面夹角表示，如图11-8（a）所示，图中零件的斜面与基准面夹30°角；倾斜度小的斜面，多用斜度表示，如图11-8（b）所示，斜度为1:50，即在50mm长度上两端尺寸相差1mm。夹角 θ 与斜度 K 之间的关系可用下式表示：$\tan\theta=K$。

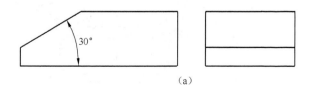

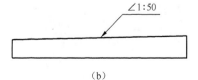

（a）

（b）

图11-8 斜面的表示方法

铣削斜面通常采用转动工件、转动立铣头和用角度铣刀等三种铣削方法。

1. 转动工件铣削法

转动工件铣削法在卧式铣床和立式铣床上都能使用，装夹工件有以下 3 种方法。

（1）根据划线装夹。铣削前按图样要求在工作表面划出斜面的轮廓线，打好样冲眼，然后把工件装夹在台虎钳或角铁上（钳口或角铁最好与进给方向垂直），用划线盘校正斜面轮廓线，如图 11-9 所示。铣削时先把大部分余量铣削掉，在精铣前应再校正一次，检查工件有无松动。按划线安装工件需用较长时间，宜于单件小批生产。

图11-9 按划线装夹工件

（2）在万能台虎钳上装夹。万能台虎钳除可绕垂直轴转动外，还可绕水平轴转动，转角大小可由刻度读出。装夹工件后，将台虎钳垂直刻度对齐 0 线，再使其绕水平轴转动要求的角度，如图 11-10 所示。这种方法简单方便，但由于台虎钳刚度较差，故只宜于加工较小的工件。

（3）用斜垫铁装夹。这种方法是先将工件放在倾斜角与工件斜面相同的斜垫铁上，再用台虎钳或压板夹紧，便可铣出符合所要求斜角的斜面，如图 11-11 所示。这种方法简单可靠，多用于小批生产。

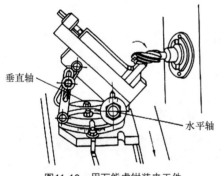

图11-10 用万能虎钳装夹工件

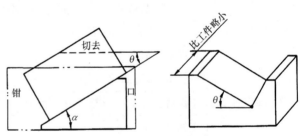

图11-11 用斜垫铁装夹工件

2. 转动立铣头的铣削法

这种铣削法多在立式铣床上进行，图 11-12 所示为用端铣刀铣斜面的情况。立铣头主轴转动角度应与斜面倾角相同。图 11-13 所示为用立铣头圆柱面刀刃铣削斜面的情况。

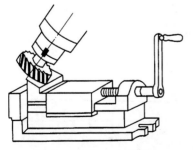

图11-12 用端铣刀铣削斜面

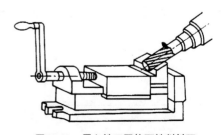

图11-13 用立铣刀圆柱面铣削斜面

3. 用角度铣刀铣削斜面

这种方法就是选择合适的角度铣刀铣斜面。角度铣刀一般常用高速钢制成，可分为单角铣刀和双角铣刀，如图 11-14 所示。铣削斜面多选用单角铣刀，铣刀刃长度应稍大于斜面宽度，这样就可一次铣出且无接刀痕。因此，角度铣刀常用来铣削窄斜面。

由于角度铣刀刀齿分布较密，排屑困难，故铣削时应选用较小的铣削用量，特别是每齿进给量要小。铣钢件时还要进行冷却润滑。上升或横向移动工作台可调整吃刀量，如图 11-15 所示。

图11-14　角度铣刀

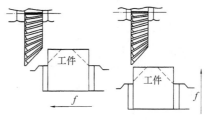

图11-15　吃刀量的调整

4. 铣削斜面时出现废品的原因

铣削斜面时主要废品有表面粗糙、尺寸超差、角度超差等。产生前两种废品的原因及防止方法与铣平面相同。角度超差的原因有：工件划线不正确或装夹不正确；铣削时工件松动；万能台虎钳或立铣头转角不正确等。

四、铣削阶台

带阶台的工件很多，如 T 形键、阶梯垫铁、凸块等。阶台由两个互相垂直的平面组成，主要技术要求是阶台的深度、宽度尺寸以及阶台面垂直度。阶台面可用三面刃铣刀或立铣刀铣削。

1. 用三面刃铣刀铣削

这种铣削多在卧式铣床上进行，如图 11-16 所示。选择铣刀时应注意铣刀宽度应大于阶台宽度，铣刀外径应大于固定环外径与阶台深度 2 倍之和。为减少铣刀切入和切出的距离，在满足上述条件下，应使铣刀外径尽量小些。

铣削如图所示的阶台时，可按下述步骤进行。

（1）开动铣床使铣刀旋转，移动横向工作台，使铣刀端面刀刃刚刚擦到阶台的侧面，记下刻度盘读数。

（2）移动纵向工作台，使工件退离铣刀，再将横向工作台移动距离 E（由刻度盘读数），紧固横向工作台。

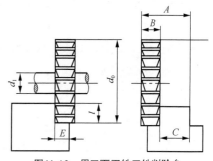

图11-16　用三面刃铣刀铣削阶台

（3）用试切法调整阶台深度后紧固升降台。

（4）铣削阶台的一侧。

（5）将横向工作台移动距离 $B+C$（其中 B 是铣刀宽度，C 是凸台宽度），铣削阶台的另一侧。

铣削时铣刀因单边刀齿受力，容易向另一侧偏斜，出现让刀现象，故加工精度不高。吃刀量较大的阶台或当铣床动力不足时，阶台应从深度方向分几次铣削，以减少让刀现象。

此外，也可采用组合铣刀将几个阶台一次铣出，如图 11-17 所示。铣削前，应选择外径相同的三面刃铣刀，铣刀间用垫圈按阶台尺寸隔开。夹紧铣刀后用游标卡尺检验两铣刀间的距离，一般应比要求尺寸稍大 0.1～0.3mm，以避免铣刀因端面跳动造成凸台宽度减小。正式铣削前应进行试切，以保证加工精度。

2. 用立铣刀铣削阶台

铣削和调整方法与用三面刃铣刀铣阶台基本相同，如图 11-18 所示。铣削时应注意夹牢铣刀，防止轴向铣削分力使铣刀松动。

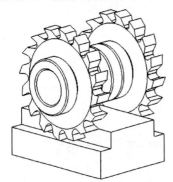

图11-17　组合铣刀铣阶台

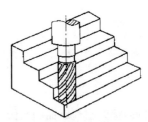

图11-18　用立铣刀铣阶台

3. 铣削阶台时出现废品的原因

铣削阶台时的废品有阶台不正、直线度、垂直度超差和尺寸超差等。铣削时，夹具安装不准确可能造成阶台不正或不直；铣削时的让刀现象会造成阶台垂直度超差；铣刀调整误差及端面跳动会造成阶台尺寸超差。

五、铣削槽与切断

1. 铣削键槽

轴类零件的键槽有敞开式和封闭式两种，如图 11-19 所示。敞开式键槽可用三面刃铣刀或键槽铣刀铣削；封闭式键槽只能用立铣刀或键槽铣刀铣削。其主要技术要求是：键槽两侧面与轴线的对称度和平行度，键槽的宽度、长度和深度以及在轴上的位置应符合图样要求，键槽两侧面粗糙度一般应达到 $Ra3.2～Ra1.6\mu m$。

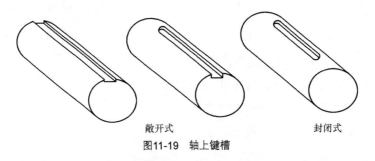

敞开式　　　　　　　　封闭式

图11-19　轴上键槽

（1）装夹工件。铣轴上键槽时，用台虎钳、V 形铁或分度头装夹工件。装夹时，应保证工件轴线与工作台面以及纵向进给方向平行，装夹前必须校正夹具的位置。

用台虎钳装夹工件虽简单方便，但由于工件直径的误差将引起轴线位置的变动，影响键槽的对称度，故常用于单件小批生产。

用 V 形铁装夹工件（见图 11-20），一般情况下（键槽两侧面与 V 形铁对称面平行），工件外径的误差不会影响键槽的对称度，常用于成批生产。

用分度头装夹工件，如图 11-21 所示，工件外径误差不影响键槽的对称度，也适合于成批铣削对称度要求高的键槽。

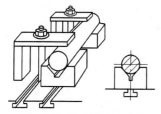

图11-20 用V形铁装夹工件

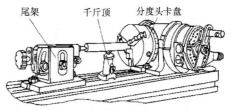

图11-21 用分度头装夹工件

（2）对中心、调整吃刀量。为保证键槽对称度的要求，除正确选择装夹方法外，还要使工件轴线与铣刀中心对齐。对中心常用下述 3 种方法。

① 按刀痕对中心。用三面刃铣刀、立铣刀或键槽铣刀铣削键槽时都可以用这种方法对中心。

用三面刃铣刀铣削时，可先凭目测移动工作台，使工件轴线大致对准铣刀宽度中心，再用铣刀圆周刀刃试切，如图 11-22 所示，应当按箭头方向调整工作台，继续试切，使铣出的刀痕如图中所示的椭圆形为止，并用手摸刀痕 A、B 两边，检查有无阶台，如有阶台，则需根据其深浅进一步调整工作台。按刀痕对中心，一般可控制键槽对称度在 0.1mm 之内。

立铣刀和键槽铣刀，可用端面刀刃进行试切，用立铣刀对刀的刀痕如图 11-23 所示的扇形。可控制键槽对称度达 0.05mm，调整方法与前述相同。

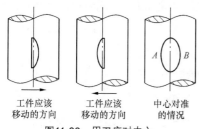

图11-22 用刀痕对中心

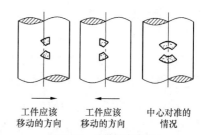

图11-23 立铣刀痕对中心

② 按工件侧面对中心。当用直径较大的三面刃铣刀或较长的立铣刀铣键槽时，可在工件一侧贴一小块薄纸，然后开动铣床，铣刀旋转，移动横向工作台，使工件靠近铣刀，当刀刃刚擦破薄纸时记下刻度盘读数，降下工作台，再将横向工作台移动距离 A，便会对准中心，如图 11-24 所示。距离 A 可按下式计算：

$$A=\frac{A+B}{2} \quad \text{或} \quad A=\frac{D+d}{2}$$

式中，D——工件对刀处直径，mm；

B——三面刃铣刀宽度，mm；

d——立铣刀、键槽铣刀直径，mm。

③ 用对刀规对中心。图 11-25 所示为立铣刀用对刀规对中心的情况。

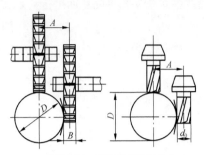

图11-24　按工件侧面对中心

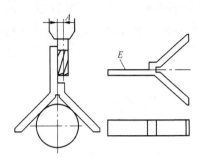

图11-25　用对刀规对中心

对中心后，即可调整吃刀量。铣敞开式键槽，可在工件上需铣削键槽的部位贴一块薄纸，调整铣床，在铣刀刚擦破薄纸时退出工件，将工作台上升与键槽深度相等的距离，可一次铣削出键槽。如果需要进行精加工，应在上升的距离中减去精加工余量。铣封闭式键槽，一般先用与铣刀直径相等的钻头在键槽两端钻出与键槽深度相同的小孔，再用立铣刀铣去其余部分。用键槽铣刀铣削时，不需预先钻孔，可以一次切除键槽余量，也可以分几次铣削达到键槽深度。

（3）铣削键槽注意事项。铣削键槽时应注意以下事项。

① 先用比键槽宽度略小的铣刀粗铣，切去大部分余量，再用与键槽宽度相同的铣刀精铣。安装铣刀时应注意控制铣刀径向跳动量。如果粗铣、精铣用一把铣刀，铣刀尺寸应略小于键槽宽度，精铣键槽两侧面时，应注意在两个方向上背吃刀量相等，以保证键槽的对称度。

② 为保证键槽长度准确，应在铣刀接近键槽封闭端时，停止自定进给，改用手动进给。

③ 防止产生键槽横截面上宽下窄的现象。此种现象产生的主要原因是操作不当，刀具磨损变钝。例如，用三面刃铣刀分层铣键槽时，铣完一刀后，先将工件退离铣刀，再返回工作台，不应使铣刀沿已铣出的键槽移动。铣刀磨损变钝后应及时刃磨，以减少让刀现象。

（4）键槽的检查。铣削后应检查键槽宽度、深度以及键槽的对称度。

① 键槽宽度常用键槽塞规或光滑圆柱塞规检验，如图 11-26 所示。

② 敞开式键槽深度常用游标卡尺测量，如图 11-27（a）所示。封闭式键槽可用深度卡尺测量如图 1127（b）所示，也可用游标卡尺间接测量，如图 11-27（c）所示。

图11-26　键槽宽度的检验

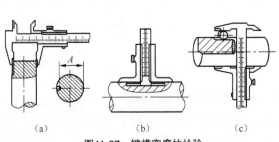

（a）　　　　　　（b）　　　　　　（c）

图11-27　键槽宽度的检验

③ 键槽的对称度一般靠加工保证，需要检验时，可在铣好工件第一个键槽后，暂不卸下工件，用油石去掉键槽口边毛刺，按图 11-28 所示的方法检验。如果两槽口边等高，键槽对称度就好，否则键槽就偏，应向较低的一边移动工作台，对准中心，再继续铣其余工件的键槽。

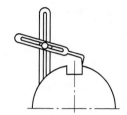

图11-28　用划针检验槽的对称度

（5）铣削键槽时出现废品的原因。铣削键槽的废品有键槽不对称；键槽的宽度、长度、深度尺寸超差和键槽上宽下窄。其主要原因是对中不正确，铣刀摆动量大及计算或调整机床错误等。

2. 铣削 V 形槽、T 形槽和燕尾槽

（1）铣削 V 形槽。铣削 V 形槽常用双角铣刀在卧式铣床上进行，如图 11-29 所示。双角铣刀的角度等于 V 形槽角度，宽度应大于 V 形槽槽口宽度。铣削前先用锯片铣刀在槽的中间铣出窄槽，以防止损坏铣刀刀尖。铣削深度的调整，可先使铣刀接触窄槽口，再将工件上升距离 H，根据几何关系。H 可由下式算出：

$$H = \frac{B-b}{2}\cot\frac{\beta}{2}$$

式中，B——V 形槽槽口宽度，mm；

　　　b——窄槽宽度，mm；

　　　β——V 形槽角度，°。

V 形槽也可以用单角铣刀铣削，铣完一边后，必须将铣刀或工件卸下并翻转 180°，再铣另一边。尺寸较大、等于或大于 90° 的 V 形槽，也可用立铣刀铣削，如图 11-30 所示。

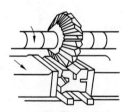

图11-29　用角度铣刀铣削V形槽

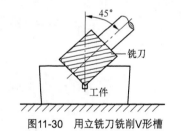

图11-30　用立铣刀铣削V形槽

（2）铣削 T 形槽。T 形槽一般是放置紧固螺栓用的。铣削前先按划线找正工件的位置，使 T 形槽与工作台进给方向以及工作台台面平行，夹紧后按以下步骤铣削：

① 铣削直槽。先铣出宽度与槽口宽度相等、深度与 T 形槽深度相等的直槽，可选用立铣刀或三面刃铣刀，如图 11-31（a）所示。

② 铣削 T 形槽。把铣刀端面刃调整到与直角槽底接触，然后开始铣削，如图 11-31（b）所示。

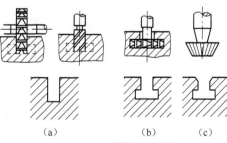

（a）　　　　（b）　　　　（c）

图11-31　T形槽的铣削步骤

③ 槽口倒角。如果 T 形槽槽口处要求倒角，应在铣削后用角度铣刀倒角，如图 11-31（c）所示。

这种铣削方法能保证直槽与底平槽的对称度，加工精度也较高，但装卸铣刀及调整费时间，适于单件生产。

铣削时应注意铣削用量不宜过大，防止折断铣刀；及时刃磨铣刀，保持铣刀刃口锋利；铣不通 T 形槽时，应先加工落刀圆孔，其直径应略大于平槽宽度；经常清除切屑，铣钢件时应进行充分的冷却与润滑。

（3）铣削燕尾槽。燕尾槽多用做移动件的导轨，如铣床床身顶部横梁导轨、升降台垂直导轨等都是燕尾槽。燕尾槽可以在铣床上加工，其方法与铣削 T 形槽基本形同，即先铣削出直槽，如图 11-32（b）所示。然后再用带柄的角度铣刀铣削出燕尾槽，如图 11-32（c）所示。铣削直槽一般用立铣刀，也可用三面刃铣刀。铣刀的外径或宽度应略小于燕尾槽口的宽度。铣削时，在槽深处留 0.5mm 左右的余量，待加工燕尾槽时再铣削掉，以避免出现接刀痕。铣削燕尾槽采用专用角度铣刀，刀柄外径尽量选大一些，伸出长度尽量小，以提高铣刀刚度。由于这种铣刀刀齿分布较密，刀尖强度较差。铣削用量应适当减小。铣削时，采用逆铣先将燕尾槽的一侧铣好，再铣另一侧。

铣削完后，先用游标万能角尺检验燕尾槽的角度，再用游标卡尺检验槽的宽度和深度。对于精度要求较高的燕尾槽，应进行间接测量，如图 11-33 所示。在槽内放两根标准圆棒，测量圆棒之间的尺寸 M，再按下式计算出槽宽度 A：

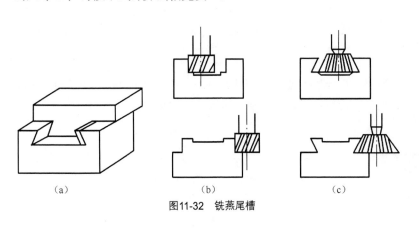

图11-32　铣燕尾槽

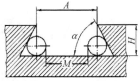

图11-33　间接测量燕尾槽宽度

$$A=M+\left(1+\cot\frac{\alpha}{2}\right)d-2\cot\alpha$$

式中，M——游标卡尺测量出的尺寸，mm；

　　　α——燕尾槽角度，°；

　　　H——燕尾槽深度，mm；

　　　d——标准圆棒直径，mm。

对于 α =60° 的燕尾槽，其测量尺寸 M 可按下式计算：

$$M=A-2.732d+1.55H$$

对于 α=55° 的燕尾槽，其测量尺寸 M 可按下式计算：

$$M=A-2.921d+1.4H$$

3. 切断

工件的切断方法很多，在铣床上切断是常用方法之一。其特点是切口质量好，生产效率高，如图 11-34 所示。

在铣床上切断常用锯片铣刀，由于它没有端面刀刃，为了减少铣刀端面与工作切口间的摩擦，铣刀两端面磨有很小的副偏角（15'～50'）。

在选择铣刀时应注意外径和宽度要适当。铣刀外径选得过大，会增加切入和切出的距离，影响生产率，并且会使铣刀的端面跳动增大；外径过小又无法切断工件。一般以能够切断工件为宜。铣刀宽度选得过大，会增大切口，浪费材料；过小则铣刀强度减弱，容易损坏。铣刀宽度一般以 2～3mm 为宜。

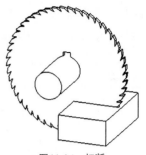

图11-34　切断

任务完成结论

本任务讲述了铣削零件的一些基本方法，在运用这些方法铣削的过程中，会遇到很多负面的影响，主要是切削过程中的切削力合切削热。金属材料的变形和摩擦而引起的切削力所消耗的功，大部分转化成热能，从而引起温度的升高，能够促使刀具软化，降低刀具的热硬性，减少刀具的使用寿命，为了充分发挥机床与刀具的性能，同时又要确保工件的加工质量，所以，一般情况下，都应该按照加工中的具体条件，选择和使用冷却润滑液。除此之外，正确选择刀具角度和切削用量是合理使用机床和刀具一个极为重要的问题。选择这些数值时要结合生产中的实际问题，具体分析，才有可能收到理论与实践相结合的实际效果。

课堂训练与测评

（1）铣床上能够加工的表面有哪些，说出两种加工平面的方法。

（2）为什么要开车对刀？为什么要停车变速？

（3）铣削键槽时的注意事项。

（4）综合练习。

（5）V 形铁的铣削。V 形铁形状和尺寸如图 11-35 所示。在铣床上可完成全部加工过程。加工

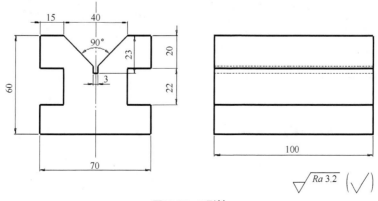

图11-35　V形铁

这样的零件，在单件小批生产中，宜用台虎钳装夹，采用通用铣刀进行加工。表 11-4 所示为 V 形铁加工步骤示例。毛坯选用长 105mm、宽 74mm、厚 64mm 的长方形中碳钢锻件。

表 11-4　　　　　　　　　　　　V 形铁的铣削步骤

序　号	加 工 内 容	铣刀的选用	加 工 简 图
1	以 A 面为基准，铣削平面 B，至尺寸为 62mm	圆柱铣刀	
2	以已加工的 B 面为基准，紧靠固定钳口，铣削平面 C 至尺寸为 72mm	圆柱铣刀	
3	以 B 面为基准，铣削平面 A，至尺寸为 70mm	圆柱铣刀	
4	以 B 面为基准，紧靠台虎钳导轨面上的平行垫铁，铣削平面 D，至尺寸为 60mm	圆柱铣刀	
5	以 B 面为基准，铣削 A 面上的槽至规定尺寸	三面刃铣刀	
6	以 B 面为基准，铣削 C 面上的槽，至规定尺寸	三面刃铣刀	

续表

序 号	加 工 内 容	铣刀的选用	加 工 简 图
7	铣削两端面，保证尺寸为100mm	两把三面刃铣刀	100
8	铣削直槽，槽宽为3mm，深为23mm	锯片铣刀	3　23
9	铣削V形槽，保证尺寸为40mm	90°双角铣刀	40

知识拓展

万能分度头及其使用

分度头是铣床上的重要精密附件，其主要功能是将工件装夹为需要的角度（垂直、水平或倾斜）。把工件作任意的圆周等分或直线移距分度，铣削螺旋线时工件连续转动，配合其使用的还有千斤顶、挂轮轴、配换齿轮以及尾座等。

一、万能分度头及其附件

万能分度头的代号用下述方法表示：

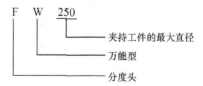

$$F \quad W \quad 250$$
　夹持工件的最大直径
　万能型
　分度头

通常所见的万能分度头有 FW200、FW250 和 FW320 三种；它们最大夹持直径要分别为 200mm、250mm、320mm，这三种分度头的传动原理相同，结构也大同小异。

1. 分度头的结构（见图 11-36）

分度头主轴是空心的两端均为莫氏 4 号锥孔。前锥孔是用来装有带拨盘的顶针用，后锥孔可装入心轴作为差动分度或作直线移距分度和加工小导程螺旋面时安装配换齿轮用。主轴的前端外部有一段定位锥体，用来与三爪卡盘的法兰相接，主轴可随回转体在分度头基座的环形导轨内转动，因此，主轴除安装成水平位置外，还能转成倾斜（向上最大倾角90°，向下倾斜角6°）的位置。调整角度前应松开基座上部靠主轴后端的两个螺母，调整之后再予以紧固。主轴的前端还固定一刻度盘，可与主轴一起旋转，刻度盘上有 0°～360° 的刻度，可以用来作直接分度。

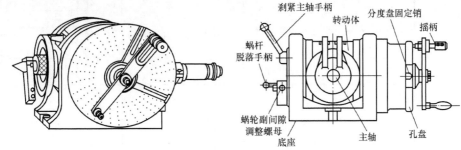

图11-36　FW250分度头结构

分度盘：FW250 型分度头共各有两块分度盘，分度盘上有几圈在圆周上均布的定位孔，它们是进行各种分度计算的依据，在分度盘左侧有一分度盘紧固螺钉，当工件需要微量转动时，可松开此螺钉，轻敲分度手柄，使分度手柄连同分度盘一起转动 （一个极小的角度）然后再紧固分度盘。在分度头的左侧有两个手柄，一个是主轴锁紧手柄，在分度时应事先松开，分度结束后再锁紧。另一个是蜗杆脱落手柄，它可使蜗杆和蜗轮脱开或啮合，蜗杆和蜗轮的啮合间隙可用螺母调整。在分度头右侧有一个分度手柄，转动分度手柄时，通过一对传动比为 1:1 的直齿圆柱齿轮及一对传动比为 1:40 的蜗杆蜗轮使主轴旋转。此外右侧还有一根安装配换齿轮用的挂轮轴（侧轴）它通过一对 1:1 的螺旋齿轮和空套在分度手柄轴上的分度盘相联系。分度头基座下面的槽里固定有两块定位键，可与铣床工作台面的 T 形槽配合，以便在安装分度头时使主轴轴线准确地平行于工作台的纵向进给方向。

2. 分度盘

分度头上的分度盘有带一块的，有两块的，如表 11-5 所示。

表 11-5　　　　　　　　　　　　分度盘孔数

分度头型式	分度盘的孔数		
带一块分度盘	正面 24、25、28、30、34、37、38、39、41、42、43		
	反面 46、47、49、51、53、54、57、58、59、62、66		
带二块分度盘	第一块	正面 24、25、28、30、34、37、	
		反面 38、39、41、42、43	
	第二块	正面 46、47、49、51、53、54	
		反面 57、58、59、62、66	

有了以上各种孔数的分度盘，就可以进行一般的分度工作了。

例如：要求分度手柄转 5/3 转，$n=\dfrac{5}{3}=1\dfrac{2}{3}=1+\dfrac{2\times12}{3\times12}=1+\dfrac{26}{39}$ 转，就是每次分度应在 39 孔的孔圈上摇 1 转零 26 个孔距。

可以看出，必须选择适当的分度盘孔圈，如 2/3 转，分子分母同时扩大一个倍数，并且使分母为已有孔圈的孔数，可以采用 16/24，也可采用 44/66，这两种方法都能使分度手柄摇 2/3 转，但采用哪一种方法好呢？一般以采用孔数较多的孔圈比较好，因为孔越多的孔圈离轴心较远，操作时摇起来比较方便，并且准确性也较高。

3. 分度叉

为了避免每铣一刀要数一次孔数的麻烦，并且为了防止分错，所以在分度盘上附设一对分度叉。分度叉两叉间的夹角，可以松开螺钉调节，使分度叉两叉间的孔数比需摇的孔数多一孔，因为第一个孔是作零来计算的，图11-37所示为每铣一刀需摇5个孔距的情况，而分度叉两叉间的孔数是6，分度叉受到弹簧的压力，可以紧贴在分度盘上而不致活动。在第二次摇分度手柄前拨出定位销旋转分度手柄，并使定位销落入紧靠分度叉2一侧的孔内，然后将分度叉1的一侧拨到紧靠定位销即可。

4. 万能分度头的附件及其功能

（1）三爪卡盘：通过法兰盘安装在分度头的主轴上，用来夹持工件，如图11-38所示。

（2）尾座：也称尾架或顶尖座（见图11-39）尾座与分度头联合使用装夹带顶尖孔的轴类工件，转动手柄可使顶尖进退，以便装卸工件。

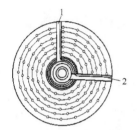

图11-37 分度盘上的孔和分度叉

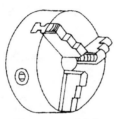

图11-38 三爪卡盘

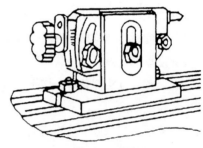

图11-39 尾座

（3）前顶尖、拨盘、鸡心夹头（见图11-40）用来装夹带中心孔的轴类零件，使用时将带拨盘的前顶尖装入分度头的主轴锥孔内，用鸡心夹头将工件夹紧，把工件顶在分度头和尾座顶尖之间的同时，把鸡心夹头的弯头放入拨盘的开口内，将工件顶紧后再拧紧拨盘上的紧固螺钉，将拨盘和鸡心夹头紧固。

（4）挂轮架、挂轮轴、配换齿轮（见图11-41）挂轮架和挂轮轴用来安装配换齿轮，挂轮架安装在分度头的侧轴上，挂轮轴安装在挂轮架上，配换啮轮安装在挂轮轴的轴套上，锥度挂轮轴安装在分度头的后锥孔内，配换齿轮是成套的，其齿数是五的倍数，齿数共有25、25、30、35、40、45、50、55、60、70、80、90、100。

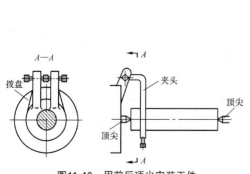

图11-40 用前后顶尖安装工件

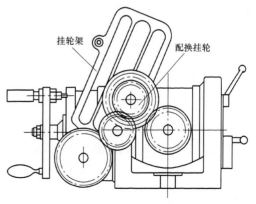

图11-41 挂轮和挂轮架

（5）千斤顶：千斤顶是用来支承细长工件，防止工件在铣削中变形，使用时松开螺钉 3 转动螺母 2，使轴杆上下移动；当顶尖 1V 型与工件圆柱面接触后，紧固螺钉 3（见图 11-42）。

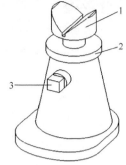

5. 万能分度头的正确使用和维护保养

（1）分度头蜗轮和蜗杆的啮合间隙应保持在 0.02～0.04 毫米范围内，过小易使蜗轮副磨损，过大则易使工件的分度精度因铣削力等因素而受到影响。因此，蜗杆和蜗轮的啮合间隙不得任意调整。

（2）在分度头装卸工件时，要锁紧分度头主轴以免使蜗轮副因受力而损坏。

图11-42　千斤顶

（3）分度时，在一般情况下，分度手柄应顺时针方向转动，在转动的过程中，尽可能使速度均匀，如果摇过了孔位，则应将分度手柄反向转半圈以上，然后再按原来方向摇至规定的孔位。

（4）分度时，首先松开主轴紧固手柄，分度后再重新紧固；但在加工螺旋工件时，由于分度头主轴要在加工过程中连续转动，所以不能紧固。

（5）分度时，定位插销应慢慢地插入分度盘的孔内，切勿突然撒手，使定位插销自动弹出，以免损坏分度盘的孔眼。

（6）调整分度头仰角时，切不可将基座上部靠近主轴前端的两个六角螺钉松开，否则会使主轴位置的零位变动。

（7）要经常保持分度头的清洁，使用前应将分度头主轴锥孔和安装底面擦干净，存放时，应将外露的金属表面涂防锈油。

（8）经常润滑分度头各部分，并按说明书上的规定，定期加油。

（9）精密分度头不能用作铣螺旋线。

二、简单分度法

简单分度法是常用的一种分度方法。分度时，把分度盘固定，转动手柄，使主轴带动工件转过要求的角度。

由分度头传动系统图 11-43 可知，分度手柄与主轴转速有以下传动关系：

$$1:40=\frac{1}{z}:n, \quad n=\frac{40}{z}$$

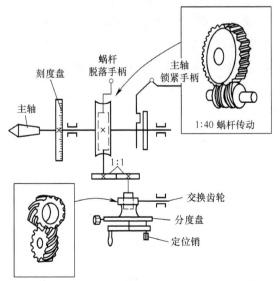

式中，n——分度手柄转数，r；

　　　z——工件圆周等分数；

　　　40——分度头传动比（又称定数）。

进行简单分度可按上式算出手柄转数。

例 11-1　铣削四方螺钉头，试计算分度时手柄转数。

图11-43　FW250分度头传动系统

解：工件等分数 $z = 4$，按上式可算出手柄转数：

$$n=\frac{40}{z}=\frac{40}{4}=10r$$

即每铣完螺钉头的一边后，分度手柄应转 10 转。

例 11-2　铣削齿数为 22 的直齿圆柱齿轮，试计算分度时手柄转数。

解：工件等分数 $Z=22$，按上式可算出手柄转数

$$n=\frac{40}{z}=\frac{40}{22}=1\frac{18\times3}{22\times3}=1\frac{54}{66}r$$

即手柄转一转后，再在孔圈数为 66 的孔圈上转过 54 个孔距。

为了记取手柄转过的孔距数，可利用分度盘上的分度叉，如图 11-37 所示。

三、差动分度法

用简单分度法虽然可以解决大部分的分度问题，但在工作中，有时会遇到工件的等分数 z 不能与 40 相约，如有些数（大于 59 的质数），例如，83 齿的齿轮，因为受到分度盘上孔数的限制，不能用简单分度法解决，这时，可采用差动分度法分度。

差动分度法的特点是：当转动手柄进行分度时，分度盘也需要跟着转过一个角度。为此，在主轴后端锥孔内装入交换齿轮心轴，利用齿数为 $z1$、$z2$、$z3$、$z4$ 的交换齿来传动分度盘，如图 11-44 所示，其传动系统如图 11-45 所示。

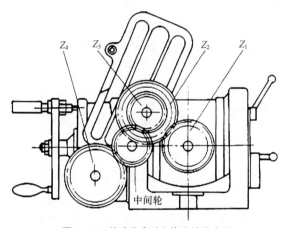

图11-44　差动分度时交换齿轮的安装

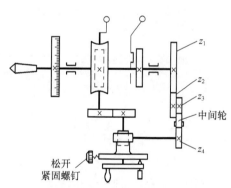

图11-45　差动分度时分度头的传动系统

由传动系统图可知，在差动分度时，手柄实际的转数是手柄相对分度盘的转数与分度盘本身的转数之和。

以等分数 $z=83$ 为例，按简单分度法，手柄应转 $40/z=40/83r$，由于无 83 的扎圈，故不能作简单分度。用差动分度法时，可选一个接近 z，而又能选取孔圈的假定等分数 z_0（此例可选 $z_0=80$），先按 z_0 计算手柄转数，选择孔圈，于是手柄应相对分度盘转 $40/z_0$ 转（此例为 $40/80r$），与此同时，分度盘由主轴、交换齿轮带动转过 $\frac{1}{z}\frac{z_1z_3}{z_2z_4}$ 转，式中的 $1/z$ 表示每次分度时主轴应转过 $1/z$ 转。这两部分之和等于手柄实际转数 $40/z$，如图 11-46 所示。列出如下等式：$\dfrac{40}{z}=\dfrac{40}{z_0}+\dfrac{1}{z}\times\dfrac{z_1z_3}{z_2z_4}$

化简后得

$$\frac{z_1 z_3}{z_2 z_4} = \frac{40\,(z_0 - z)}{z_0}$$

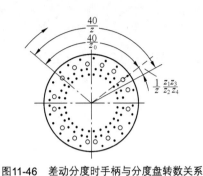

图11-46　差动分度时手柄与分度盘转数关系

式中，z_1、z_3——由分度头主轴传到交换齿轮轴的主动交换齿轮齿数；

　　　　z_2、z_4——由分度头主轴传到交换齿轮轴的被动交换齿轮齿数；

　　　　z——实际等分数；

　　　　z_0——假定等分数。

按照上述原理，在等分数为 83 时，可按下述步骤调整和计算：

（1）选择假定等分数 $z_0 = 80$（其他数也可以，但要接近 83 并能进行简单分度）。手柄相对分度盘转过：$n = 40/80 = 12/24$ 转，即在 24 孔圈上转 12 个孔距。

（2）计算交换齿轮齿数：

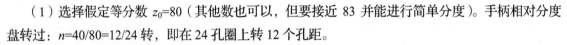

$$\frac{z_1 z_3}{z_2 z_4} = \frac{40(z_0 - z)}{z_0} = \frac{40(80 - 83)}{80} = -\frac{3}{2} = -\frac{60 \times 30}{30 \times 40}$$

式中的正负号只说明分度盘的转向与手柄相同还是相反。不难看出，若 z_0 大于 z 时，转向相同；z_0 小于 z 时，转向相反。根据转向相同或相反，可决定交换齿轮中加不加中间轮。

差动分度的缺点是调整比较麻烦，而且在铣削圆锥齿轮或螺旋槽时，因受结构限制而无法应用。

典型零件的加工方法

本任务是在任务一学习的基础上，对实际生产中经常出现的典形几何形状的铣削进行讲解。

知识点、能力点

（1）多面体、花键及离合器的铣削。

（2）铣削螺旋槽及等速凸轮。

工作情景

典型零件是机械加工中经常遇到的零件，是具有普遍性的机械设计结构，学习典型零件的加工方法，可以更深刻的理解铣工工作，提高铣工操作水平。

任务分析

典型零件的加工，体现着操作者的综合技术水平，独立完成零件的加工，是本课程学习的目标。学好典型零件的加工，可以举一反三，更好的完成铣工工作，以适应将来生产岗位的需要。

相关知识

（1）机械制图及公差配合。

（2）机械基础。

（3）本课程涉及的相关知识。

任务实施

一、铣削多面体、花键轴和离合器

1. 铣削多面体

方头螺钉、丝锥、手绞刀等都具有四方头。六角头螺钉和螺母等都具有六方头。它们均属于多面体零件。这类零件都可以在铣床上利用分度头加工，下面介绍四方与六方的铣削方法。

（1）用组合铣刀铣削四方体。当成批铣削四方零件时，可采用组合铣刀，利用分度头在卧式铣床上加工，如图 11-47 所示。

① 装夹工件。工作用三爪自定心卡盘夹持并将分度头主轴扳成与铣床工作台相垂直。

② 选择铣刀。选择两把三面刃铣刀组合使用，两铣刀端刃之间距离等于四方对边距离。

③ 进行试切。检查铣刀间距离和铣刀对中心。对中心时，可将试件目测处于铣刀之间的位置铣第一刀，在试件转过 180° 后铣第二刀，如果没有切屑，表明中心已对好，如果其中一把铣刀铣下切屑，表明中心不在两铣刀中间，应向未被铣到的一边移动试件，由图 11-48 可知，移动距离 e 为两次铣削的试件尺寸差（l_1-l_2）的一半。铣刀切削位置调整好后，将横向工作台紧固，取下试件，开始正式铣削。

④ 调整吃刀量。

⑤ 铣削时先铣出一组对边后，将工件转动 90°，铣第二组对边。工件表面粗糙度要求细时，在退刀时应注意下降工作台，使铣刀脱离已加工表面。

采用上述方法，只要将工件进行不同的分度，就可铣出六方、八方等多面体。

（2）用立铣刀铣削六方体。在立式铣床上，利用分度头铣六方体，如图 11-49 所示。铣削时应注意以下几点：

① 用立铣刀端面刃铣削时，工件轴线应与工作台台面平行；用圆周刀刃铣削时，工件轴线应与工作台纵向进给方向平行。

② 为保证加工质量，铣削前应校正分度头，使其主轴中心与顶尖中心重合，并平行于工作台台面或工作台的进给方向。

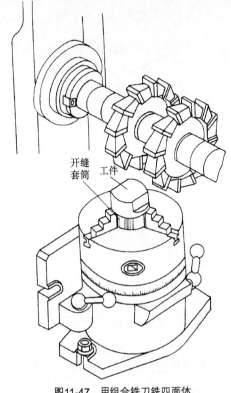

开缝套筒　工件

图11-47　用组合铣刀铣四面体

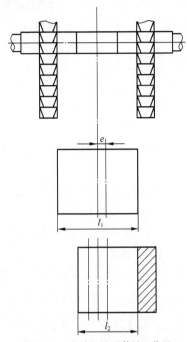

图11-48　用试切法调整铣刀位置

③ 铣削深度可按单面加工余量调整。铣削第一面时，铣削深度应略浅一些，待对面铣削后，进行测量，根据测量尺寸调整铣削宽度，然后依次铣出各面。

按上述方法，改变工件的分度，也可铣削出四方、八方等多面体。

2. 铣削花键轴

花键轴是机械传动中广泛应用的零件。它的种类很多，按齿廓形状的不同可分为矩形齿、梯形齿、渐开线齿和三角形齿花键等，常用矩形齿花键。花键的定心方式主要有尺侧定心、外径定心和内径定

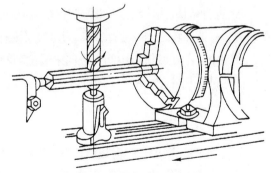

图11-49　用立铣刀铣六方体

心3种，如图11-50所示。通常采用外径定心，外径定心是花键外圆与键槽外圆（槽底）相配合，使二者中心重合。

外径定心的矩形花键轴，可在卧式铣床上用三面刃铣刀铣削，也可用组合铣刀铣削。

（1）用一把三面刃铣刀铣削花键轴。用1把三面刃铣刀铣削花键轴的步骤如下。

① 装夹工件。工件放置在分度头主轴和尾架顶尖之间，用百分表校正工件径向跳动和上、侧素线对工作台纵向进给方向的平行度。校正后，将工件紧固，细长工件中部应用千斤顶支承。

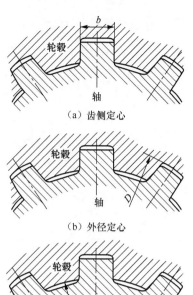

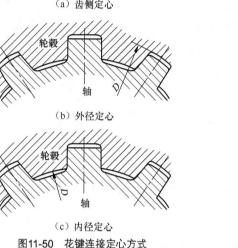

（a）齿侧定心

（b）外径定心

（c）内径定心

图11-50 花键连接定心方式

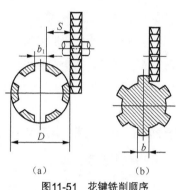

（a）

（b）

图11-51 花键铣削顺序

② 对刀。为保证花键齿侧的对称度要求，必须使铣刀侧刃通过花键齿侧。常用的对刀方法如下。

（a）先将铣刀侧刀刃对准分度头顶尖，装好工件后，移动横向工作台，移动距离为键齿宽度的一半。

（b）使铣刀侧刀刃与工件侧素线接触（见图 11-51（a）），垂直下降工作台后，移动横向工作台，使工件向铣刀方向移动距离 S（见图 11-51（b））

$$S = \frac{D-b}{2}$$

式中，D——工件（花键轴）直径，mm；

　　　b——花键齿宽尺寸，mm；

　　　s——工件向铣刀方向移动的距离，mm。

（c）按刀痕对中心后，再进行调整，这种方法简便，应用广泛。

以上 3 种对刀方法，可根据具体情况选择。对刀后，将横向工作台紧固，调整吃刀量。吃刀量一般等于齿高加 0.5mm。

③ 铣削。铣削时，先铣出各键齿的一侧，再铣另一侧。花键齿两侧面铣出后，凹槽中未切除的余量可用锯片铣刀铣掉。

（2）用组合铣刀铣削花键轴。这种铣削方法是将两把三面刃铣刀组合在一起，同时铣削键齿两侧面，生产效率高。

用组合铣刀铣削时，必须选择两把直径相同的铣刀及宽度等于键宽的垫圈，一并装在铣刀杆上紧固，经试切，使键宽符合要求即可。铣削时，对刀等调整工作基本与单刀铣削相同。

（3）花键的检验。花键铣削后，应对其内径、键宽以及对称度进行检验。内径和键宽可用百分尺或游标卡尺测量。键宽对称度可用高度游标卡尺检验，如图11-52所示。花键铣削后不要卸下来，摇分度头，使处于水平位置的两个键的侧面1和3高度相等，并测量出1和3上侧面至台面的高度，然后将分度头转动180°，使两个键的另一侧面2和4朝上，测量其高度，并与1、3侧面高度相比较，如果相等则表明两键宽对称；如果不相等则表明两键宽不对称，其不对称度是两次测量值之差的一半。

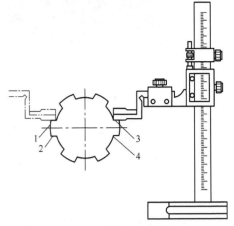

图11-52　键宽对称度检验

3. 铣削齿式离合器

齿式离合器的齿形有直齿（矩形齿）、梯形齿、尖齿等几种，如图11-53所示。齿式离合器通常在卧式铣床或立式铣床上铣削。

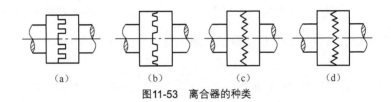

（a）　　　　　　（b）　　　　　　（c）　　　　　　（d）

图11-53　离合器的种类

（1）直齿离合器的铣削。直齿离合器分为奇数齿和偶数齿两种，铣削方法如下：

① 奇数齿离合器的铣削。用三面刃铣刀铣削三齿离合器如图11-54所示。图中箭头表示工作台纵向进给方向，按1、2、3顺序分3次铣削。图中 a 表示离合器齿槽最小宽度。

铣削时可按以下步骤进行：

（a）选择铣刀。铣削奇数齿离合器用三面刃铣刀或立铣刀，为了不致切到相邻齿，铣刀宽度或直径应略小于齿槽最小宽度。铣刀宽度计算如图 11-55 所示。

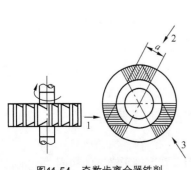

图11-54　奇数齿离合器铣削

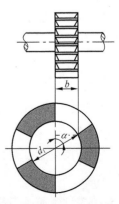

图11-55　铣刀宽度计算

$$b \leqslant \frac{d_1}{2}\sin\alpha = \frac{d_1}{2}\sin\frac{180}{z}$$

式中，b——铣刀宽度尺寸，mm；

　　　d_1——离合器内孔直径，mm；

　　　a——齿槽角，°；

　　　z——离合器齿数。

按上式算出铣刀宽度或直径后，在铣刀尺寸规格中选取稍小的铣刀。

（b）装夹工件。工件装夹在分度头卡盘上，并将分度头主轴扳成垂直位置，用百分表检验工件径向跳动量是否在允许范围之内。因这种离合器的齿侧面沿径向分布，所以，铣刀的侧刃或圆周刀刃必须通过工件中心。常用划线法和贴纸法对中心。后一方法是将铣刀刃与工件圆周表面微微接触，可用贴在圆周上的薄纸检查，然后降下工作台，移动横向工作台，移动距离为工件半径，如图 11-56 所示。

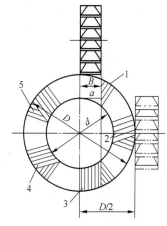

（c）铣削。选好铣削用量，按图 11-56 中 1、2、3、4、5 顺序进行铣削。每次铣出两齿侧面。铣削后，退出工件，进行分度。分度手柄转数为 40/z（z 为离合器齿数），经过 z 次进给，全部齿即可铣出。

② 偶数齿离合器的铣削。它与铣奇数齿不同的是铣刀不能通过工件整个端面，以免将对面齿损坏。因此，每次进给只能铣出一个齿侧。一般情况，进给次数比铣奇数时增加 1 倍。由图 11-57 可知，铣削时，先按 1～4 方向进给，铣削各齿的一个侧面后，进行第二次对刀，即将分度头主轴转过一个齿槽角 a，并将横向工作台移动一个与铣刀宽度或直径大小相等的距离，再按 5～8 的方向进给，铣出各齿槽的另一侧面。

图 11-56　铣刀侧刃对中心的调整

铣削直径较小的偶数齿离合器时，用三面刃铣刀会切伤对面齿，如图 11-58 所示，应改用立铣刀。

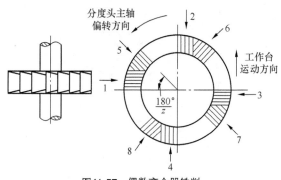

图11-57　偶数离合器铣削

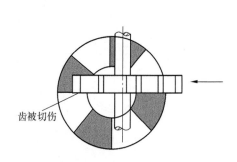

图11-58　齿被切伤的情况

（2）梯形齿离合器的铣削。梯形齿离合器分等高齿和收缩齿两种，如图 11-59 所示。这两种离合器的铣削方法完全不同，下面介绍等高齿离合器的铣削方法。

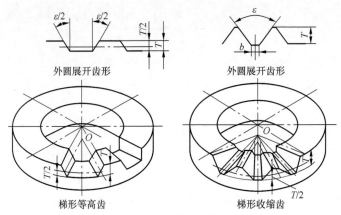

图11-59　梯形离合器

这种离合器的齿高相等，齿顶宽和齿槽宽由外向里收缩，并且所有齿侧中线都通过离合器中心。铣削方法和铣直齿离合器相似，具体步骤如下：

① 装夹工件。工件装夹与铣削直齿离合器相同。

② 选择铣刀。铣削梯形齿离合器应选用专用角度铣刀，也可用三面刃铣刀改磨。改磨三面刃铣刀时，应使铣刀刀刃夹角 θ 等于离合器的齿槽角 ε；铣刀廓形的有效工作高度 H 大于离合器齿高 T；铣刀齿顶宽 B 的大小应保证铣削时不切伤齿槽另一侧为宜，如图 11-60 所示。

③ 对刀。铣削时，应使铣刀侧刃上的 K 点通过工件齿侧中心线，如图 11-61 所示。对刀时可使铣刀的廓形对称线通过工件中心，然后再移动横向工作台一段距离 e，e 值可由下式算出：

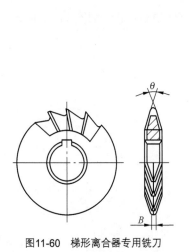

图11-60　梯形离合器专用铣刀

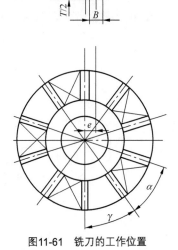

图11-61　铣刀的工作位置

$$e = \frac{B}{2} + \frac{T}{2}\cot\frac{\theta}{2}$$

式中，e——移动至横向工作作台距离，mm；

　　　B——铣刀的齿顶宽度，mm；

　　　T——离合器齿高，mm；

　　　θ——铣刀刀刃夹角，°。

对刀后，将工件偏转一角度，以便将对刀时在工件上切出的齿槽铣掉。然后调整吃刀量，开始铣削。

④ 铣削方法。梯形等高齿离合器一般都设计成奇数齿。铣削方法与铣奇数齿直齿离合器相同，每次进给铣出两个齿侧面，铣削 Z 次即可铣出全部齿。

二、铣削螺旋槽和等速凸轮

螺旋面是机械零件上的一种重要表面，斜齿圆柱齿轮、各种螺旋刀具以及等速凸轮的工作表面全由螺旋面构成。螺旋面可以在铣床上加工，下面介绍螺旋槽和等速凸轮的铣削方法。

1. 铣削螺旋槽

（1）铣削螺旋槽时交换齿轮的配置。根据螺旋线形成原理，铣削时，除铣刀旋转外，在工作台带动工件纵向进给的同时，还应使工件旋转，其传动关系是：工作台（工件）移动一个导程的同时，工件转一转。为此，需用交换齿轮将工作台直线运动与分度头主轴（工件）旋转运动联系起来。由图 11-62 可知。

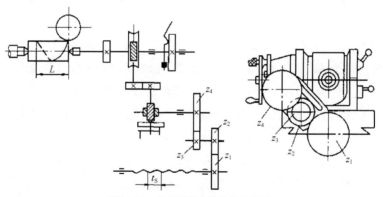

图11-62　铣螺旋槽交换齿轮的配置

$$\frac{L}{t_s}\frac{z_1 z_3}{z_2 z_4}\times 1\times \frac{1}{40}=1$$

整理后得

$$\frac{z_1 z_3}{z_2 z_4}=\frac{40 t_s}{L}$$

式中，$z_1 z_3$——主动交换齿轮齿数；

　　　$z_2 z_4$——被动交换齿轮齿数；

　　　L——工件（螺旋线）导程，mm；

　　　t_s——纵向传动丝杠螺距，mm。

因传动丝杠螺距一般为 6mm，故交换齿轮计算式可简化成

$$\frac{z_1 z_3}{z_2 z_4} = \frac{240}{L}$$

例 11-3 在卧式铣床上，用分度头铣削圆柱铣刀的螺旋槽，铣刀直径 D=70mm，螺旋角 ω=30°，试计算交换齿轮的齿数。

解： 计算螺旋槽导程

$$L=\pi D \cot \omega = 3.14 \times 70 \times \cot 30° = 380.90$$

计算交换齿轮传动比

$$\frac{z_1 z_3}{z_2 z_4} = \frac{240}{380.90} \approx \frac{63}{100} = \frac{7 \times 9}{20 \times 5} = \frac{35 \times 90}{100 \times 50}$$

即主动交换齿轮 z_1=35、z_3=90；被动交换齿轮 z_2=100、z_4=50。

在实际工作中，为了方便起见，可根据交换齿轮的传动比在专用表中查取交换齿轮齿数。

安装交换齿轮时要注意：

① 主动交换齿轮和被动交换齿轮的位置不能颠倒。但有时为了便于安装，主动交换齿轮 z_1 和 z_3 的位置可以互换；被动交换齿轮 z_2 和 z_4 也可以互换。

② 交换齿轮之间应保持一定的啮合间隙，防止过紧或过松。

③ 由于工件螺旋面有左旋、右旋之分，所以，安装交换齿轮要注意工件的转向，如果转向不对，可用中间交换齿轮调节。

④ 安装交换齿轮后，要检查计算安装是否正确。其方法是：在纵向工作台和横向工作台用粉笔划一标记，转动分度头手柄或工作台手轮，使工件旋转 360°，检验工作台是否移动一个导程。当工件导程较大时，可使工件转过 180° 或 90°，检验工作台是否移动 1/2 或 1/4 导程。

（2）铣削螺旋槽的方法。铣削时，除工件检查、装夹、分度手柄转速等与铣花键轴相似外，下面几点必须注意：

① 选择铣刀。铣刀齿廓截面形状必须与螺旋槽截面形状相同。铣矩形螺旋槽时，只能用立铣刀，不能用三面刃铣刀，否则，铣刀侧刃会切伤槽壁，改变槽截面形状。

② 对刀。应使工件中心对准铣刀中心。用三面刃铣刀铣削时，应将工作台转一螺旋角，使铣刀旋转平面与螺旋槽方向一致。转动方向由工件螺旋方向决定。铣削左螺旋槽时，工作台顺时针转动，如图 11-63（a）所示；铣削右螺旋旋槽时，工作台逆时针转动，如图 11-63（b）所示。

③ 确定工作台进给方向。螺旋槽的方向是由工件进给方向与转动方向决定的。铣削右螺旋槽时，应使工件的转动方向与工作台右旋丝杠的旋转方向一致；铣削左螺旋槽时，应使工件的转动方向与工作台右旋丝杠的旋转方向相反。

④ 分度头的调整。铣削螺旋槽时，工件随纵向工作台进给连续转动，因此，必须将分度头手柄插销插入分度盘孔中，

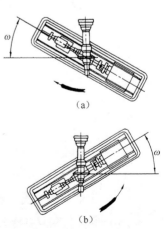

图11-63 工作台转动方向和角度

并将分度头主轴和分度盘紧固螺钉松开。

2. 铣削等速凸轮

（1）等速凸轮。等速凸轮是具有螺旋面的典型零件，有圆盘形和网柱形的两种，如图 11-64 所示。等速凸轮在凸轮机构（包括凸轮、从动杆和支架）中是主动件，做匀速旋转运动。凸轮机构中的从动件在凸轮推动下也做等速运动。因此，要求凸轮轮廓是阿基米德螺旋线。等速凸轮三要素是：

① 升高量 H（或升程）。凸轮升高量是凸轮工作廓线最大半径和最小半径之差，例如：图 11-65 中 AB 段廓线上 A 点半径为 34mm，B 点半径为 40mm，则 AB 廓线升高量：$H=40-34=6$mm，CD 段廓线 C 点半径为 32mm，D 点半径为 40mm，CD 段廓线的升高量：$H=40-32=8$mm。

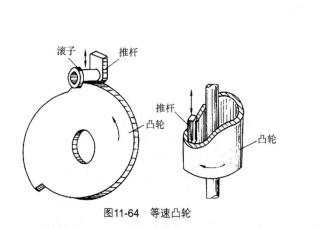

图11-64　等速凸轮

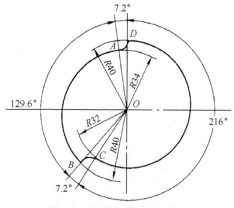

图11-65　两条工作轮廓线的凸轮

② 升高率 h。凸轮转动单位角度时，从动杆上升或下降的距离称为凸轮升高率，可由下式计算：

$$h=\frac{H}{\theta}$$

式中，θ——工作廓线在圆周上所占的中心角。

③ 导程 L。工作线按一定的升高率，旋转一周时的升高量，可由下式计算。

$$L=\frac{360°H}{\theta}$$

例 11-4　图 11-66 所示凸轮，AB 段线占中心角 129.6°，升高量为 6mm，求导程。

解：

$$L=\frac{360°\times H}{\theta}=\frac{360°\times 6}{193.6°}=16.667(\text{mm})$$

圆柱等速凸轮的工作廓线是一条沿轴向等速上升和下降的阿基米德螺旋线。它的要素及计算与圆盘凸轮基本相同。

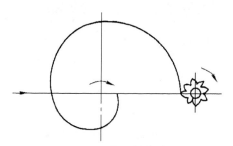

图11-66　圆盘凸轮铣削原理

（2）铣削圆盘凸轮。铣削等速凸轮与铣削螺旋槽原理相同，即工件一边匀速运动，一边作纵向进给。

　　铣削时，分度头和工作台丝杠之间交换齿轮计算方法与铣削螺旋槽的相同，而且工件在转动的同时还径向进给。铣削凸轮应选用立铣刀，铣刀直径应与从动杆滚子直径相同。

　　铣削凸轮通常采用垂直铣削法和倾斜铣削法。

　　① 垂直铣削法。如图 11-67 所示，将凸轮坯安装在分度头主轴上，并将分度头主轴扳成垂直位置，在工作台丝杠和分度头之间安装好交换齿轮，即可进行铣削。

　　垂直铣削法的调整简单，操作方便，铣刀伸出长度较短。但当铣削有几段导程不同的廓线时，必须分别计算交换齿轮，每铣一段廓线要更换交换齿轮。

　　② 倾斜铣削法。为弥补垂直铣削法的不足，可采用倾斜铣削法。倾斜铣削法是把分度头主轴倾斜成一定角度，如图 11-68 所示。然后再装夹工件进行铣削。

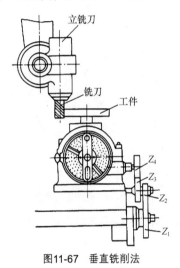

图11-67　垂直铣削法

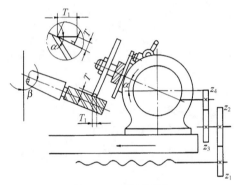

图11-68　倾斜铣削法

　　倾斜铣削法原理如图 11-69 所示。分度头主轴扳转 α 角，立铣头相应扳转 β 角，两主轴中心线相平行。若分度头交换齿轮按某一假定导程 $L_{交换齿轮}$ 计算后，则工件转一转，工作台带动工件水平移动 $L_{交换齿轮}$ 距离，但由于铣刀和工件的轴线倾斜，铣刀仅切入一个小于 $L_{交换齿轮}$ 的距离，该距离应等于凸轮的导程 L，由图 11-69 可知：$\sin \alpha = \dfrac{L}{L_{交换齿轮}}$

　　立铣头倾斜角

$$\beta = 90 - \alpha$$

　　因此，当 $L_{交换齿轮}$ 选好之后，铣削不同导程的工作廓线，只要相应调整分度头和立铣头倾斜角即可。倾斜铣削法的立铣刀切削部分应有足够的长度。

　　三、标准直齿圆柱齿轮的铣削

　　凡是采用标准模数，标准压力角，齿顶高等于一个模数，全齿高等于 2.5 倍模数，分度圆上的弧齿厚等于齿间距，这样的齿轮叫做标准齿轮。

　　1. 标准直齿圆柱齿轮各部名称和计算

　　直齿圆柱齿轮简称直齿轮，其各部名称参看图 11-70，计算公式（见表 11-6）。

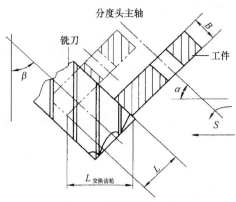

图11-69 倾斜铣削法原理

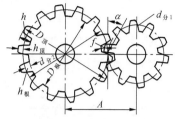

图11-70 直齿轮各部名称

表 11-6 　　　　　　　　　　标准直齿圆柱齿轮的各部名称和计算

各 部 名 称	代 号	公 式
模数	m	根据所需承受的力量定出
压力角	α	$\alpha = 20°$
分度圆直径	$d_\text{分}$	$d_{\text{分}1} = mz_1$（小齿轮）　$d_{\text{分}2} = mz_2$（大齿轮）
齿顶高	$h_\text{顶}$	$h_\text{顶} = m$
齿根高	$h_\text{根}$	$h_\text{根} = 1.25m$
全齿高	h	$h = 2.25m$
齿顶圆直径	$D_\text{顶}$	$D_\text{顶} = m(z+2)$
翅根圆直径	$D_\text{根}$	$D_\text{根} = m(z-2.5)$
分度圆弦齿厚	$d_\text{基}$	$d_\text{基} = d_\text{分} \cos\alpha$
齿距（周节）	S	$S = \pi m/2$
齿隙	t	$t = \pi m$
中心距	f	$f = 0.25m$

2. 直齿轮的铣削

（1）齿轮铣刀。齿轮加工的基本要求是保证齿形的正确和轮齿的等分性。在铣床上加工齿轮，它的齿形是由铣刀的刃形来保证；轮齿的等分性是由铣床和分度头来保证。

齿轮的模数和齿数不同时，它们的齿形也不同。达就是说要在铣床上用成形法铣出正确的齿形，每一个模数、每一种齿数的齿轮就要相应地用同一种形状的铣刀，这就要准备很多的铣刀。这在生产上既不经济也没必要。在生产中将同一个模数的齿轮，按齿数多少分为 8 组（即 8 个刀号），每组只用一把铣刀加工就行了。刀号的选择见表 11-7。

表 11-7 　　　　　　　　　　齿轮片铣刀齿数范围和刀号

刀 号	1	2	3	4	5	6	7	8
加工齿数范围	12~13	14~16	17~20	21~25	26~34	35~54	55~134	135 以上及齿条
盘形								

（2）操作方法、步骤。直齿轮在铣床上铣齿时安装情形如图 11-71 所示。

操作方法和步骤如下：

① 检查齿坯的外径尺寸，是否合乎图纸上的齿顶圆直径。如外径过大，铣出的齿就厚；外径过小，铣出的齿就薄，就会造成不合格品。

② 根据齿轮的模数和齿数，查表 11-7 选用合适的铣刀。把刀安装在刀杆的适当位置上，并检查铣刀的运转情况，如有偏摆，就应该进行调整，努必使铣刀和刀杆在同一个圆心上平稳的运转。因为铣刀的偏摆会降低齿面的表面粗糙度和齿轮的精度。

③ 齿坯安装在分度头上后，应检查齿坯轴心线的平行度和同心度。即

（a）轴心线与铣床工作台台面应平行，不然加工出的齿形会一头大一头小；齿槽也一头深一头浅。

（b）轴心线与铣床纵向工作台运动方向应平行，不然铣出的齿形不会平直，而且深浅也不一致。

（c）齿坯轴心线与分度头主轴应同心，不然铣出的齿形大小不一致。

④ 根据齿数分度（任务一），铣削前应将分度头按一个方向摇动数圈，以控制蜗轮蜗杆之间的间隙。每铣完一齿以后仍按此方向分度。决不可以时而顺摇时而反摇。

⑤ 使铣刀刀刃平面中心对准齿坯中心，如中心没对准，铣出的齿形将不对称，成为废品，如图 11-72 所示。在生产实践中常用的对中心方法有下述两种方法：

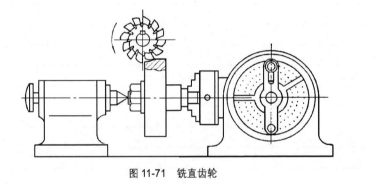

图 11-71　铣直齿轮

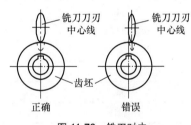

图 11-72　铣刀对中

（a）划线对中心的方法。如图 11-73 所示，将划针盘针尖调到接近分度头中心的高度，在工件上划一条线 AB（见图 11-73（a）），然后摇分度头，使工件旋转 180°，在划针高度不变的情况下，将划针盘移到另一边又划出一条线 CD（见图 11-73（b）），然后将工件再转 90°使划的线朝向上方和铣刀相对。再仔细的调整工作台使铣刀对准 AB 与 CD 两线的中间即可（见图 11-73（c））。

（b）切痕对中心的方法。将工作台升高到齿坯接近铣刀为止，摇动横向手柄，凭目测调整铣刀平面中心大致对准齿坯中心，如图 11-74（a）所示。然后开车慢慢地升高工作台，使铣刀稍微切削齿坯，按图 11-74(b)箭头方向来回移动工作台，这时齿坯上已铣出了一个很小的椭圆刀痕如图 11-74（b）所示。再移动横向工作台，调整铣刀刀刃中心对准刀痕中心，达样切痕对中心的工作就算完成了。切痕时应仔细，不能切深，刀痕深了不易对准。如切深了，可将分度头转到铣第二个齿的位置上重新切痕对刀。

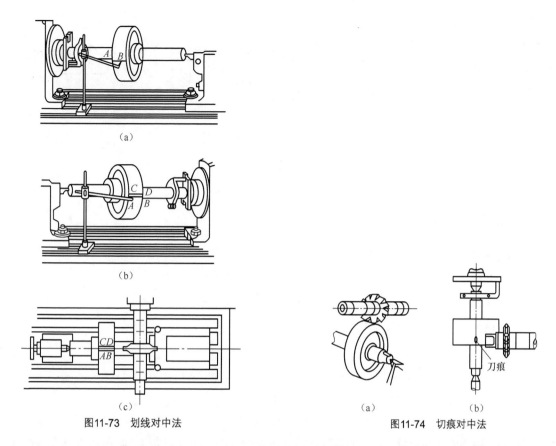

图11-73 划线对中法   图11-74 切痕对中法

⑥ 试铣。在齿坯每个齿的位置上切削一点刀痕，以检查分度计算是否正确。如分度计算确有把握，试铣工作也可省去。

⑦ 应分为粗铣和精铣两次切削到全齿高尺寸,粗铣后的测量方法和铣床工作台升高量的计算将在下面介绍。

综合上述直齿轮的铣削方法，可概括为下面几句话：

标准直齿好铣削，　　　　　　首先任务是选刀；

模数大小刀不同，　　　　　　根据齿数选刀号。

"平行"、"同心"找正好，　　　　检查合格再对刀；

掌握对中很重要，　　　　　　"划线"、"切痕"有两条。

3. 直齿轮的测量

测量是保证产品质量的一项重要工作。离开了测量就无法判断产品的形状和尺寸是否正确；同时也无法判断第二次吃刀时进刀量的大小。但是各种产品的形状不同, 所用的测量工具和测量方法, 也就不完全一样。检查齿轮一般是测量其公法线的长度或测量分度圆弦齿厚和固定弦齿厚。

4. 测量公法线的长度

测量公法线是齿轮加工中常用的测量方法。测量时应根据图纸上规定的跨测齿数, 用精度较高的游标卡尺或专用的齿轮百分尺进行, 测量方法如图 11-75 所示。将测得的数据与图纸上标注的公法线长度进行比较。若在公差范围内，则是合格品；若大于规定的尺寸，则还需要补充进刀；若小于规定尺寸，则是废品。

若需计算公法线长度和跨测齿数，其计算公式如下。

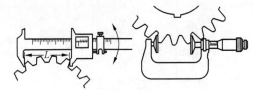

图11-75　测量公法线

$$L=m\left[2.9521(n-0.5)+0.014z\right]$$

$$n=0.111z+0.5$$

式中，L——公法线的长度；

m——被测齿轮的模数；

z——被测齿轮的齿数；

n——跨测齿数。

"n"值求出后，如是小数时，采用四舍五入的方法，化为整数。

例11-5　有一个直齿轮，$m=4$、$z=72$，求跨测齿数和公法线长度。

解：将已知 m、z 代入式中求出 n、L。

$$n=0.111\times72+0.5=8.492\approx8$$

$$L=4[2.9521(8-0.5)+0.014\times72]=92.595（mm）$$

为了省略计算，可用查表法求公法线长度和跨测齿数。

表11-8所示为 $m=1$ 的公法线长度表，使用时只要按被测齿轮的齿数"z"，查出表中公法线的长度"L"，乘上被测齿轮的模数，得出的数就是被测齿轮的公法线长度。跨测齿数可从表中直接查出。

表 11-8　　　　　　　公法线长度表（$m=1$；$\alpha=20°$）

齿数 z	跨测齿数 n	公法线长度 L	齿数 z	跨测齿数 n	公法线长度 L	齿数 z	跨测齿数 n	公法线长度 L	齿数 z	跨测齿数 n	公法线长度 L
12	2	4.596 3	46	6	16.881 0	73	9	26.115 5	100	12	35.350 0
13	2	4.610 3	47	6	16.895 0	74	9	26.129 5	101	12	35.364 1
14	2	4.624 3	48	6	16.909 0	75	9	26.143 5	102	12	35.378 1
15	2	4.638 3	49	6	16.923 0	76	9	26.157 5	103	12	35.392 1
16	2	4.652 3	50	6	16.937 0	77	9	26.171 5	104	12	35.406 1
17	2	4.666 3	51	6	16.951 0	78	9	26.185 5	105	12	35.420 1
18	2	4.680 3	52	6	16.965 0	79	9	26.199 5	106	12	35.434 1
			53	6	16.979 0	80	9	26.133 5	107	12	35.448 1
			54	6	16.993 0	81	9	26.227 5			
19	3	7.646 4	55	7	19.959 1	82	10	29.193 7	108	13	38.414 2
20	3	7.660 4	56	7	19.973 2	83	10	29.2077	109	13	38.428 2
21	3	7.674 4	57	7	19.987 2	84	10	29.221 7	110	13	38.442 2
22	3	7.688 4	58	7	20.001 2	85	10	29.235 7	111	13	38.456 3
23	3	7.702 5	59	7	20.015 3	86	10	29.249 7	112	13	38.470 3
24	3	7.716 5	60	7	20.029 2	87	10	29.263 7	113	13	38.484 3
25	3	7.730 5	61	7	20.043 2	88	10	29.277 7	114	13	38.498 3
26	3	7.744 5	62	7	20.057 2	89	10	29.291 7	115	13	38.512 3
27	3	7.758 5	63	7	20.071 2	90	10	29.305 7	116	13	38.526 3
									117	13	38.540 3

续表

齿数 z	跨测齿数 n	公法线长度 L	齿数 z	跨测齿数 n	公法线长度 L	齿数 z	跨测齿数 n	公法线长度 L	齿数 z	跨测齿数 n	公法线长度 L
37	5	3.802 8	64	8	23.037 3	91	11	32.271 9	118	14	41.506 4
38	5	13.816 8	65	8	23.051 3	92	11	32.285 9	119	14	41.520 5
39	5	13.830 8	66	8	23.065 3	93	11	32.299 9	120	14	41.534 4
40	5	13.844 8	67	8	23.079 3	94	11	32.313 9			
41	5	13.858 8	68	8	23.093 3	95	11	32.327 9			
42	5	13.872 8	69	8	23.107 4	96	11	32.341 9			
43	5	13.886 8	70	8	23.121 4	97	11	32.355 9			
44	5	13.900 8	71	8	23.135 4	98	11	32.369 9			
45	5	13.914 8	72	8	23.149 4	99	11	32.383 9			

注：① 本表也适用于斜齿轮和伞齿轮，但要按假想齿数查此表；

② 如果假想齿数带有小数，就要用比例插入法，把小数考虑进去。

5. 测量分度圆弦齿厚

一些工厂也用测量分度圆弦齿厚的力法。测量分度圆弦齿厚，要用齿轮卡尺。齿轮卡尺由横尺和竖尺两部分组成，它的刻线原理和读数方法，与普通卡尺相同。测量时将竖尺预先调整到图纸规定的分度圆弦齿高尺寸，以齿顶圆为基准（即将齿顶和竖尺的底接触），再使横尺两卡脚和齿面接触，横尺上所反映的读数，就是分度圆弦齿厚的尺寸拿测量的结果与图纸上规定的分度圆弦齿厚比较，即可判断合格与否。

若需计算分度圆弦齿厚和弦齿高，计算公式如下。

$$s=mz\sin\frac{90°}{z} \qquad h=m\left[1+\frac{z}{2}\left(1-\cos\frac{90°}{z}\right)\right]$$

式中，s——分度圆弦齿厚；

$\quad\ \ m$——被测齿轮的模数；

$\quad\ \ z$——被测齿轮的齿数；

$\quad\ \ h$——分度圆弦齿高。

例 11-6　测量一个模数 4，70 个齿的齿轮，齿轮卡尺的竖尺和横尺的读数应是多少？

解：将已知 $m=4$；$z=70$，代入

$$s=4\times70\times\sin\frac{90°}{70}=6.272\,(\text{mm})$$

$$h=4\left[1+\frac{70}{2}\left(1-\cos\frac{90°}{70}\right)\right]=4.035\,(\text{mm})$$

表 11-9 所示为 $m=1$ 的分度圆弦齿厚、弦齿高的数值。使用时按照被测齿轮的齿数 "z"，查出表中的 "s"、"h"，分别乘以被测量齿轮的模数，所得的数就是被测齿轮的分度圆 "弦齿厚" 和 "弦齿高"。

表 11-9　　　　　　　　　　分度圆弦齿厚和弦齿高　　　　　　　　　　（m=1）

齿数 z	齿厚 s	齿高 h	齿数 z	齿厚 s	齿高 h	齿数 z	齿厚 s	齿高 h
12	1.566 3	1.051 3	28	1.569 9	1.022 0	44	1.570 5	1.041 0
13	1.566 9	1.047 4	29	1.570 0	1.021 2	45	1.570 5	1.013 7
14	1.567 5	1.044 0	30	1.570 1	1.020 5	46	1.570 5	1.013 4
15	1.567 9	1.041 1	31	1.570 1	1.019 9	47	1.570 5	1.013 1
16	1.568 3	1.038 5	32	1.570 2	1.019 3	48	1.570 5	1.012 8
17	1.568 6	1.036 3	33	1.570 2	1.018 7	49	1.570 5	1.012 6
18	1.568 8	1.034 2	34	1.570 2	1.018 1	50	1.570 5	1.012 4
19	1.569 0	1.032 4	35	1.570 3	1.017 6	51	1.570 5	1.012 1
20	1.569 2	1.030 8	36	1.570 3	1.017 1	52	1.570 6	1.011 9
21	1.569 3	1.029 4	37	1.570 3	1.016 7	53	1.570 6	1.011 6
22	1.569 4	1.028 0	38	1.570 3	1.016 2	54	1.570 6	1.011 4
23	1.569 5	1.026 8	39	1.570 4	1.015 8	55	1.570 6	1.011 2
24	1.569 6	1.025 7	40	1.570 4	1.015 4	56	1.570 6	1.011 0
25	1.569 7	1.024 7	41	1.570 4	1.015 0	57	1.570 6	1.010 8
26	1.569 8	1.023 7	42	1.570 4	1.014 6	58	1.570 6	1.010 6
27	1.569 8	1.022 8	43	1.570 4	1.014 3	59	1.570 6	1.010 4

6. 测量固定弦齿厚

测量固定弦齿厚的方法与测量分度圆弦齿厚的方法相同，只是测量的部位不同。测量时将齿轮卡尺的竖尺按固定弦齿高的尺寸调整好，横尺的读数就应是固定弦齿厚的尺寸。

若需计算固定弦齿厚及固定弦齿高，其简化计算如下。

$$S_固=1.387m$$

$$h_固=0.747\ 6m$$

式中，$S_固$——固定弦齿厚；

$\quad\quad h_固$——固定弦齿高；

$\quad\quad m$——被测齿轮的模数。

固定弦齿厚及固定弦齿高也可以从表 11-10 中直接查得。

表 11-10　　　　　　　　　　固定弦齿厚和弦齿高　　　　　　　　　　（α=20°）

模数 m	齿厚 S固	齿顶高 h固	模数 m	齿厚 S固	齿顶高 h固	模数 m	齿厚 S固	齿顶高 h固
1	1.387 1	0.747 6	4	5.548 2	2.990 3	10	13.870 5	7.475 7
1.25	1.733 8	0.934 4	4.25	5.895 0	3.177 2	11	15.257 5	8.223 3
1.5	2.080 6	1.121 4	4.5	6.241 7	3.364 1	12	16.644 6	8.970 9
1.75	2.427 3	1.308 2	4.75	6.588 5	3.551 0	13	18.031 6	9.718 5
2	2.774 1	1.495 1	5	6.935 3	3.737 9	14	19.418 7	10.466 1
2.25	3.120 9	1.682 0	5.5	7.628 8	4.111 7	15	20.805 7	11.213 7
2.5	3.467 7	1.868 9	6	8.322 3	4.485 4	16	22.192 8	11.961 2
2.75	3.814 4	2.055 8	6.5	9.015 8	4.859 2	18	24.966 9	13.456 4
3	4.161 2	2.242 7	7	9.709 3	5.233 0	20	27.741 0	14.951 5
3.25	4.507 9	2.429 6	7.5	10.402 9	5.606 8	22	30.515 1	16.446 7
3.5	4.854 7	2.616 5	8	11.096 4	5.980 6	24	33.289 2	17.941 9
3.75	5.201 7	2.803 4	9	12.483 4	6.728 2	25	34.676 2	18.689 5

注：测量斜齿轮时，应按法向模数来查表。测量伞齿轮时，应按大端模数来查表。

7. 粗铣后铣床的升高量计算

为了减少试切，粗铣后根据余量的大小计算出工作台的升高量进行精铣，以便达到规定的全齿高尺寸。

（1）测量公法线进行调整。利用量得的公法线长度"L_1"减去要求的公法线长度"L"，再乘以 1.46 所得的数就是铣床在粗铣后，工作台的升高量"H"。

$$H=1.46（L_1-L）$$

例 11-7　有一个齿轮，它的公法线长度应是 41.492mm，粗铣后，量得公法线长为 43.5mm，问工作台还应升高多少才能铣到全齿高？

解：把已知的 L_1= 43.5，L=41.492 代入式

$$H=1.46 (43.5-41.492)=2.93（mm）$$

即粗铣后，工作台应升高 2.93 毫米后再精铣。

（2）测量分度圆弦齿厚或固定弦齿厚进行调整。利用量得的弦齿厚尺寸"s_1"减去要求的弦齿厚尺寸"s"，乘以 1.37 所得的数就是铣床在粗铣后的升高量"H"。

$$H=1.37(s_1-s)$$

各种齿轮，虽各有特性，但也有共性，直齿轮是各种齿轮的基础，其他齿轮都是直齿轮的引伸或变形。计算方法和铣削方法，也都大同小异，尤其是计算方法更是以直齿轮为基础的。弄通了直齿轮，再讨论别种齿轮，就容易领会了。

任务完成结论

本任务介绍了几种典型零件的加工方法，铣削加工的范围很广，涉及的典型零件很多，比如：铣刀与铰刀的开齿；斜齿轮、伞齿轮、齿条以及涡轮的铣削等等，这里就不一一介绍了，需要同学们在今后的生产实践中探索和提高。本任务在于了解方法，明确工艺，重点应放在基本功的训练上，为今后走向工作岗位奠定基础。

课堂训练与测评

双凹凸配合的铣削（初级铣工技能考核样题）

1. 考核图样

考件图样，如图 11-76 所示。

2. 考核要求

（1）考核内容。配合间隙 0.10mm、$14^{+0.07}_{0}$ mm、$14^{0}_{-0.07}$ mm、对称度 0.08mm、垂直度 0.05mm 作为评分主要项目，表面粗糙度应达到图样要求。

（2）工时定额 6h。

（3）安全文明生产。正确执行安全技术操作规程，按照企业有关文明生产的规定，做到工作场地整洁，工件、工具摆放整齐。

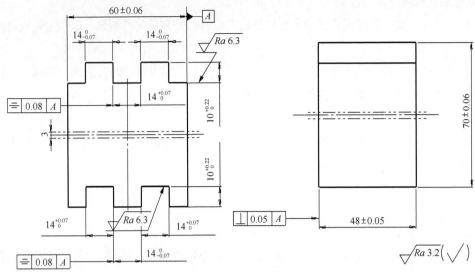

图 11-76 双凹凸配合

3. 评分表

考核项目	序号	考核内容	考核要求	配分	评分标准	扣分	得分
主要项目	1	配合间隙	0.01	20	间隙小于 008，能 180°换面不扣分 0.08～0.10 扣 3 分，大于 0.10 及无法配合不得分		
	2	六面体	70 ± 0.06 60 ± 0.06 48 + 0.05	12	一处超差扣 4 分		
	3	凹槽宽	140+0.07（3 处）	12	一处超差扣 4 分		
	4	凸键宽	140−0.07（3 处）	12	一处超差扣 4 分		
	5	凹槽对称度	0.08	5	超差不得分		
	6	凸键对称度	0.08	7	超差不得分		
	7	垂直度	0.05	7	超差不得分		
一般项目	1	凸键深	100−0.22	3	超差不得分		
	2	凹槽深	100+0.22	3	超差不得分		
	3	表面粗糙度值	$Ra3.2\,\mu m$ $Ra6.3\,\mu m$	12	一处未达到扣 1 分		
安全文明生产	1	国颁安全生产法规有关规定或企业自定有关实施规定	按达到规定的标准程度评分	4	违反有关规定扣 1～4 分		

续表

考核项目	序号	考核内容	考核要求	配分	评分标准	扣分	得分
	2	企业有关文明生产的规定	按达到规定的标准程度评分	3	工作场地整洁，工量卡具放置整齐合理不扣分，稍差扣1分，很差扣3分		
时间定额		6h	按时完成		超工时定额 5%～20%扣2～10分		

知识拓展

高速铣削

高速铣削就是指使用硬质合金刀具，以达到充分发挥刀具的切削性能和用高的切削速度来提高生产率的一种切削方法。它的优点是：①显著提高生产效率；②能得到较高的精度和表面质量；③充分发挥机床和刀具的潜力。因此在实际生产岗位得到了广泛的应用。

高速铣削的缺点是：铣削时发热多，功率消耗大和振动剧烈，对机床的精度影响较大。高速铣削常用端铣刀铣削平面以及镶齿铣刀铣削沟槽、阶台。

高速铣削的切削速度，需根据所用的机床、加工材料等不同的情况充分发挥刀具的切削性能而定。在同样条件下高速铣削比一般高速钢铣刀的切削速度要高很多。

高速铣削时，由于刀齿的工作带有冲击性，所以铣刀体应当坚固、沉重。硬质合金刀齿在刀体上的装夹和铣刀在主轴孔内的装夹要十分牢固。刀齿要容易调整，容削槽的容积要大。为使刀齿在工作中的震动和机床自振不重合，可将刀齿做成不等的齿距。

按照硬质合金刀片在刀体上的固定方法，铣刀可分为两类：①机械装夹的镶齿铣刀；②焊接硬质合金刀片的铣刀。而第一种应用广泛。常用的端铣刀结构有：开式铣刀（见图 11-77）头和闭式铣刀头（见图 11-78），可沿径向和轴向装卸。闭式铣刀上面的刀头只能沿轴向装卸。

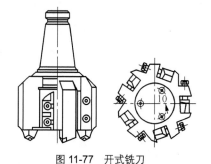

图 11-77　开式铣刀

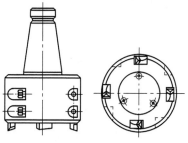

图 11-78　闭式铣刀

在高速铣削中，当铣床动力不足，不能用普通的多齿铣刀一次切去较厚的金属层时可以采用刀齿做成阶梯的铣刀。这种铣刀可以使每齿的切削宽度减少，切削厚度增加，并且可以减少动力的消耗。

　　图 11-79 所示为阶梯式端铣刀。它的齿尖分布在刀头的不同的直径上，互相错开一个 ΔR 的距离。齿尖由里向外渐高，相差 ΔB，以使全部加工余量能分布在各个刀齿上。

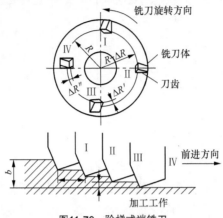

图11-79　阶梯式端铣刀